U0348945

全球一家

毛广淞先生特为本书题写：㸑（四海同㸑，全球一家）。

“㸑”字源于中国最古老的象形文字，该字核心之意即为“粮食”，毛先生特赠该字及对联于本书，寓意为：粮食安全不仅是全球的共同事务，更是全世界人民的共同责任。

① 毛广淞先生，1955年生，中国古㸑书法传承者和当代毛㸑书体创始人，中国书法家协会会员，中国书协书法培训中心教授，清华大学美术学院培训中心书画高研班毛㸑书艺研修班导师，中国国际友好联络会理事，中国画院理事，中华炎黄文化研究会艺术研究分会会长。原武警总部大校警官。其书法作品曾被北京人民大会堂、驻港部队、中国国际广播电台等单位，以及萨马兰奇、施瓦辛格、福田康夫，正大集团谢国民、前联大主席让平等国际友人广为收藏。2007年被评为“中国书法十大年度人物”。

饥饿终结者
和她的努特之翼
——世界粮食计划署综述篇

丁 麟 著

中国农业科学技术出版社

图书在版编目（CIP）数据

饥饿终结者和她的努特之翼：世界粮食计划署综述篇 / 丁麟著. --北京：中国农业科学技术出版社，2024. 3

ISBN 978-7-5116-6737-3

Ⅰ. ①饥…　Ⅱ. ①丁…　Ⅲ. ①粮食－国际组织－概况　Ⅳ. ①S37-20

中国国家版本馆CIP数据核字（2024）第 060654 号

责任编辑　白姗姗
责任校对　李向荣
责任印制　姜义伟　王思文

出 版 者　中国农业科学技术出版社
北京市中关村南大街 12 号　　邮编：100081
电　　话　（010）82106638（编辑室）　（010）82106624（发行部）
（010）82109709（读者服务部）
网　　址　https: // castp.caas.cn
经 销 者　各地新华书店
印 刷 者　北京建宏印刷有限公司
开　　本　170 mm × 240 mm　1/16
印　　张　21
字　　数　370 千字
版　　次　2024 年 3 月第 1 版　　2024 年 3 月第 1 次印刷
定　　价　128.00 元

粮食，人道主义，全球化

这是一个关于粮食安全的艰难时代
更将属于世界粮食计划署的伟大时代

This is a hard era about food security,
but would be a great period for World Food Programme

"You trust, we delivered" —WFP

"若有所托，使命必达"—WFP

谨以此书献给：我的家人

To my family,

献给那些热爱人道主义事业以及所有为拯救他人

而奉献自己智慧和力量的人们

特献给世界粮食计划署的战士们

To those who love the humanitarian cause in the world and dedicate their

wisdom and strength so that others might live

To the warriors of World Food Programme

This book is gratefully dedicated.

作者简介

丁麟，曾用名丁璘（Lin），男，1975年出生，祖籍河南省唐河县，成长于北京。研究员，博士研究生，农业竞争情报专业。现任中国农业科学院国际合作局五级职员。曾任中国驻阿拉伯埃及共和国大使馆一等秘书，中国常驻联合国粮农机构代表处一等秘书［世界粮食计划署（WFP）业务组组长、联合国粮食及农业组织（FAO）业务组组长］。1998年参加工作，在中国农业科学院及农业农村部先后从事农业信息研究、农业科技管理、农业政策研究、农业行政管理与农业外事管理等工作。因在粮农多边外交与磋商工作中的优异表现，于2017年6月在WFP年会上荣获由WFP时任执行干事大卫·比斯利亲自授予的WFP常驻外交官“杰出贡献”荣誉①。因在中埃双边外交与“治国理政”智库交流等合作中做出的贡献，于2023年11月受到埃及总理内阁信息与决策支持中心特别致谢。

著有代表作：

粮农外交系列丛书之一：《饥饿终结者和他的粮食王国——世界粮食计划署概述篇》

粮农外交系列丛书之二：《饥饿终结者和她的努特之翼——世界粮食计划署综述篇》

粮农外交系列丛书之三：《法老终结者和她的终极之河——埃及农业概论》

粮农外交系列丛书之四：《贫困终结者和他的新农村时代——埃及农业综论》（即将出版）

作者联系方式：dinglin@caas.cn

① 该荣誉为中国外交官首次获得。

Profile of the Author

Dr. DING LIN, THE FORMER FIRST secretary of the Chinese Embassy in Cairo, Egypt. The former first Secretary of the Chinese Permanent Representative Office to the Rome Based Agencies (RBAs) of United Nations for Food and Agriculture in Rome, Italy. He served as team leader of World Food Programme (WFP) affairs, Food and Agriculture Organization (FAO) in China Mission to the RBAs. He is a Chinese author and researcher in agriculture. He was born in 1975 in Tanghe County, Henan Province, and grown up in Beijing, China. His major, begun in 1998, is about agricultural competitive intelligence and holds the title of Research Fellow. He received the *Certificate of Appreciation* for Chinese permanent representative to WFP on the annual session of WFP in 2017[①], the *Letter of Appreciation* from Egyptian Cabinet, Information and Decision Support Center (IDSC) in 2023.

He is the author of the agricultural diplomacy series as follows:

The Hunger Terminator With His Food Kingdom–the past, presence and future of WFP.

The Hunger Terminator With The Wings of Goddess Nut–the synthesis book of Wold food programe.

The Pharaoh Terminator With The Ultimate River–Introduction to Egyptian Agriculture.

The Poverty Terminator With His New Rural Era–the *Synthesis introduction to Egyptian Agriculture* (*Forthcoming*).

Email: dinglin@caas.cn

---

① The first Chinese diplomat to receive this honor.

序 一

该套专著是分上下册系统介绍联合国粮农机构的著作，是在作者长期持续关注和研究下独立撰写完成的，内容翔实、新颖，数据丰富、准确，观点突出、前瞻，立场鲜明、可持续，特别对一些当今凸显的粮食危机、人道危机、气候变化、农村治理等重大挑战、危机进行了全面、系统、长期的跟踪，对相关国际同行研究亦进行了平行跟踪，并将其中重要研究成果进行吸收并应用于本研究中。

另外，作者的《粮农外交系列丛书》还通过《世界粮食计划署概述篇》《世界粮食计划署综述篇》形式对联合国粮农机构历史沿革、职责功能、发展趋势、合作建议，以及有关具备农业优势和特色的国家农业历史、生产、贸易、粮食安全与国际农业合作进行系统化研究。这种思路及做法有助于对未来进一步开展对多个联合国粮农机构、重要农业生产及贸易国进行系统研究，而体系化的《粮农外交系列丛书》推出恰逢其时。

此外，农业外交及从事该项事业的中国农业外交官作为一个在新的形势下诞生的事业和快速得到发展与壮大的群体，他们从事的是一项具潜力的创新性事业。

预祝作者取得新的进展，在农业外交领域砥砺前行，不负使命。

梅方权

教授、博士生导师

国家食物与营养咨询委员会顾问，原常务副主任

联合国食物安全委员会前高级专家指导委员

中国农业现代化研究会名誉理事长

中国农业大学MBA教育中心名誉主任

亚洲农业信息技术联盟前主席

Preface Ⅰ

THIS MONOGRAPH SYSTEMATICALLY introduces the work of the Food and Agriculture Organization of the United Nations in two volumes. It was independently written and completed under the author's long-term continuous attention and research. The content is detailed and innovative, data rich and accurate, the views are prominent, forward-looking, clear-cut and sustainable. In particular, it has carried out comprehensive, systematic and long-term tracking of some major challenges and crisis such as food security crisis, humanitarian crisis, climate change, and rural governance.

In addition, the author's "Food and Agriculture Diplomacy" Series also conducts systematic research on the history, responsibilities, functions, development trends, and cooperation proposals of the UN's food and agriculture agencies, as well as the agricultural history, production, trade, food security, and international agricultural cooperation of countries with agricultural advantages and characteristics in the form of "Introduction" and "Synthesis book" . This idea and approach is helpful for further systematic research on multiple United Nations food and agriculture agencies, important agricultural production and trading countries in the future. The launch of "Food and Agriculture Diplomacy Series" is just in time.

In addition, agricultural diplomacy and the Chinese agricultural diplomats who engaged in this undertaking are a group that was born under the new era with rapidly developed and expanded. They are engaged in a potentially innovative undertaking.

I wish the author to make new progress, forge ahead in the field of agricultural diplomacy, and live up to his mission.

MEI Fangquan

Professor and Doctoral Supervisor

Former Executive Deputy Director and Consultant,

the National Food and Nutrition Advisory Committee, China

Former Senior Expert Steering Committee Member,

The Committee on World Food Security (CFS), FAO of the UN

Honorary Chairman of China Agricultural Modernization Research Association

Honorary Director of MBA Education Center of China Agricultural University

Former Chairman of Asian Agricultural Information Technology Alliance

序 二

我与作者丁麟相识于罗马，他那时在中国常驻联合国粮农机构代表处工作，我在粮农组织（FAO）任职，由于工作关系，我们联系密切；也由于对粮食安全问题的共同关注，我们至今一直保持沟通。值得一提的是，丁麟作为农业农村部派出的高级农业外交官，在离任前获得了世界粮食计划署时任执行干事比斯利先生亲自授予的“特别贡献”荣誉。他在国家农业科技外事合作、常驻粮农使团多边外交、中国驻外使馆双边外交战线工作20余年，参与了大量的外交斡旋、磋商、研究，为化解农业与粮食安全领域的挑战，落实外交倡议，促成外交合作等，做出了应有的贡献。我特别欣赏的是，在繁忙的农业外交战线，他始终保持旺盛的精力与持续的学术研究热情，不忘初心，勤奋努力，笔耕不辍。他陆续出版了《饥饿终结者和他的粮食王国——世界粮食计划署概述篇》《饥饿终结者和她的努特之翼——世界粮食计划署综述篇》《法老终结者和她的终极之河——埃及农业概论》，《贫困终结者和他的新农村时代——埃及农业综论》也已开始构思，这些著作都是在翔实的研究基础之上，特别是在境内外疫情的严峻考验期间，坚持实事求是的文献研究态度、锲而不舍的田野调研精神完成的。我发现，在这部新作中，他敢于打破常规，采用“头脑风暴”的方式，系统和创新性地提出了新时期联合国多边机构的新使命，并能够运用可持续发展观点，站在百年未有之大变局的高度，提出了联合国机构如何履行创新使命的政策建议，以及与“人类命运共同体”同频次的时代责任。

这是一部资料丰富、分析透彻、视野独特、建言新颖的好书。对有志于从事粮食安全与农业可持续发展全球治理，希望深入了解联合国多边机构工作，为联合国可持续发展的目标贡献中国智慧与中国方案的政府工作人员、智库研究人员及青年学者，是一部很有价值的参考书。

何昌垂

（国际欧亚科学院院士，联合国粮食及农业组织原副总干事）

Preface Ⅱ

I MET WITH DR.DING LIN IN ROME. He served the permanent Representative Office of China to the United Nations Food and Agriculture Organization, and I was working in the FAO at that time. We have close contact and in communication until now because of our work relationship and common concern for food security issues. It deserve to be mentioned that, as a senior agricultural diplomat dispatched by the Ministry of Agriculture and Rural Affairs, Ding Lin was awarded the honor of "Special appreciation" by Mr. Beasley, former-Executive Director of the WFP before he departure. For more than 20 years, he has worked in the foreign affairs cooperation of national agricultural science and technology, the multilateral diplomacy of the resident food and agriculture mission, and the bilateral diplomatic in embassy. He involved a large number of diplomatic mediation, consultation, and research, and has made contributions to resolving challenges in the field of agriculture and food security, implementing diplomatic initiatives, and promoting diplomatic cooperation. What I especially appreciate is that, he has always maintained strong energy and continuous enthusiasm for academic research in the daily affairs, He wrote four books "The Hunger Terminator With His Kingdom of Food—An Overview of WFP" , "The Hunger Terminator With The Wings of Goddess Nut—The Synthesis Book of WFP" , "The Pharaoh Terminator with Her Ultimate River—An Introduction to Egyptian Agriculture" , "The Poverty Terminator with His New Rural Times—The Synthesis Book to Egyptian Agriculture" during some critical challenges include the COVID-19, but he insisted on a realistic literature research attitude and the spirit of persistent field research. I found that in this new book, he break the rules and used the "brainstorming" method to systematically and innovatively put forward the new mission of the United Nations multilateral agencies in the new era, and was able to use the perspective of sustainable development to stand at the height of the "major changes unseen in a century".

This is a good book with rich information, thorough analysis, unique vision and innovative suggestions. It is a valuable reference book for government staff, think tank researchers, and young scholars who are interested in global governance of food security and sustainable agricultural development, who want to have a deeper understanding of the work of UN multilateral agencies, and contribute Chinese wisdom and Chinese solutions to the goals of UN sustainable development.

HE Changchui

(Academician of the International Eurasian Academy of Sciences, former Deputy Director-General of the Food and Agriculture Organization of the United Nations)

序 三

在阅读了作者之前的《饥饿终结者和他的粮食王国——世界粮食计划署概述篇》与《法老终结者和她的终极之河——埃及农业概论》后，我感觉其不仅展现了作者对联合国多边事务、世界农业由表及里、由浅入深的认识过程，更显示了其将专业经历服务社会学的独特见解，这体现了作者作为一名研究人员对自身研究对象的更深层次思考，即，将研究对象置于全球可持续发展的总趋势和当今“百年未有之大变局”的形势之下，人道主义特别是基于粮食安全的国际人道主义事业应该且能够为未来的社会变革与治理发挥什么样的作用？人道主义作为凝聚人类不同文明的最大共识，与人类学未来可以碰撞出什么样的火花？

作为国家文化软实力全面提升的重要推手，推动中华文化屹立于世界民族文化之林的中国传媒，同样有责任站在世界高度去深度思考未来如何在意识形态领域结合一些具潜力的方向有效推动构建“人类命运共同体”及其“大爱”的问题。

“丹青难写是精神”①。

作为中国传媒人，更要站在世界的高度，立于历史的风口，担负起时代的职责，这也是对传媒工作者“脚力、眼力、脑力、笔力”的最大考验。

作者选题紧密结合当今全球粮食危机等重大国际挑战，特别是对俄乌冲突这个年度最热门的事件，在第一时间向国内读者展现了联合国人道主义机构在前线的“战地”工作，内容具有相当的时效性和可信度，亦通俗易懂，符合媒

① 北宋王安石《读史》，原文：糟粕所传非粹美，丹青难写是精神。

体的关注特点，对媒介在未来如何积极关注全球粮食安全特别是人道主义的这个“大爱”的事业也有参考意义。

相信该书能够给更多的读者带来更大的启发。

王宁彤

中国传媒大学传播研究院　助理研究员

中国人类学学会影视人类学分会理事

央视电影频道（CCTV6）国际制片、策划、导演、主持人

英国广播公司自然历史部（BBC Natural History）调研专员

Preface Ⅲ

AFTER READING THE AUTHOR'S "SYNTHESIS book of WFP" , I feel that it not only represent the author's understanding of the multilateral affairs of the United Nations, international agriculture from the outside to the inside, from the shallower to the deeper, but also shows his unique insights in serving sociology with his professional experience. That is, what role should humanitarianism, especially the international humanitarian cause can play in future social change and governance when you putting the research object under the general trend of global sustainable development and the current situation of "great changes unseen in a century" ?

As the main contributor for the cluture influence which put forward China become a proud and active member of the community of nations, Chinese media, also has the responsibility to explore and combine some potential pillars in ideological and promote the "community with a shared future for mankind" as well as the "great love" -benevolence.

"Danqing (Painting) is difficult to describe it's spirit." ①

As a Chinese media person, We Should taking on the new task of interpret the connetation of the new challenges facing the development of all human beings and injected into Chinese media people while standing at the height of the world and history.

The author's topic selection is closely related to major international challenges such as today's global food security crisis, especially the most popular event of

① WANG Anshi, *Reading History*, Northern Song Dynasty. Original text: Vulgar things are not exquisite no matter how circulated.Painting difficult to describe is the spirit.

the year, the Russia-Ukraine conflict. It immediately shows domestic readers the "battlefield" work of the United Nations humanitarian agencies on the front line.

I believe this book can bring greater inspiration to more readers.

WANG Ningtong

Assistant Researcher

the Institute of Communication, Communication University of China

Director,

Film and Television Anthropology Branch, Chinese Anthropological Society

international producer, planner, director, host

CCTV movie channel (CCTV6)

Research Specialist, BBC Natural History

自序

目前，国内通过粮农外交视角研究多双边外交事务的资源不多，加之“农业外交官”在今天我们的国际对外交往和外交工作中还是“新鲜事物”。我有幸身处这个伟大时代浪潮的岸头，并感受到了澎湃的浪涌和时代激烈跳动的脉搏对心灵带来的巨大震撼和与内心的激情所产生的强烈共鸣。这种感觉不是一时的“快感”所带来的冲动，而是持续的研究动能累积抬升而带来的产出势能的最终倾泻。

“农业外交”究竟是什么？这就是我试图去揭开的背景和问题。

“粮农外交”究竟能带来什么？这就是本书孜孜以求的答案。

我不希望以任何直接而武断的答案作为应答，这不是一本研究专著所应带给大家的，希望以一种发散性的科学研究模式，给读者带来对答案的深刻理解和思维拓展，同时给予读者最大的“想象空间”。具体而言，这种模式就是以文献竞争情报研究技术路线为依托，以粮农机构、重要农业影响力的国家为主线，分别以概述、综述两种模式系统介绍以上对象在确保全球粮食安全、积极参与粮食安全治理的作为与贡献。诚然也为拉近与所有读者的距离，加深“亲密感”，还融合了文学化的语言及历史性或全景式的叙事方式，

农业外交重要性不在于其“外”。

虽然在对国际文献的相关研究与分析中也很难看到专门针对农业和粮农有关外交事务的研究与评论，但是这正是我们有机会实施创新的领域。皆因农业外交已紧紧对标利益，粮农外交已深深锚定治理。国际同行在粮食安全、气候变化、人道主义等领域的文献研究中已提出了诸多深刻见解，负责任的政府和国际机构接连提出了如何以发展和可持续的眼光去看待粮食、气变、人权、冲

突等近年集中涌现的诸多棘手难题。这些闪光的思想和“共同命运”的倡议如一粒粒种子，扎根土壤，饱含营养，待厚积而薄发。如若施以融会贯通和科学应用，我们可以获得很多能够用于解决当今全球治理过程中突发的“黑天鹅”[①]“灰犀牛”[②]事件的充满智慧的启发。

“凡是过去，皆为序章”（What’s past is prologue）[③]——动身时刻或将到来，我们各自上路，何去，何从，何者为佳？[④]

粮农外交的关键亦不仅仅在于“粮”。

粮农事务，过去可以默默无闻，也可以“锦上添花”，未来，不可以，也不会。世间万事万物皆共生共荣相映成趣，如以急功近利的眼光，则无从体会万物之美。同理，如照此理解外交，则无从领略粮农外交的“用”，更无从领略世界粮食计划署的“美”。当一个群体被功利主义主宰，光做关乎名利的“有用”之事，它的事业只会进退维谷；当整个世界都得了“有用强迫症”之时，“无用”的事业似乎只能退居舞台的“边缘”。

所谓“有用”，无非是对满足自己的物质欲望有利。当你觉得一件事情“有用”时，往往意味着你的内心已经被它所奴役，而“无用”，则一定意味着你的追求始终忠于本心的需求和信仰。比物质高一个境界的，是精神。粮农，人道主义，就是拂江清风，破晓霞光，虽与多数人的理念、利益和理想无用，但却是照亮精神世界的一束光。

世界粮食计划署平时所做的平凡的人道主义工作，多么像我们的外交事业，就是在一切已知之外，保留一个超越自己的机会，保留一个能够跨越人道主义理念的机会，这些都需要我们敏锐地去感知和把握。如果未来国际人道主义特别是粮农国际事务中出现一些我们期待的伟大变化，很可能就是来自平时的这个“默默”的时刻[⑤]。

“无用之用，方为大用。[⑥]”

---

① 特指难以预测的突发事件。

② 特指容易被忽略的可以产生重大影响的突发事件。

③ 威廉·莎士比亚（William Shakespeare），《暴风雨》（the Tempest）。

④ 柏拉图（Plato），《苏格拉底的自辩书》，原文：“动身时刻到了，我们各自走自己的路，我去死，你们去生。何者为佳，惟上帝知道”(郭毅译，摘自《人》，奥里亚娜·法拉奇著)。

⑤ 梁文道，《悦己》原文为：“读一些无用的书，做一些无用的事，花一些无用的时间，都是为了在一切已知之外，保留一个超越自己的机会，人生中一些很了不起的变化，就是来自这种时刻。”

⑥ 庄子，原话为：“人皆知有用之用，而莫知无用之用。”

Self Preface

I UNDERSTAND THAT THERE ARE FEW DOMESTIC STUDIES ON multilateral and bilateral foreign affairs from the perspective of food and agricultural diplomacy, and that "agricultural diplomats" are still "new affairs" in our international foreign exchanges and diplomatic operations today. I am fortunate to be at the frontline of the great tide of the times and could feel the intense pulse of the times shocked my soul. The feeling is not the impulse brought by the momentary "pleasure" , but the final pouring of the output potential energy brought about by the accumulation of continuous research kinetic energy.

What exactly the meaning of "agricultural diplomacy" ? That's the background and the reason I'm trying to unravel.

What should "food and agriculture diplomacy" bring to us? This is the answer that this review strives for.

I'd rather not to answer in any direct and arbitrary style. This is not what a "synthesis book" should brings to you. I hope to bring readers a deep understanding and thinking about this affair in a divergent scientific research mode, and at the same time, help readers expand their "imagination space" . Specifically, the model base on the technical route of competitive intelligence research and systematically introduce the performance and contributions in ensuring global food security and actively participating in food security governance in two modes: "introduction" and "synthesis" respectively. It is true that in order to shorten the distance and deepen the "intimacy" with all readers, it also integrates literary language and using a historical, panoramic narrative writting which focusing on food and agriculture organization and countries with obviously agricultural influences.

The importance of agricultural diplomacy does not reflect in its "external" attributes.

This is exactly what needs to be innovated even though it is unusual to find commentary on agriculture and food diplomacy affairs in the relevant research and analysis of the international literature. Because agricultural diplomacy has closely aligned with interests, food and agricultural diplomacy has deeply anchored governance. International counterparts have put forward many profound insights in literature research in the fields of food security, climate change, humanitarianism, etc. Meanwhile, many responsible governments and international organizations have proposed how to concern many crucial issues about food security, climate change, human rights and conflicts in the vision of sustainable develpoment which emerged in recent years. These shining thoughts and the initiative of "common destiny" are like seeds, which take root in the soil with full of nutrients, be well-grounded and break forth vastly. If the research for the food and agriculture are integrated and applied scientifically, we could find a lot of inspirations which full of wisdom that could be used to solve the "black swan" [①] and "grey rhino" [②] incidents in the process of global governance today.

"What's past is prologue" [③]——The time of departure may come soon, we are on our own way, where to go, which one is better[④] ?

The core influence of food and agriculture diplomacy does not reflect only in "food" attributes.

Food and agriculture affairs, in the past, could be obscured or "icing on the cake" , but now could't be and in the future it will not be. Everything in the world is intergrowth and co-prosperity and mutually beneficial. If you are rush for quick results, you will not be able to experience the beauty of universe. In the same way, if diplomacy is understood in this way, it will be impossible to experience the "value" of food and agriculture diplomacy, let alone the "great love" of WFP. When a group is dominated by utilitarianism, and only doing so called "useful" things related to fame and fortune, its affairs will be

---

① event is an improbable and unforeseeable occurrence.

② event refers to an obvious but neglected threat.

③ William Shakespeare, The Tempest.

④ Plato, "Socrates' Self-defense" , original text: The time to start has come, we each go our own way, I go to die, you go to life. Which is better, God only knows. (Translated by Guo Yi, excerpted from "People" , written by Oriana Farage.)

thrown into a dilemma.When the whole world suffers from "useful obsessive-compulsive disorder" , then the real "valueable" affairs will mostlty step aside to the "edge" of the stage.

The aboved so-called "useful" is nothing more than beneficial to satisfy one's material desires. When you feel something is "useful" , it often means that your heart has been enslaved by it, while "useless" must mean that your pursuit is always loyal to your original needs and beliefs. A realm higher than matter is spirit. Food and agriculture affairs as well as humanitarianism course are like the breeze blowing the river and the light of dawn. Although these are seems useless to the ideas, interests of most people, but actualluy are a beam of light that illuminates the spiritual world.

The daily humanitarian work of WFP is similar to our diplomatic affairs which is to leave an opportunity to challenge itself and go beyond itself, and even preserve the opportunity to go beyond humanitarian ideals.All of this should be perceive and grasp. If there are some great changes we expect in international humanitarian affairs, especially food and agriculture international affairs in the future, it is likely to come from this "silent" or so called "useless" moment in peacetime①.

"What seemingly useless is truly of great use.② "

---

① Liang Wendao, the original text of "Yue Ji" is: "Read some useless books, do some useless things, and spend some useless time, all in order to keep a chance to surpass yourself beyond everything known. Some great changes in life come from this moment."

② Zhuangzi, the original saying is: "Everyone knows the use of the useful, but no one knows the use of the useless."

前言

和上部《饥饿终结者和他的粮食王国——世界粮食计划署概述篇》一样，这是一部借助世界粮食计划署这个联合国人道主义国际组织，并以其为“由头”来试图探讨人类“大爱”的一本书。

今天的世界充满着不确定性：冲突延宕，气候异常，疫情肆虐，贫困饥饿交织，流离失所空前，甚至有时超出了我们的常规思维，特别是战争冲突的不期而至，疫情灾害的波谲云诡，经济危机的肆意横行，粮食安全的揪心之痛……虽然这些将永载史册，成为这个时代令人难以忘却的伤痛，然而却将伴随着所有经历了上述苦难而幸存下来的人共同去见证一个更加能够颠覆以往认知、刷新历史陈规，更加能够凸显诸多伟大时代的来临。而这个或将到来的伟大时代，必将与人道主义事业比肩同行。

人类的人道主义事业自始至终都与生存斗争和可持续发展息息相关，并为人类在实现可持续发展的各项努力中贡献着源源不断的力量和资源。联合国秘书长安东尼奥·古特雷斯（António Guterres）指出，人道主义事业就是一项“众志成城”的事业，人道主义工作者是人类最优秀的代表。当前，需要人道主义援助的人数超过以往任何时候，世界人道主义事业的重要性也将超越以往任何一个时候，而联合国也将在其中发挥越来越重要的作用，特别是世界粮食计划署这样的专业机构。这些机构的存在不仅反映着这个世界的错综复杂性，更反映了国际社会在旧的国际秩序下如何改良积弊、重建治理，如何消弭仇恨、消除饥饿、消灭疾患、消减贫困的同时更加坚定地谋求共同发展的意愿。他们现在日夜兼程的所作所为多半是在您“以外”的世界中默默前行的，您甚至感受不到他们的存在，然而就是他们的“负重前行”，使包括您在内的绝大多数人安心享受着“岁月静好”。

如果您对您“以外”的世界仍颇有兴趣，甚至希望能够帮助一下那些仍然处于地球另一端的水深火热之中的“同胞”，那么您可以试着去了解一下世界粮食计划署，可以通过看看本书，了解一下这个世界上还有什么人正在经受着什么样的苦难，还有一些什么样的人正在如何奋不顾身地靠近、帮助、关爱他们，以及您究竟可以在其中发挥出什么样的作用。

本研究的目的并非简单介绍一个默默地推进全人类实现消除苦难、共同发展的国际机构，更多的是希望通过这样一个机构向读者呈现一个正在逐步形成的对人类既有困境进行“共同救赎”的全球发展新模式，提出“需要在人道主义、发展与和平背景下，在全球层面集体解决严重的粮食不安全问题”的模式[①]。此外，希望在更深层次通过这样一个独特的社会组织存在形式，向读者分享一种“苦难模式”（Hard Mode）或称为“挑战模式”（Challenge Mode）的价值观，该模式不仅对个人有裨益，还对国家治理充满现实意义。我们可将世界粮食计划署看作一个“孤独”前行的“苦行者”（Pilgrim），在不断锤炼着自身的缺陷、触碰身心的“底线”，坦然诠释着一种超越本我的生活态度，追求“自我”与“超我”身心合一，与社会“天人合一”[②]，而这恰恰是当今这个社会所极度缺乏的一种态度。刚刚卸任世界粮食计划署执行干事的大卫·比斯利在临别他曾为之“蓄须明志”的这个战斗集体时曾深情地说：“感恩所往，因获所望，有召必出，所托必达。”[③]

“穷则独善其身，达则兼济天下”[④]。达，很好理解，就是世界粮食计划署可以远达天边的“大爱”的能力，能够兼济天下“寒士”皆“欢颜”的能力。“穷”呢？世界粮食计划署告诉我们可以这样理解：即便是一个人，您也能够有所作为。

我现在就在一个人，努力地做一些事情，您呢，我的朋友？

---

① 屈冬玉，2022年。

② 西格蒙德·弗洛伊德（Sigmund Freud）（1856—1939），指的是弗洛伊德的“生物我”“现实我”和“道德我”3个层次。

③ 部分原文：Whether it is 60 years of @WFP，or 6 years as the Executive Director，we can always look back with gratitude & look forward with hope. As I shared at WFP's Executive Board，I am grateful for all of you. As hunger soared & famines loomed，you heard the call. YOU stepped up...If you trust，I delivered（David M Beasley，Twitter@WFPChief；2023年2月28日）。

④ 出自孟子的《孟子·尽心上》。孟子，公元前372—公元前289年，中国儒家、哲学家。

Foreword

FOLLOWED BY MY LAST SERIES "THE HUNGER TERMINATOR with his food kingdom——The overview of the World Food Programme (WFP)" which published in 2018, the fresh output of my second series about WFP, not only focus on the United Nations humanitarian affairs but also take this type of international organization as a "pretext" and try to explore a "Extension of Philanthropy's Function in Global Governance" issue among mankind.

Today's world is full of uncertainties: unresolved conflicts, extreme weather, raging epidemics, intertwined poverty and hunger, unprecedented displacement, sometimes even beyond our conventional cognition, especially the unexpected wars and conflicts, bewilderingly changeable of epidemic disasters, recklessly economic crisis, and the heart-wrenching food crisis...Although all above of these will be recorded in the annals of history and become unforgettable pains of this era, but all survivals from above-mentioned sufferings will witness a world which subvert previous cognition, refresh historical stereotypes, and highlight the coming of great era. Moreover, this great era most probably move forward with the humanitarian cause together.

The humanitarian cause of mankind is closely related to the struggle for survival and sustainable development from beginning to end, and contributes a steady stream of strength and resources to human beings' efforts to achieve sustainable development. UN Secretary-General António Guterres pointed out that the humanitarian cause is a cause of "united willing", and humanitarian actors are the best representatives of mankind. At present, the number of people in need of humanitarian assistance is higher than ever before, as well as the importance of the world's humanitarian cause. For the reason, United Nations will play an increasingly role on it, especially the Professional organization——WFP. The existence of WFP and related organizations are not only reflects the complexity of the world crisis, but also the reconstruction of old international order, rebuilt governance, eliminated hatred, hunger and diseases, reduce poverty in the international community. Probably, Most of what they are doing by day and by night is silently in your world, and you can't even feel their existence.There's no so-called peaceful times. It's just that someone else is bearing the cross for you.

If you are still interested in the world "outside" of you, and even want to help those "compatriots" who are still in crisis on the other side of the world, you may try to learn more about WFP, and find out who else in the world are suffering, desperate, and who are helping them, and what kind of role you could play in?

The purpose of the book is not only to simply introduce an international organization that promotes the elimination of hunger and common development of all mankind, but also to present a new model of "co-redemptrice" aiming the humanitarian development predicament in international communities.Specifically means "the model of collective solution of food insecurity at the global level and in the context of humanitarianism, development and peace" [①] .In addition, the author would like to share with readers the values of a "hard mode" or "challenge mode" through such a unique form of social organization which benefit to national governance and individuals.We can regard the WFP as a "lonely" "Ascetic" or Pilgrim hold the believe of humanitarianism whom constantly tempering its own defects, touching the "bottom line" of body and mind, presenting a life attitude that transcends Natural self (id) calmly, pursue the unity of body and mind between the "spiritual self (ego) " and the "Morality (supergo) " , and even "harmony between man and nature" [②]. This is precisely an attitude that is extremely lacking in today's society. Growing-mustache-for-ambitions David M. Beasley, who stepped down as the executive director of the WFP, affectionately post in Twitter when he say goodbye to the fighting group: you heard the call. you

① Qu Dongyu, 2022.

② Sigmund Freud (1856—1939) .

stepped up...If you trust, I delivered[①].

"A gentleman should keep personal virtues when in distress and benifit the public when in power." [②] Powerful, it's easy to understand, just like the ability of the WFP reach out to the end of world with great love, and the ability to help the poor people off the hook. What about distress? WFP tells us how to understand in its way: Even as a single person, you can make a difference.

I'm alone right now, trying to do little things, how about you, my friend?

---

① David M. Beasley, Twitter @WFPChief. February 28, 2023.Part of the original text: Whether it is 60 years of @WFP, or 6 years as the Executive Director, we can always look back with gratitude & look forward with hope. As I shared at WFP's Executive Board, I am grateful for all of you. As hunger soared & famines loomed, you heard the call. You stepped up...If you trust, I delivered.

② Mencius, 372—289 BC, Chinese Confucian philosopher.

目 录

第一章

世界粮食计划署和她的时代

第一节　百年变局下的世界粮食计划署

世界粮食计划署（World Food Programme，简称WFP）于1961年由联合国大会与联合国粮食及农业组织（FAO）共同设立，为联合国系统内一个常设的多边粮食援助机构，总部设在意大利首都罗马。关于世界粮食计划署的历史沿革、机构设置和职能等在本书的姊妹篇《饥饿终结者和他的粮食王国——世界粮食计划署概述篇》中有详细介绍。在您读完《概述篇》之后，想必已经对这个神奇的机构，难民的"上帝"有所了解，那么在本书里，著者将使用不同于概论的教科书式的叙事手法，另外尝试一种自由的"头脑风暴"式的"综论"方式陪伴您登上这个"巨人的肩膀"，一起以"上帝"般的视角去感受一下这个本应蔚蓝纯净、生机盎然的星球以及您美丽、安详的家园之外还存在的"另一个世界"的人民的真实生活，也去认识这么一群充满斗志和献身精神的"战士"和他们"独一无二"（The none second）[①]的事业，发现一下他们的生活与您当下的生活会存在的关联，思考一下您能够且有义务为他们同时也是为了您自己去做的事情。"上帝"般的视角有时候也不一定是万全的视角，也不一定是您认可的视角，但能够帮助您刷新您的视角，帮助您客观反思一下自己曾经的视角，以更大的热情和宽容拥抱当下也许艰难和不确定的生活，这就是本书的目的。

① 大卫·比斯利（David M. Beasley），世界粮食计划署执行干事（The Executive Director of WFP），2017年.

准备好了？那我们一同感受这个人道主义事业“爱的海洋”吧！

作为全球人道主义救助和援助行动的最主要执行者和最权威领导力量，联合国系统内最大的专业人道主义援助机构，世界粮食计划署以粮食援助为主要手段，辅以营养食品、现金、服务等通过实施紧急项目、发展项目等多种援助项目向受到各类冲突和自然灾害影响的地区、国家的流离失所及弱势人群提供临时和中长期的粮食、食品援助及资金救助，以拯救生命、维持生计、提升抗力和灾后恢复力，同时根据需要，帮助广大发展中国家和贫困国家积极开展灾后恢复与可持续发展能力建设，促进经济和社会的逐步改善，并摆脱饥饿与贫困，改善营养水平，推动最终实现联合国相关可持续发展目标。对此，世界粮食计划署领导或协调联合国难民署（UNHCR）、联合国儿童基金会（UNICEF）、红十字国际委员会（ICRC）等国际机构参与了全球几乎所有的人道主义紧急救助行动，与联合国粮食及农业组织（FAO，简称粮农组织）、国际农业发展基金（IFAD）、联合国开发计划署（UNDP）等联合国可持续发展机构共同参与了“零饥饿”等目标下的全人类消除饥饿与贫困、改善营养以及气候变化应对等领域的倡议与行动，该机构不仅在国际舞台上具有十分重要的影响力，甚至也是世界各国展现其存在价值和参与全球治理诉求的重要舞台。由于世界粮食计划署所诞生时代的特殊性及其终生奋斗的目标——粮食，在过去、今天乃至未来均具有的不可替代的特殊属性和意义，世界主要国家长期以来一直十分重视世界粮食计划署的作用和国际影响力，长期与其保持着密切合作，积极参与粮援活动以提升本国参与人道主义国际治理的能力，特别是在维护和实现本国战略意图及利益方面。

世界粮食计划署是一个完全靠自愿捐助运行的政府间慈善机构，在2021年该机构获得的各种类型的捐助价值达96亿美元。该机构目前在全球拥有近21 000名员工，其中90%以上的员工工作地点在条件艰苦和具有挑战性的实地国家，他们大多数人的生活条件和所处环境是生活在优越环境下的人们难以想象的，这也就是为什么世界粮食计划署的员工被称为“斗士”（Warrior）的原因，世界粮食计划署时任执行干事大卫·比斯利（David M. Beasley）①在履新3年即带领他的“斗士”勇敢踏入乌克兰尚未融化的沼地拯救那里的人道主义灾难，他为此蓄起胡须，以“美髯公”的形象出现在世界粮食计划署的

① 已于2023年4月离任。

年会和例会上，奔波在世界各地的人道主义灾难现场。如果按照中国人的理解，“蓄须以明志”，这和埃德加·斯诺（Edgar Parks Snow）[①]在《红星照耀中国》（Red Star Over China）[②]中对另一位中国的“美髯公”——周恩来[③]的评价倒是有很大的相似。因为这也体现出了他所代表的世界粮食计划署今天的“明志”，即为全人类的饥饿与减贫而奋斗的明确志向。

世界粮食计划署的决策机构仍然由36名主要成员国组成的执行局管理，该机构有一套完整的议事规则，负责指导世界粮食计划署的日常运营，并与设在罗马的两个姊妹组织——粮农组织和国际农业发展基金形成了密切的合作关系，因都从事粮食与农业领域的国际多边援助与发展工作，因此习惯上统称联合国粮农三机构（RBAs）。世界粮食计划署与全球的900多个国家、国际组织、非政府组织、公共私营机构、民间社会以及个人建立了长期的合作关系。

世界粮食计划署之所以能够成为全球领先的人道主义援助与发展旗舰力量，能够成功地在全球扮演粮食安全的坚定维护者和行动者的角色，根本原因是它通过一粒小小的粮食，将远隔千山万水、崇山峻岭的不同大陆紧紧地连接在了一起，世界粮食计划署持续62年的全球人道主义事业不仅在行动上创造了一个关于消除饥饿、减少贫困、粮食安全、营养改善、能力建设、可持续发展的全球性网络和伟大历史叙事，更开创了一个人类共同发展的多元统合（Unity of diverse）的效应，即原先无序冗杂的全球人道主义资源被世界粮食计划署强大的物流体系与网络进行重新动员与组合，全球范围的利益相关者被世界粮食计划署这个“粮食王国”统一到了其“零饥饿”的“信仰”之下，在这个新的共同信仰领导下，世界粮食计划署在全球逐步构建起了一种覆盖所有体制、所有阶层、所有团体的“共享、共责、共赢”的全人类协同发展新体制。这种效应推动了国际社会对在构建人类命运共同体的过程中所面对的一系列挑战和难题的理解与共识，提供了未来理解甚至解决某些世界性难题的关键——这就是世界粮食计划署存在的价值和对于未来的意义。

毫无疑问，面对当今多变和高度不确定性的世界，世界粮食计划署已经将自身置于一个全球、全人类发展史的宏伟叙事和发展框架中，世界粮食计划署

---

① 埃德加·帕克斯·斯诺（1905—1972），美国记者，因其在中国革命期间的著作而闻名。
② 《红星照耀中国》（曾译《西行漫记》），1937年出版。
③ 周恩来（1898—1976），中国近代史上的重要政治家、军事家、革命家和外交家。

已经不仅仅满足于解决饥饿人类的生存问题，它现在正在试图解决一个更加宏大的问题，这个问题跨越了国界、洲界，超越了种族、信仰，逾越了经济、政治，无处不展现出其“全球化”的视野和“全球化”的布局，而这里的“全球化”可能不仅仅囿于其业务的全球化，在未来必然要突破其传统业务的“藩篱”，迈向粮食、人道主义、全球化这个实现人类命运共同体的三大主题。这也是本章第六节提到的世界粮食计划署在全球粮食安全危机下的历史使命。

全球化标志着人类福祉重新整合、分配的关键阶段，人道主义事业必将因全球化的到来而再次迎来一次新的变革，这个变革将如何进行？将从哪里推进？如何破解人类可持续发展的关键问题？答案就是全球化模式下的资源整合。

在今天数字经济激烈博弈、信息渠道往复争夺、治理诉求纷繁演绎的“战国”时代，谁控制了资源，谁就是“王者”，谁能够消灭这些“诸王”，谁就是那个“诸侯割据”时代的“终结者”，谁构建起“全球化”的资源，谁就是复活的“法老”，时代的领袖。如果说今天的信息产业巨头争相要做的就是数字化“终结者”的角色，那么他明天要做的就是建立一个全球化的交互式平台，这个交互式超级平台或将所有网络、通信、物联乃至依附其中的社会、经济、金融、文化及数据库资源汇聚在一起，构建起一个前所未有的超级“区块链”（blockchain）①组合体。发生在2022年11月推特（Twitter）的“血色星期五”或许仅仅是数字资源重构的开始，那么未来哪一天，另一个“巨头”对现实资源的重构，肯定也不可能是一个草率的结束。同样，人道主义的“全球化”亦有可能是未来对这个世界的另一大资源的重新整合，世界粮食计划署可能是“王者”，也可能是“终结者”，甚至是“法老”。

全球化为什么有如此“魔力”？皆因“世界潮流，浩浩荡荡”②，皆因“让世界经济的大海退回到一个个孤立的小湖泊、小河流，是不可能，也是不符合历史潮流的。”③皆因全球化能够带来富裕与繁荣④。这就是本书试图和读者朋友共同探索并找出的答案。

众所周知，所有类型的国际人道主义行动都不可能存在于政治真空之中，

---

① 区块链是一种基于安全共享的去中心化的数据存储模式，进一步借助区块链云服务，可以实现海量数据资源的收集、集成和共享，是未来大数据系统的发展模式。

② 孙中山，1916年。

③ 习近平，2017年。

④ 奥拉夫·朔尔茨（Olaf Scholz），2022年。

但出于学术与研究目的，就人道主义及其行动执行者的研究而言，本书不涉及任何类型的被政治化或工具化的人道主义倡议或行动。另外，一个组织的未来实际发展方向也许与对其研究的期望结果会有所不同，这一点请读者深刻理解。本书所涉及的世界粮食计划署的历史沿革、工作职能、机构组成、领导团队等部分的内容，均在农业外交官系列丛书《饥饿终结者和他的粮食王国——世界粮食计划署概述篇》中进行了介绍，本书将不再做概述性介绍或仅仅进行必要更新。

第二节　世界粮食计划署机制特点

一、世界粮食计划署时代职责

（一）基本职责

新的历史条件下赋予世界粮食计划署的时代职责是同时帮助人们实现生存与发展的职责。2014—2019年，全球受长期饥饿困扰影响的人数缓慢上升，在2019年为6.19亿人，但在2020年由于疫情等原因迅速上升，达到8.11亿人。此外，当年全球5岁以下的营养不良儿童有2.335亿人。2021年，全球有82个国家3.45亿人面临粮食安全危险，45个国家多达5 000万人处于饥荒边缘，到2021年底，43个国家中处于紧急或粮食不安全严重水平的人数急剧上升到4 500万人[①]。这些国家如果没有人道主义支持，将面临崩溃的危险[②]。

2022年，在全球范围内有19个饥饿热点国家和地区被确认，这些国家大多数位于非洲、中美洲和中东等地。如果任由当前的全球性粮食危机持续发酵，那么在2022年10月至2023年1月会出现全球范围内因粮食短缺的大规模生命损失。特别是阿富汗、埃塞俄比亚、南苏丹、索马里、尼日利亚、也门和海地等已被列为面临灾难性饥饿威胁的最令人担忧的国家[③]。

世界粮食计划署是全球领先的人道主义组织，其核心职责是通过粮食援助

① WFP 2021年度绩效报告，2022年6月15日。
② 法新社，2022年8月17日。
③ Chiara Pallange，WFP，2022.9.22（以英文方式注脚的参考文献来源为外文，下同）.

等手段拯救那些因灾害、灾难和战争而使生命处于危险以及生活受到巨大影响而发生改变的人们。其援助手段主要是在紧急情况下直接提供粮食及物资援助，此外，还包括在脆弱地区与当地政府和社区合作改善营养水平和开展对于灾害复原力的能力建设。

世界粮食计划署的人道主义纲领与行动是以联合国可持续发展目标（SDGs）为依据，并与其17个目标一一对应。在联合国可持续发展目标中，国际社会已承诺到2030年消除饥饿、实现粮食安全和改善营养。但是全世界目前仍有1/9的人温饱问题没有得到解决，因此全球范围的与粮食有关的国际人道主义援助仍然且长期是全人类打破饥饿和贫困这个恶性循环的不变的核心任务。

世界粮食计划署自成立以来，因其在帮助全球的弱势群体与饥饿作斗争，为改善受灾害和冲突影响地区的生存条件和可持续发展方面做出的持续不懈努力和巨大贡献，特别是在努力防止不良势力利用饥饿作为战争和冲突的武器方面发挥了重要的作用，因此被授予了2020年诺贝尔和平奖。作为一个国际组织被授予诺贝尔奖意义重大，在这个充满不确定性的今天，我们最需要的可能是抗疫疫苗，但在真正的疫苗问世之前，粮食却是这个世界阻止危机的最佳疫苗①。

2021年，世界粮食计划署在全球实施的人道主义援助行动覆盖了120多个国家和地区，受益人数多达1.282亿人。以世界粮食计划署巨大的工作量甚至可以说在任何一天，世界各地都有5 600辆卡车、30艘轮船和近100架飞机同时满载着人道主义粮食及援助物资和专业救援人员往返在地球的每个角落，为最需要得到帮助的难民、穷人和弱势群体提供粮食、营养和其他援助。特别是该机构通过联合国人道主义航空服务处提供的客运航空物流运输，将世界粮食计划署的“触角”延伸到全球280多个重要节点。

本书著者为世界粮食计划署冠名“饥饿终结者”这一称号是世界粮食计划署数十年来用难以想象的巨大工作量、高效精准的物流服务执行力、贴合实际的社区发展凝聚力和万余员工生生不息的战斗精神和坚强意志换来的。这是他们因此赢得无与伦比的国际声誉的根源，这也完全印证了该机构的口号。

“You trust，I delivered”（若有所托，使命必达）。

世界粮食计划署的职责中最能体现其工作特点的就是紧急援助、救济和恢

① 挪威诺贝尔委员会，2020年10月9日。

复、发展援助和特别行动等核心工作，该机构汇聚了全球最优秀的人道主义专业救援人才与分析专家，多年高强度和复杂烦琐的援助行动历练使该机构拥有了全球独一无二的资源、经验、体系和人才。该机构有大约2/3的工作量体现在全球受各种冲突、灾害影响的国家里所进行的人道主义行动。特别是在紧急情况下，世界粮食计划署往往是最先出现在上述现场的力量，甚至有时候比所在国家的政府援助机构还要快。该机构的各类专业人员能够为战争、内战、干旱、洪水、地震、飓风、作物歉收和自然灾害的受害者提供精准的粮食援助、营养协助甚至人性化的灾后恢复建设。此外，在上述紧急情况消退后，世界粮食计划署还能够有效帮助受害社区重建遭损毁的生活和生计。在这方面，该机构的作用几乎可以说是难以替代的。

虽然“粮食救助”工作是自世界粮食计划署成立以来长期的核心任务，但是近年来，世界粮食计划署的工作核心有了本质上的变化，虽然仍是全球主要的人道主义援助机构，但现在随着全球各类冲突和灾难的不确定性增加以及联合国可持续发展目标变得更加具体和多样性，因此同时还要考虑基于可持续发展目标实现的各种解决方案。自2007年起，世界粮食计划署对其援助方向做了重要调整，将工作重心从粮食救助转移到粮食援助上。

第一，世界粮食计划署最主要同时也是最传统的援助方式就是实物援助，也称食物转移方式（Food in-kind transfers），食物转移是以干粮或湿粮（熟食）的形式向目标个人或家庭提供粮食的直接援助方式。2022年，世界粮食计划署已投入39亿美元用于直接的粮食等实物援助方式。考虑新冠疫情（COVID-19）和地区冲突等因素导致的市场波动、通货膨胀、产区歉收等因素，直接的粮食援助依然是较为直接有效的援助方式。

第二，世界粮食计划署还通过多种交付模式实现人道援助行动的多样化，这体现了该机构在援助方面具有高度灵活性的特点。一是“现金转移”（Cash-based transfers/CBT，或简称Cash transfers），这是直接以现金或电子支付形式向援助目标个人或家庭提供其购买粮食等物资的货币，该形式主要用于接受援助地区能够直接消费现金或有一定的网络支付基础和能力，且受援助群体有相当比例的人群能够接受该援助方式。二是代金券形式（Voucher transfers），这种方式更为灵活，主要用于较为动荡和不稳定的地区，这种代金券不能兑换现金，并且用于消费的零售商受到限制，须在由世界粮食计划署或其合作伙伴根据其标准指定的商店选择。这种方式大致可以分为两种：“实物券”（Commodity vouchers）援助工具和“代金券”（Cash vouchers）。实物券是一种代表着固定数量的特定物资的纸质或电子凭证，是一种独特的援助转移模式，不能作为流通货币的替代，因此既非现金也非实物。实践证明，这些实物券在一些动荡和不稳定的环境中使用效果更好，在上述环境中，实物的拥有者比人道主义机构更容易接触到需要粮食援助的人群。到2022年，世界粮食计划署的实物券发放规模已达到2.52亿美元。代金券是一种代表着固定金额面值特定物资的纸质或电子凭证，也是直接分发给援助目标个人或家庭，且可在受到援助地区的指定零售店兑现的具有固定价值的纸质或电子凭证，这种形式与上述“实物券”形式的不同之处在于，在某些特殊情况下，这种方式可以按照其票面的金额进行“现金返还”。该援助模式主要用于受援助地区具有一定规模的物流能力和物资的储备与调运能力，从事或协助相关援助活动的机构有足够的人力与物资整合能力，物资分销网点能够较均匀地分布在或已经全面地部署在需要得到援助的人群地区，且能够具备大规模的实物与援助物资等的现场兑取甚至现金兑换能力①。

上述使用的“现金转移”方式帮助脆弱地区的农民能够以更加灵活的形式改善生计和提升自身的灾害应对能力。在过去12年里，世界粮食计划署持续增加了对“现金转移”的使用量，并成为全球最大的使用这种手段的国际机构。该机构在2022年在68个国家投入41亿美元在“现金转移”项目中，比2021年增加9%。2022年，在孟加拉国、约旦、黎巴嫩、索马里、苏丹、叙利亚和也门实施的“现金转移”项目约占全部项目的50%。2021年，世界粮食计划署除了在全球范围完成了440万吨粮食的分发工作以外，还实施了价值高达23亿美元的现金和代金券服务项目。这些现金和代金券有效地帮助了那些弱势群体通过最便利和最可能的方式在最近的地方购买自己需要的食物。现金和代金券服务形式帮助世界粮食计划署节省了大量的运输成本，缩短了人道主义行动的响应时间，并有效地促进了当地的经济。特别是在全球地区冲突和危机不断增加的今天，世界粮食计划署也越来越多地直接通过现金转移方式满足处于危机的人们不同的粮食与生活物资的需求，这在2022年2月俄乌冲突爆发以来乌克兰战区出现的较为特殊的人道主义需求中得到了充分体现，本书第六章将做详细介绍。自2020年初新冠疫情（COVID-19）暴发以来，世界粮食计划署针对各国

① *WFP Cash and Vouchers Manual-Second edition*，2014。

提出的增加基于现金援助的要求，进一步加大了“现金转移”项目的支持力度和覆盖面，并强化了相应的技术援助和服务力度。2022年继续增加投入，同时强化了对一些特殊地区如黎巴嫩、苏丹和也门的投入。

现金转移的形式亦非常适合在有一定金融体系基础的地区使用，使用现金转移支付手段的人在获取生活物资等方面可以获得更多的选择。世界粮食计划署在选择提供这种现金援助形式的时候一般会考察当地的市场和金融系统运作情况并进行相关评估。经过专家的评估之后再选择适合当地的现金援助形式，当然不管是以纸币现钞、代金券、借记卡、电子货币还是以移动货币的形式，最终的目的都是方便持有上述援助模式的人们能够根据自身的实际需求做出选择，从而以最佳的方式改善他们的粮食安全和营养，当然这种形式的援助也在一定程度上活跃了当地经济。

多种现金转移形式

第三，世界粮食计划署还通过“粮食换资产”（Food Assistance For Assets）等灵活形式，推动了地方社区农民的能力建设，提升他们对于灾害的抗性和恢复力。世界粮食计划署的粮食换资产倡议面向那些从事社区项目的人们，如恢复非生产性土地，让他们通过劳动换取现金或粮食。专注于私营部门的“农场到市场联盟”将小农户与市场联系起来，帮助他们实现作物多样化，提高其商业潜力。

第四，世界粮食计划署还利用其专家资源积极参与受援助地区的粮食损耗与浪费的控制项目。众所周知，一般农场的储存设施如果不符合标准，例如，仓筒的温湿度不达标，就会引起生虫和发霉，导致储藏在里面的农作物受损。特别是大型仓筒，往往同时存放数千至数万吨的粮食，温湿度若不符合粮食储存的标准，很快就会腐烂或发芽，导致粮食品质降低，造成大量损失。而使用这些仓筒的农民往往缺乏足够的技术支持和市场信息，经常出现农民由于无力承担高昂的仓储设施建造和升级的费用，或没有足够的劳动力，而眼睁睁地看着他们收获的农作物腐烂变质而被迫将其倒掉的情况。对此世界粮食计划署通过实施“零产后损失”小农项目，帮助地方社区的农民改善收获后的能力建设水平。世界粮食计划署的“零产后损失”项目在帮助小农户学习如何使用改良的产后处理方法，并结合简单而有效的密封存储设备，保护农作物免受昆虫、啮齿动物、霉菌和水分的侵害等方面已经开展了卓有成效的工作。

第五，在新冠疫情的应对与可持续发展方面，新冠疫情扰乱了生产、贸易和生计，使数百万人失业，已经导致上百万人陷入粮食不安全状况。世界粮食计划署对此专门设计了针对疫情的小农灾害复原力改善项目，以帮助尽可能多的弱势群体尽快摆脱疫情对他们的困扰，尽快使他们的生活恢复到疫情之前。另外，为了应对新冠疫情下因社会经济影响所带来的更多生计方面的需求，世界粮食计划署已根据需要在一些重点地区增加了现金和粮食援助的范围及支持力度，并帮助相关国家政府进一步增强本国的社会安全网建设，以更好地应对后疫情时代的社会经济恢复和可持续发展。

第六，在公共服务方面，世界粮食计划署通过其遍布全球的物流货运部门及实地合作伙伴，昼夜不息地为急需帮助的人提供各种快捷安全的公共服务。他们所建立的公共服务体系全球首屈一指，全球客运和货运服务的规模也是最大的，遍布世界各地的专业人道主义工作人员和粮食及卫生用品能够通过其公共服务系统在最短时间内到达世界各地的弱势人群身边，专业人道主义工作人员可以立即开展援助工作。此外，作为一个联合国机构，根据联合国有关性别平等条例，他们还向一些特殊人群提供粮食和现金援助，发放的食品券甚至覆盖了多种性别取向（LGBTI）[①]人群及其家庭。

第七，世界粮食计划署还在世界各地开展了一项有实际意义的针对儿童的营养强化和社区可持续发展项目，即学校供餐计划项目。世界粮食计划署目前是全球最大的实施学校供餐计划的国际组织。该项目的实施意义在于经过50多年的持续运行，所产生的社会影响和经济价值已远远超越了项目本身，项目在对大批学龄儿童进行营养强化支持的同时，还推动了相关地区特别是最贫困和最不发达地区的基础教育、性别平等、小农能力建设和社区等围绕学校教育而兴起的配套服务体系的完善与地方经济的发展。随着项目在全球范围的普及，目前已有76个国家加入世界粮食计划署倡导的“全球学校营养餐联盟”，为学校供餐计划提供了大量投资，成为弱势儿童的重要安全网，同时也为不同国家

---

① Lesbian、gay、bisexual、transgender and intersex，即男女同性恋者、双性恋者、跨性别者和间性者。

的农业、商业、科技等领域的产业注入了强大的发展动力[①]。

世界粮食计划署的上述重点项目不仅有效帮助该机构在全球范围顺利开展有针对性的援助与发展行动，更推动了世界粮食计划署在当前多种全球性危机冲击下多样性人道主义行动的形成。这些长期开展的多样性的行动也为世界粮食计划署最终在全球范围形成一个完整的社会保障体系打下了坚实的基础。特别是随着其业务不断扩大，该机构在全球气候变化及冲突第一线的作用越来越显著，并认识到建立一个完整的社会保障体系能够保护最弱势群体免受冲击和威胁的困扰。这个保障体系能够解决包括贫困、不平等和粮食安全在内的多个相互关联的问题，能有效促进实现联合国多个可持续发展目标（SDG），特别是SDG2：零饥饿。

对此，世界粮食计划署提出了“社会安全网”（Social safety net）的倡议，并对全球所有被援助对象进行有效覆盖，安全网通过免费、缴费或劳动转移等多种方式向弱势群体稳定可靠地提供粮食、现金、代金券或其他必需物资。该网络还鼓励各国政府建立和加强其现有的社会安全网，以保护其公民免受贫困、不平等和粮食不安全的影响。此外，安全网还能够提高体系内的国家应对灾害或大规模人口流离失所等冲击的能力。世界粮食计划署提出世界上每个国家都应建立一个自成体系的安全网，并能够拥有融入不同安全和社会保障体系的方法及工具。其中包括开发用于登记和管理安全网受益人信息的平台，改进对受益人资格的认证手段，试行创新的现金转移机制，建立使用现金援助的认证商店网络，以及鼓励通过安全网覆盖的计划项目，如学校营养餐计划，购买当地生产的粮食。

在图1-1的社会安全网体系中，基于非供资转移计划的安全网[②]是整个体系的核心，由于安全网是针对穷人或弱势群体的非缴费型转移计划，即为这些群体提供免费的社会服务项目。围绕着这个核心，这些援助目标人群能够获得图中与社会安全网关系较密切的以工代赈、学校供餐、粮食援助等多种社会化服务，另外，还可以获得社会安全网之外的更多增值服务，如小额信贷、保险和培训项目等，但是获得这些服务需要付出一定的费用或劳动。

---

① 卡门·布巴诺（Carmen Burbano），联合国世界粮食计划署全球学校供餐计划司司长，2023年4月。

② 即Safety nets transfers（non-contributory），该方式是一种免费的，为弱势家庭、贫困和赤贫个人提供最低标准的福利或安全。可以形象地理解为在钢丝上行走的马戏团艺人下面挂着一张仅仅用于救命的网。

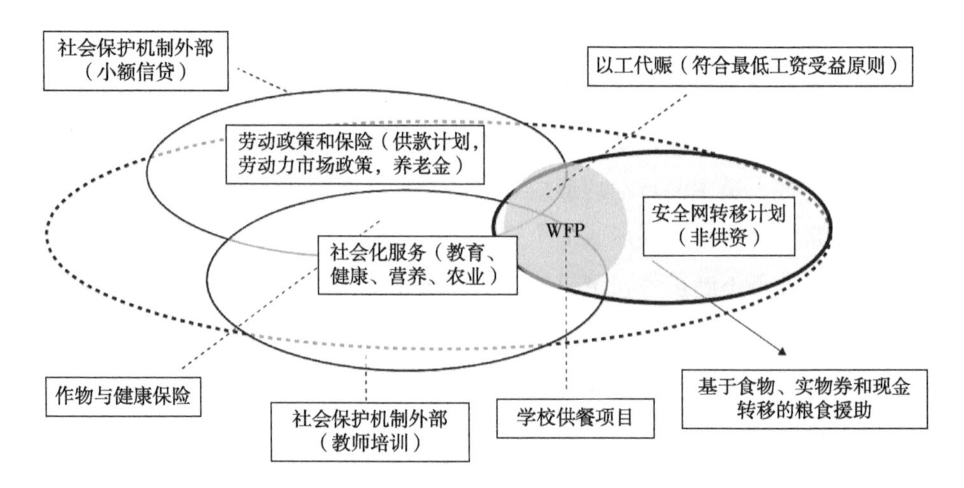

图1–1　世界粮食计划署的安全网组成部分和相应的活动

来源：WFP's Safety Nets Policy，2012.

上述世界粮食计划署在全球建立的安全网在当地的社会保护中发挥了关键作用，该网络的核心业务是与粮食安全和营养密切相关的援助行动，并大量结合了现金转移等多种援助形式，使得该机构的安全网倡议一经推出即获得了多数国家的认可和支持。该“一揽子”式的粮食安全与营养解决方案以其高效、务实的优势确保了该机构在粮食援助方面始终处于全球领先地位。世界粮食计划署的安全网体系优势非常明显，为了确保得到长期贯彻，其《安全网政策》（WFP' s Safety Nets Policy）中还进一步明确了通过一些优先事项推动安全网不断完善：为安全网优先提供技术支持和实用专业知识，确保将粮食安全和营养目标长期纳入安全网倡议范畴，优先支持地方政府建立自身的独立安全网系统，优先推动基于安全网建设的机制与能力建设，优先确保安全网倡议下的行动具有可靠性、针对性和实证性，优先建立基于安全网的战略伙伴关系，优先调动有关资源以支持安全网建设，通过加强内部决策能力支持安全网的不断完善。

随着时代的发展，世界的不确定性陡增，气候变化、粮食安全、疫情灾害、局地冲突不断上演，人类社会的矛盾空前复杂，单极化的发展模式越来越难以有效解决丛生的矛盾，全球进入了共同的发展模式。世界粮食计划署作为一个多边的国际协调机构，其发展也因此迎来新的契机，基于共同的可持续发展理念成了该机构的重点工作理念和发展方向。

在“百年未有之大变局”之下，世界粮食计划署在多灾多难的世界拯救多灾多难的人民的艰苦卓绝的斗争中已经从一个传统的粮食“搬运工”，饥饿的

"拯救者"，华丽转身为一个胸怀大爱、普度众生的人道主义"多面手"。如今在更多领域的卓越表现，更展现出了其在新时代历史所赋予的更重要的使命，即实现所有人的可持续发展目标。

（二）世界粮食计划署的困境与挑战

世界粮食计划署始终在不断的困境与挑战中为了全人类的人道主义事业和全人类的共同安全、健康与可持续发展目标而不懈努力。随着近年来全球气候变化更趋复杂、地区冲突和突发灾害更加不可预测与频发，世界粮食计划署所面临的困境与挑战更加艰巨，更加需要国际社会的共同参与努力。在2020年初，世界粮食计划署在多个方面开展大规模而复杂的人道主义行动。一些国家在冲突和不稳定与极端天气共同的影响下，人们被迫离开家园、农田和工作场所。在另一些国家，气候冲击与经济崩溃同时发生，使数百万人处于贫困和饥饿的边缘[①]。总体来看，世界粮食计划署的主要挑战中有很大一部分群体来自非洲地区，这是因为非洲大陆的经济发展水平、能力建设水平均整体落后于发达经济体，加之历史原因导致整个大陆在百年来始终陷于发展—斗争—重建—斗争—再发展的循环之中，难以实现持续可发展的良性循环模式。

面对非洲长期止步不前的发展窘境，世界粮食计划署长期以来持续帮助非洲各国政府和社区实施以国家为主导的综合性解决饥饿计划。世界粮食计划署对非洲的援助占其全球援助总量的50%以上。2009年，世界粮食计划署有关援助的开支总额达40亿美元，其中25亿美元投往非洲。世界粮食计划署是世界上因人道主义救援而购买粮食的最大买主，也是为援助非洲而购买粮食的最大买主[②]。在2020年，世界粮食计划署认定了全球18个热点国家（WFP Global Hotspots）会面临更加多样性的深层危机，其中非洲撒哈拉三国[③]、津巴布韦（Zimbabwe）及也门（Yemen）等国家处于"过热"（Overheating）的最危险级别，尼日利亚（Nigeria）、南苏丹（South Sudan）、刚果（Democratic Republic of Congo）等国家处于"沸腾"（Boiling）的高危级别，利比亚（Libya）、苏丹（Sudan）、埃塞俄比亚（Ethiopia）、中非（Central African Republic）、喀麦隆（Cameroon）、布隆迪（Burundi）则处于"高温"

① 大卫・比斯利（David M. Beasley），世界粮食计划署执行干事，2020年。
② 《世界粮食计划署在非洲——2009年的事实与数字》，WFP，2010年。
③ 马里（Mali）、布基纳法索（Burkina Faso）、尼日尔（Niger）。

（Simmering）的危险级别（附件2），这些发生在上述不同危险级别“热点”国家的天灾与冲突对非洲地区大范围存在的弱势人群的粮食安全和生计构成严重威胁。世界粮食计划署认定的“2020年全球热点”对上述由于冲突、政治不稳定和气候引发的灾难国家进行了明确分类，确定了这些国家的受破坏程度，明确提出了需要快速提供实物援助和资金支持的国家名单，这对未来国际社会的统一行动确定了行动路线图并指明了行动的方向。

此外，自新冠疫情（COVID-19）在非洲暴发及蔓延以来，世界粮食计划署亦通过各种手段帮助非洲国家确定了疫情威胁的不同级别，以及非洲不同地区的疫情与继发的其他严重疫情可能对世界各国构成的潜在威胁。对此世界粮食计划署持续在非洲开展卫生评估与审查，并与世界卫生组织（WHO）、联合国难民署（UNHCR）等国际机构开展合作，利用该机构的资源与技术优势对这些国家的粮食安全水平、疫情影响及其应提供的人道主义援助方式进行评估，并建立适当的粮食安全预警机制，以便能够更好地应对粮食供应的突然变化或粮食供应链的中断。

无论何时，世界粮食计划署始终是这个星球上的最贫困、最苦难、最动荡大陆上人民生计的依靠和他们实现对灾难的应对与可持续发展能力提升的前线机构。对此，该机构在2020年提出了106亿美元的资金预算，以确保未来能够持续拯救和改善弱势群体的生活[①]。

1. 外部困境：全球流离群体的变化趋势

联合国秘书长安东尼奥·古特雷斯（António Guterres）曾认为，移民活动真正惠及所有人。因为在整个人类历史中，移民始终是人们决定克服不利条件、改善生活状况的一种大胆方式。事实上，移民是推动人类不断克服环境与自身挑战，并实现自身的不断可持续发展的重要手段，没有移民行为，人类很难发展到今天的文明程度。人类从智人时代在肖维洞穴[②]壁上留下的手印，到踏上月球的脚印，从全球人类的漫长大流动、大迁移过程中产生的认知革命、

① 《2020年全球热点地区报告》（WFP 2020 Global Hotspots Report，世界粮食计划署，2020）。

② 肖维岩洞（La grotte Chauvet-Pont-d'Arc）位于法国阿尔代什省瓦隆蓬达尔克市附近的一个石灰岩山崖上，洞穴岩壁上有超过450幅动物壁画，14种不同类型的动物，包括马、犀牛、狮子、水马、猛犸象等野生动物，甚至包括冰河时代罕见物种，是极其难得的史前人类生活和历史的见证。

农业革命，到科学革命、生物科技革命，无处不在、无时无刻地留下移动的印记，不断演绎着流离和融合的神奇与传说[①]。可以说，人类生生不息，移民就永无止境。对移民及其历史的认识过程，实际上就是对自我的认知和各种可能性的不断探索及求证的过程。因此研究人类的移民行为，就是我们对现实的不断反思过程，更是对人类未来发展趋势的求索。

在研究国际人道主义工作中，通常会涉及“移民”“难民”和“寻求庇护者”等专有名词。这些概念很容易混淆，“移民”是指因各种外在因素主动或被动地离开原住地并跨越国界寻求更好的生计或者逃避原籍国家或势力打击、迫害的群体。而“难民”则是指符合种族、宗教、国籍、政治见解或特定社会弱势群体范围内遭受冲击、迫害或有理由证明遭受迫害的并根据1951年“联合国日内瓦公约”的定义，以及某些时期美国等具影响力国家难民法条款受到保护的移民。“寻求庇护者”则是指符合难民身份标准但以非难民身份抵达的人群[②]。在本书的研究对象主要针对的是因气候变化灾害、地区冲突、极端贫困等原因导致的“非政治难民”类型的人群。世界粮食计划署主要的援助及协助对象即上述人群。在以下叙述中，为表述方便，将移民与难民统称为“流离人群”。

当前全球流离人群的现状和发展趋势存在一些新的变化与特点，这些都对世界粮食计划署的全球人道主义工作产生了显著的影响、强有力的导向，也形成了更多的挑战。1951—2018年，在全球、区域和国家层面上因天灾及冲突产生的流离人群数量、迁移的强度、分布和距离出现了一些新的特征。首先迁移强度并未出现长期和持续的增长势头，但是因人为原因导致的冲突所造成的流离人群的强度有所增加。特别是自20世纪中叶以来，全球流离人群的规模发生了很大波动[③]，到了2015年，这些人群人数分别达到创纪录的2.44亿人（难民）和2 130万人（移民），较2000年以来分别增长了41%和37%（图1-2）。从2005—2015年10年间，虽然国际移民总体增长了27%，但难民人口却增长了66%。2010—2015年难民增加的主要因素是由于叙利亚战争产生了大量的难民[④]。

---

① 尤瓦尔·诺亚·赫拉利（Yuval Noah Harari），《人类简史三部曲》。
② 美国外交关系协会，2017年。
③ Gatrell 2013；Fitz Gerald，Arar，2018.
④ UNHCR，2016；UNU-WIDER，2016.

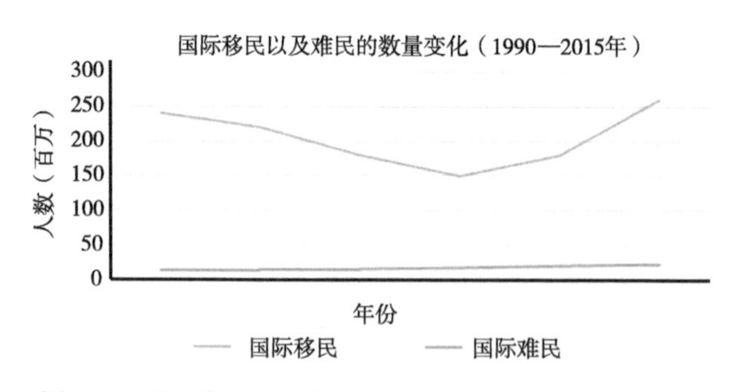

图1–2　国际移民以及难民的数量变化（1990—2015年）

来源：WFP，*AT THE ROOT OF EXODUS*：*Food security*，*conflict and international migration*，2017.5.

至2019年，全球流离人群数量已经达到2.72亿人，占世界人口的3.5%。印度再次成为国际移民的最大来源国，目前印度居住于国外的移民人数最多（1 750万人），其次是墨西哥和中国（分别有1 180万人和1 070万人）。全球最大的移民目的国仍是美国（5 070万国际移民）。

2020年前后几年间，全球一系列重大标志性事件有可能成为移民流动继而触发未来人类社会结构发生重大调整和改变的里程碑事件。这些动辄数百万人规模的重大人类迁移和流离失所事件，无一例外均对这些人群造成了巨大的苦难、创伤及生命损失。最严重的莫过于叙利亚、也门、中非共和国、刚果民主共和国、南苏丹、埃塞俄比亚和乌克兰等地的战乱，以及发生在孟加拉国的罗兴亚人的极端种族暴力、委内瑞拉的经济动荡等。2018年之后，全球气候和天气相关灾害引发的大规模流离失所在全球许多地方包括莫桑比克、菲律宾、中国、印度和美国等持续发生，特别是2022年发生在淹没了巴基斯坦1/3国土上的重大洪灾。这些会导致未来可能随着气候危机愈发严峻而出现更大规模的移民流动。此外值得一提的还有自2020年初全球范围暴发的新冠疫情和由此引起的全球范围的流离失所人群的变化。面对这种复杂的局面，人们也越来越认识到环境、气候和疫情变化对人口流动的影响甚至在某些情况下有超越冲突造成的影响的可能。因此，如何更好地应对气候变化等上述外部环境影响有必要成为未来全球协作和国际援助政策机制的一部分①。

国际移民尽管在人数上近年来出现激增趋势，但总体上国际移民的比例仍

① 《世界移民报告2020》，国际移民组织（IOM）。

仅占全球总人口的3%，与一个世纪前基本持平[①]。这些移民中的大多数并不是被迫流离失所，而是主动选择离开原籍国家。国际难民占国际移民总数中的比例在1990年约为13%，在2015年为9%，与过去15年几乎持平。这说明，近年来国际难民人口的绝对数量增加了，但相对数量减少了。在多数出现难民危机的国家，实际上仍然有超过90%的人口没有流失[②]。只有叙利亚的情况较为特殊，被迫流离失所至海外的人口比例超过了本国人口的50%。叙利亚的这种人口流动的总体趋势体现了该地区独特的区域特征。

在其他地区，2000年以来，亚洲国际移民大幅增加，至2015年，移民数量与欧洲接近，前往北美的国际移民也大幅增加，其次是非洲。在拉丁美洲、加勒比和大洋洲，移民增长趋势稳定但不显著（图1-3）[③]。

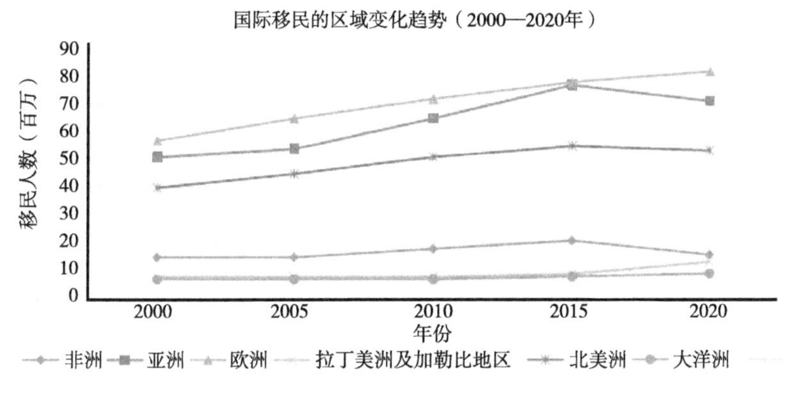

图1-3　国际移民的区域变化（2000—2015年）（单位：百万）

来源：WFP *AT THE ROOT OF EXODUS*：*Food security*，*conflict and international migration*，2017.5；*WORLD MIGRATION.REPORT 2022*，International Organization for Migration，2022.

大多数国际移民发生在同一地区的国家之间。南—南迁移量高于南—北迁移量。2015年，约有9 020万移民居住在发展中国家，而发达国家为8 530万人。绝大多数非洲移民（87%）留在他们的大陆，比欧洲更多（53%），远高于北美（2%）（图1-4）[④]。

---

① 国际移民组织（IOM），2015年。

② 世界银行（WB），2016年。

③ WFP，*AT THE ROOT OF EXODUS*：*Food security*，*conflict and international migration*，2017.5.

④ 国际移民组织（IOM），2015年。

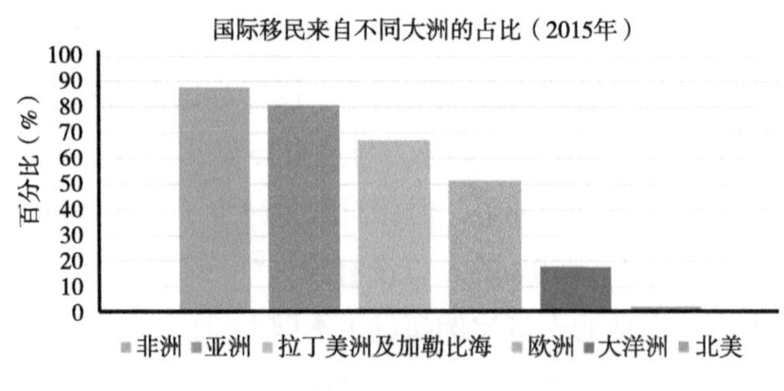

图1-4　国际移民在不同大洲的占比

来源：WFP，*AT THE ROOT OF EXODUS*：*Food security*，*conflict and international migration*，2017.5.

表1-1则显示原籍国移民（Origin emigrants）和目的国移民（Destination immigrants）在不同区域层面的进一步分布。在25年间，欧洲和亚洲国家始终既是数千万移民来源国，也是目的国。虽然全球移民人数在25年间大幅增加，从1995年的约1.61亿人增加到2020年的2.81亿人，但移民占全球人口的比例仅略有增加。虽然所有区域的移民绝对数量增加了数千万，但占每个区域人口的比例在亚洲、拉丁美洲和加勒比地区仅略有增加，非洲甚至略有减少，而欧洲、北美和大洋洲的移民比例增加了约4个百分点或更多。

表1-1　1995年和2020年按联合国区域划分的移民

区域	年份	移民人数（百万）	移民占比（%）
非洲	1995	10.1	1.4
	2020	15.8	1.2
亚洲	1995	39.2	1.1
	2020	71.1	1.5
欧洲	1995	50.8	7.0
	2020	81.7	10.9
拉丁美洲和加勒比地区	1995	6.2	1.3
	2020	13.3	2.0
北美洲	1995	30.7	10.4
	2020	53.3	14.5
大洋洲	1995	4.9	16.8
	2020	9.0	21.2

来源：*WORLD MIGRATION REPORT 2022*，International Organization for Migration，2022，P：217.

事实上，大多数移民来自中等收入国家。如果将国际移民的历史拉长50年，我们可以看到一些更加显著的变化趋势和规律。在1962—2012年，高收入国家的正净移民（进入的人数多于离开的人数）显著增加，而1962年表现出负净移民的中等偏上收入国家在2012年表现出正净移民。另外，其他类别的中低收入国家在1962年是小规模的负净移民，然而到2012年负净移民量急剧上升，这些大量移民被迫流离失所的主因是这些国家自身的社会和经济出现了问题（图1-5）。事实上，这些国家更多的被迫流离失所人群还是没有资源或机会离开自己的国家到邻国以外的地方。

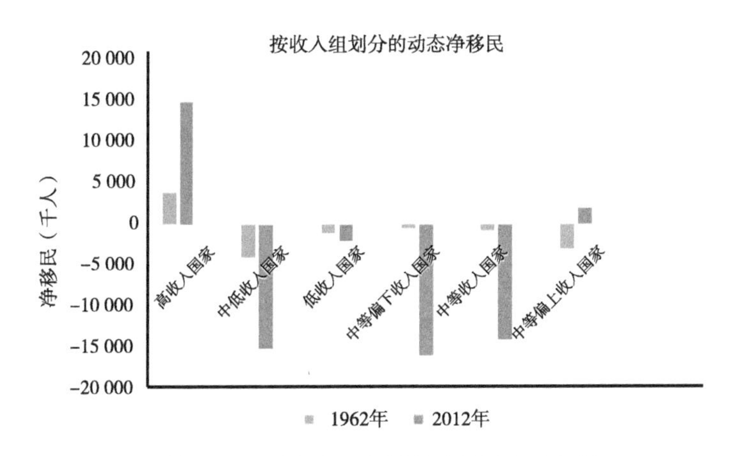

图1-5　在不同收入国家的净国际移民数量

来源：WFP，*AT THE ROOT OF EXODUS*：*Food security*，*conflict and international migration*，2017.5.

在难民方面，早在20世纪中期，全球难民人数就在世界人口的0.1%～0.3%波动。难民人数的波动更多地取决于这些人原籍国的冲突、压迫和政治稳定程度①。这说明人类的活动对自身产生的伤害要大于灾害给人类造成的影响，也就是说人为因素造成的人道主义危机已经大于自然因素造成的人道主义危机。2015年，89%的难民由中低收入国家收容②。2018年，全球难民人数共有2 590万人，其中2 040万难民受联合国难民署（UNHCR）托管。因暴力和冲突产生的境内流离失所者人数达到4 130万人，其中阿拉伯叙利亚共和

① Schmeidl，1997，2001；Neumayer，2005；Moore and Shellman，2007.

② 世界银行（WB），2016年。

国的流离失所者人数最多（610万人），其次是哥伦比亚（580万人）和刚果民主共和国（310万人）[①]。

虽然难民人口继续集中在中低收入水平的国家，但根据难民迁移的地理变化，出现了难民越来越多地来自越来越少的冲突和灾害集中发生的国家的现象，这些国家可以形象地称为“困境国家”（Trapped countries）[②]，而且这些国家的难民还在越来越多地流向更多的国家。2017年，全球约80%的难民居住在与原籍国相邻的国家，85%居住在发展中国家[③]。这一趋势反映了所谓“困境国家”反复出现的冲突，以及冲突周期越来越集中的特点。事实上，一个地区的冲突越来越频繁，甚至可以影响这些地区的环境变化，甚至会导致更多的灾害出现，结合整个生态环境系统看，冲突与灾害甚至可以说是相生相伴的，这就是为什么多灾多难的地区总是出现灾难的原因。在当今社会的不断转型以及各种冲突的激烈碰撞下，导致人道主义灾难更加复杂化和政治化，这给世界粮食计划署在新时期的全球人道主义行动带来了新的课题，也给这个组织的进步与革新带来难得的机遇[④]。

眼下全球每分钟就有大约30人因冲突或迫害而被迫流离失所，2019年全球难民人数达到了7 000万人，是有历史纪录以来的最高水平，难民问题的巨大规模本身就是一项严峻挑战[⑤]。

由于难民、移民短期性的规模流动往往容易引起国际社会的关注，特别是更容易引起媒介的关注，并很有可能被一些利益相关者对此进行过度炒作，从而使得该问题往往向着不利于问题解决的方向发展，最终导致引发暴力冲突。

目前在世界很多地方，难民的数量越多，社会对这一群体的反感和抵触情绪越强烈。特别是在一些特定的时段和地区，人们甚至可以看到身边充斥着以前从未见过的充满敌意的言行，人们甚至能够在政坛、媒体和社交平台上见过以前从未见到过的针对难民的恶毒的言语，对难民的污名化程度达到了“前所未有”的程度。不幸的是，社会上还是有很多的人对于难民仍然存在误解，甚至并不清楚“难民”和“移民”之间的区别，部分国家和人士甚至出于各种目

① 《世界移民报告2020》，国际移民组织（IOM）。
② 即由于不断的冲突和灾害等陷入恶性循环困境的国家。
③ UNCHR，2018.
④ Sonja Fransen，Hein Haas，2021.
⑤ Sivanka Dhanapala，UNHCR，2019.

的，有意混淆上述两种概念。所有这些社会的舆论“逆潮”和人为“推波”都给联合国的人道主义工作造成了巨大的障碍。

这种情况当然也会引起世界粮食计划署的高度关注并在其实施的人道主义响应行动中有所体现。事实上，对难民形成和迁移的长期趋势和模式进行跟踪和研究已经成为世界粮食计划署的一项工作重点。在日常开展人道主义救援工作的同时，全面掌握援助对象的信息并对其进行深入研究，将有助于国际社会从根源上找到解决难民问题的方法。然而目前国际社会对短期难民流动的关注与分析一般都集中在诸如对特定难民的接收、救助，安置及迁移等妥善分流等需要立即响应的行动上。这种关注“现在”的惯习[①]常常无意中误导了社会大众对难民流动、迁移长期趋势的关注与重视。

借助近年来联合国难民署（UNHCR）建立的全球难民人口流动统计数据库，可以了解长期存在的难民迁移的强度、地理范围和区域方向。借助这样的专业跟踪数据，世界粮食计划署也可以更好地理解和分析难民产生的原因及难民流出的决定因素并进行“精准”援助。

在近年，决定难民外流的原因受当地暴力、武装冲突的影响越来越大，总体上要大于受自然灾害的影响。这就是为什么在一些灾害频发地区，当地居民仍然倾向于继续住在原地，这是由难民所处的社会环境、心理因素等共同决定的。这表明在大多数情况下，难民的社会属性要强于他们的经济属性。根据有关统计数据，在一些频发的暴力和武装冲突的地区，如果暴力和武装冲突每增加一年，将导致每1 000名居民中的难民外流增加0.39%[②]。当然，自然灾害的发生更有可能导致和加剧武装冲突的强度，然而灾后该地区的经济增长却可能会降低武装冲突的发生率和强度，这是因为由于经济水平的提升，该地区的粮食安全挑战和营养不足问题会逐步减轻，从而缓和了当地的社区或部族冲突的可能性。据估计，全球的粮食安全威胁每增加百分之一，由此所造成的营养不足将会导致每1 000人中有1.89%的难民外流[③]。这意味着来自营养不良程度高

---

① 惯习（Custom/Convention）是为社会所共识的、被规定的或是被广泛接受的一种习俗、规定或社会性的规范。有时固定类型的规则或惯习将会成为法律。而由此产生的惯习理论用来分析特定的群体或个人实践的机制，这便是围绕场域、惯习建立的理论。

② 本句引用原文：“The results have indicated that an additional year of armed conflict will lead to a 0.39 percent per 1 000 inhabitants increase in the outflow of refugees.”

③ 本句引用原文：“the past level of undernourishment influences the outflow of refugees by 1.89 percent per 1 000 population for each percentage increase of food insecurity.”

的国家或地区的人更有可能成为难民。此外，人口压力也是导致弱势和灾害发生地区难民外流的一个重要因素[①]。

例如当一个地区突发暴力冲突的时候，将会影响该地区的生活资源和生计，并可能对国家的经济基础设施产生破坏性影响，会逼迫当地人离开居住地去寻找新的资源，而被迫流离失所的难民的社会经济背景将决定他们流动所选择的路线、方式和目的地。而那些逃离低收入国家的难民则几乎没有什么选择余地。2018年在布隆迪冲突爆发时，居住在边境附近的布隆迪人多数穿越边境滞留在邻国或成为国内流离失所者。而2022年的俄乌冲突中，一些有一定经济社会背景的难民则很多在战争初期甚至在刚刚开战就迅速流动到西班牙、瑞典、德国等欧洲国家，还有一些则留在邻国摩尔多瓦、波兰，但是很快又返回乌克兰境内，这也体现出了乌克兰难民成分的复杂性。这与发生在2022年8月巴基斯坦罕见的大范围洪涝灾害形成了鲜明的对比，后者尽管所处的地区灾害非常严重，但是却很少出现跨越边境进入邻国的行为，部分原因当然是人们对自然灾害的恢复预期要高于战争与冲突的预期。对此，世界粮食计划署如果能够提前了解冲突或受灾地区的人群不同特征，对持不同期望值的人群进行分类指导，将能够更高效地调动资源，同时更加精准地帮助这些需要帮助的人。

另外，如果受灾国家的邻国对涌入的难民的社会认同程度较高，例如有共同的宗教信仰或出于各种政治、外交和经济原因等，则往往会更加开放边界以吸纳这些难民。有时，甚至邻国更欢迎来自“困境国家”的难民，特别是人道主义危机爆发的初期。对于这种情况，开展人道主义援助工作，则可以预先在这些国家设立人道主义枢纽或转运中心，以提高救助效率。例如，2015年和2016年发生在叙利亚的涌入欧洲的难民潮，叙利亚的邻国约旦、土耳其大量吸收了数百万叙利亚难民。埃及也在利比亚和苏丹的内部冲突中分别吸纳了100多万难民，并积极帮助他们在埃及境内安家立业，使他们融入了埃及社会。在埃及的世界粮食计划署因此将在埃及的援助工作更多地集中在农村地区特别是上埃及地区农村的小农能力建设领域，并获得较好的成效[②]。此外，埃及还慷慨接收了来自叙利亚、也门等伊斯兰国家的难民，总计达900万之多。这些数量庞大的难民、移民给埃及带来的负担和影响经过消化和利用，已经远远小于

---

① WFP，*AT THE ROOT OF EXODUS*：*Food security*，*conflict and international migration*，2017.5.

② 丁麟，《法老终结者和她的终极之河——埃及农业概论》，2021年。

给埃及带来的长远经济利益和政治社会收益。

从埃及接收了如此众多的难民、移民的情况来看，大规模的难民及移民潮基本集中在反复出现冲突的少数一些国家，大多数难民都来自低收入国家，且多数难民最终还是由中低收入国家收容。在20世纪90年代尤其如此，当时世界上约一半的难民来自30个最贫穷的国家，而收容这些难民的国家也多数是中低收入国家。此外，在1990—2010年，全球的中等收入国家收容难民的人数进一步增加。高收入国家在接收世界难民人口方面的需求仍然最低，虽然这些国家近年来在接收难民的数量上有了一定的增加，但是这些国家更加倾向接收有一定文化与技能的难民，即移民。

2023年，全球有200多万难民需要重新被安置到第三国，这一数字比2022年的147万人增加了36%。当前在世界各地仍有2 700多万因逃避战争、暴力、冲突或迫害而需要得到国际人道主义机构保护的难民。在联合国难民署2022年提出的需要重新安置的难民当中，有37%需要法律和人身保护，32%是暴力及/或酷刑的幸存者，17%是面临生存困难的妇女、青少年和儿童。2023年重新安置的需求大部分来自非洲大陆以及中东、北非和土耳其。叙利亚有将近77.8万难民，在全球重新安置的需求中比例最高，其次是来自阿富汗、刚果民主共和国、南苏丹和缅甸的难民。缅甸有11.4万无国籍的罗兴亚人难民①。

近年来，全球难民的趋势是越来越集中于少数一些不发达国家，同时流向越来越多的目的国。虽然当前全球并非处于“难民危机”时代，但是，难民和移民问题引发的矛盾和冲突却变得空前激烈。这就给世界粮食计划署的人道主义工作带来一个“两难”的局面，即面对“困境国家”的“黏性增强”而带来的人道主义行动成本大幅增加、在这些国家持续时间越来越久的援助行动与该机构面向整个国际社会的可持续发展领域服务的义务之间的矛盾。也就是说，更多刚刚摆脱难民危机的“脱困”国家和亟待可持续发展能力建设扶持的“起步”国家，更需要世界粮食计划署等国际机构提供更多的资源与力量，帮助其进一步完善基层农村与社区的灾害抗性与恢复力的能力建设。虽然其他一些联合国机构也能提供相应的能力建设帮助，但是世界粮食计划署因其极其完整的产业链、物流供应链，特别是专业的服务与分析领域的人力资源，还有分布在

① 联合国难民署（UNHCR），2022年。

全世界各地直达一线的动员力量，在持续救助和扶助难民、移民方面具有不可替代的作用。

为了更有针对性地对上述不同类型的人道主义工作施救对象进行分析，结合当今国际形势的最新进展及更加严峻紧迫的全球气候变化影响，本书将难民尝试分为“部落难民”“饥饿难民”“战争难民”“气候难民”和“疫情难民”五类进行针对性论述，这5种类型最能体现出他们分别与所在地域的文化历史、经济社会、地缘政治、气候环境的密切关系。因移民不是世界粮食计划署主要的援助对象，因此本书在后面章节将主要以难民的类型进行论述。

（1）“部落难民”的营地运营困境及向共同市场的转型

本章所指的“部落难民”是指典型的非洲内陆地区的小规模或中等规模的冲突、灾害难民，这些难民的特点是以部落或家族形态聚集在一起而形成的难民。

难民及移民的临时居住场所，即营地，是世界粮食计划署在全球实施人道主义行动的最生动体现，在那里，你可以看到世界粮食计划署工作的每一个细节。而难民营地的运营与管理因内外部环境的复杂性和不可确定性，成了全世界工作难度最大的营地类型的社区。

由于种种原因，目前全世界大约有2/3的难民实际长期生活在分布于各地的难民营或难民集中聚居地，且多数已经自成一体，在条件艰苦的“社区”形成了最原始，但却相当完整的“生态链”。建立难民营的最初目的是拆除它们，还给这些难民自由的生活，但是他们大多数实际上已经在很大程度上依赖于这个环境而无法离开。加之周边的政治与经济因素影响，他们又被严格限制在所固定生活的区域，可以说是与世隔绝的难民营中，他们在那里所获得的仅仅是能够满足他们生存所需要的基本条件和最低限度的食物与营养支持。

不可否认的是，几乎所有的难民都认为营地里的生活很艰难。他们的食物分配不均且种类不足，行动不便且谋生的机会受到限制，只有一小部分人能够从事有限度的经济活动，并与外界接触获得更多样化的食品及物资，这对大多数难民的生活质量产生了负面影响。事实上他们的生活就如同在监狱里的人。

这样的“永久性”的难民营不但将给这些难民本身带来越来越大的伤害，还将产生越来越多的“难二代”“难三代”，给当地社会带来更多的不稳定因素，而且更糟糕的是使世界粮食计划署原本“多样性”的人道主义工作内容越来越“单一化”，工作层次越来越“底层化”，最终将越来越束缚该机构的可持续发展，最终使该机构的创新与改革都无从谈起。

如何改良难民营地的面临的运营困境，世界粮食计划署可以采用多种形式推动此类人道主义救助场所的自我革新与发展。首先就是推动难民营地及其周边的资源流动性加速和食物的多样性增强，加大营地内难民与外界的交流意愿与能力，最终通过不断提升他们的能力建设而帮助他们主动冲破这道物理“藩篱”。目前人道主义援助正越来越多广泛地转向基于现金的援助转移（CBT）模式。世界粮食计划署是率先使用这种模式的。这种援助的模式不是基于实物援助（粮食和物资）类型，而是一种基于货币的援助形式。2016年该形式在全球范围覆盖了超过1 400万人，而在2021年则扩大到3 630万人，当年世界粮食计划署向69个国家的难民、移民发放了创纪录的23亿美元（表1-2）。而2009年仅为1 000万美元[①]。

表1-2　WFP 2021年CBT项目实施的前10个国家投入情况

国家	金额（百万美元）	占比（%）
也门	363	16
黎巴嫩	224	10
索马里	203	9
约旦	175	8
孟加拉国	152	7
刚果（DRC）	76	3
尼日利亚	73	3
哥伦比亚	68	3
苏丹	60	3
乌干达	47	2

来源：Cash-Based Transfers Policy，WFP Executive Board Briefing，2022.2。

考虑全球不同地区的冲突、气候和经济差距巨大及面对各种灾害的人们对生存与发展的迫切需求，加之在这些危险地区出现了更多的新变化，特别占难民比例较高的妇女生存能力越来越差，另外地区的经济波动随着全球经济危机的加剧变得越来越剧烈，当前国家政府之间越来越多地使用现金转移支付方式实现经济往来，在金融与科技领域也不断更新技术。对此，世界粮食计划署顺应历史潮

① 《基于现金的转移政策》（Cash-Based Transfers Policy），WFP执行局简报（Executive Board Briefing），2022年2月。

流，在2021年实施的“CBT项目”中加大了该机构在全球实地的各国家办公室的现金服务和实地支持力度，以帮助当地政府更大范围应用现金转移支付方式激活经济，同时更多地帮助处于最底层的弱势人群增强与市场的对接能力。

现金转移支付方式的本质就是不断降低食物成本，最大限度地扩大覆盖和受益人数，改善弱势地区人群获得食物的能力以及帮助他们更加便利地获得多样化的饮食，并推动当地市场的流通，提升当地农民生产力。此外，这种方式的成功性还体现在提升了当地市场对多种经济形式的包容性，降低了市场准入门槛以及推动了与难民的互动。这种形式的援助模式有利于帮助难民尽可能地与外界接触，并帮助他们进入市场，最终推动他们走出难民营，实现与市场的接轨和真正的自由。上文提到的世界粮食计划署在国家办公室层面推动的“CBT项目”达到的就是这个目的。

虽然现金转移支付方式这种援助模式与目前在难民营执行的基于稳定和安全为目的的管理运营政策相互矛盾，但是，现金转移支付方式是未来的一种趋势，未来的发展趋势事实上与临时的政策约束并不矛盾。用建筑学的一个术语来解释，就是“冲突体现的也是另一种形式的和谐”。

例如，下图为位于坦桑尼亚（Tanzania）西部基戈马省(Kigoma)的坦噶尼喀湖（Lake Tanganyika）以东约150千米的21世纪最大和最著名的难民营之一——尼亚鲁古苏难民营（Nyarugusu Refugee Camp)，这里约有15万名常驻难民。

庞大规模的难民营鸟瞰图

来源：Kigoma Region，Tanzania，Nyarugusu Refugee Camp，Facebook.

该营地由联合国难民署（UNHCR）和坦桑尼亚政府于1996年建立以收容来自刚果民主共和国东部南基伍地区（Sud-Kivu region of the DRC）的15万名逃避内战的难民。该难民营建成后许多刚果难民在此停留了数十年，2015年又有超过11万名布隆迪难民抵达这里，以逃避布隆迪的骚乱和内乱。世界粮食计划署在尼亚鲁古苏难民营试点运行了现金转移（CBT）计划项目，由于该营地始终处于初级的运营模式，虽然现金转移支付方式的预期效果良好且前景广阔，但考虑到安全因素的重要性，营地严格的管理政策势必将持续下去，这就对"CBT项目"的拓展产生了严重的阻碍。因此该营地面临两个选择，要么关闭营地全面推行"CBT项目"，要么取消该项目，维持营地的原始状态。不过这个最终的决定权不在世界粮食计划署，而在当地政府。最终坦桑尼亚政府在综合考虑多种因素后，终止了"CBT项目"，保留了原始营地。这对世界粮食计划署来说是一个不小的挫折，作为一个联合国专业的人道主义救援机构，必然站在难民的可持续发展的角度考虑并进行选择，但是与之合作的政府却经常需要考虑多重因素，这就给世界粮食计划署带来了另一个挑战与难题，即如何在专业角度与地方政府的社会、经济甚至是政治角度两者之间进行选择①。

最后，难民与营地周边村民的关系构建也是一个问题，世界粮食计划署应深入思考何种关系模式的建立能够帮助他们融入当地。难民营外的当地人和难民之间的关系非常微妙。持有经商许可或为当地农民工作离开营地的难民与当地村民的沟通和关系持何种态度决定了"CBT项目"是否能够顺利推动。而那些未经许可走出营地的人由于营地人员的构成复杂性有可能受到来自多方的骚扰或侵犯，如常被索要贿赂（金钱、肥皂或盐），有时可能还受到殴打等。这也会从另一个方面对"CBT项目"的持续进行带来负面影响。

不过，尽管因为政府的原因，"CBT项目"难以继续下去，但是难民本身仍然对持有现金更加感兴趣。因为如果仅仅依赖食物的分配，他们一般只能得到玉米粉、豆类或豌豆和少量的油。但是通过这个能够"交易"的项目，他们就可以去当地市场购买他们能够支付的任何东西。

在过去的20年里，在包括世界粮食计划署等国际组织在内的多个公共私营的人道主义机构的共同努力下，尼亚鲁古苏难民营周边的村庄发生了显著的变化，人口开始增长，村庄也得到了较快的发展。这是由于在难民营内的难民通过世界粮食计划署的现金转移和其他援助措施加快了与当地村民的经济往来，进一步激活了当地市场和经济，特别是这些年加快了当地食品市场、药店和医疗保健体系的建立。尽管在过去几十年中，难民在与当地村民关系磨合的过程

---

① Nephele de Bruin & Per Becker，2019.

中经历了很多波折和考验，例如由于短期内难民的大量涌入导致管理出现瓶颈，犯罪率曾经快速提升，甚至盗窃庄稼、抢劫和谋杀等案件也时有发生。但是随着村民自我管理意识的增强及难民营管理的改进，这些问题也都逐渐得到了缓解，甚至建立起来了一定形式的共同市场，难民营中的难民与周边村落中的村民间还建立起了较为稳定的商业联系。显然，共同市场的建立和“CBT项目”援助模式为难民开辟了新的谋生机会。这也因此成了世界粮食计划署现金转移项目下难民与营地周边村民的关系构建的较为成功的案例。

设在该难民营内的多个国际人道主义机构

来源：Spiritan Refugee Pastoral care in Nyarugusu camp，Kigoma Tanzania，Spiritans Roma.

对此，坦桑尼亚政府认为“CBT”项目模式能够有效地推动商人、农民和所在地农村社区整体受益。尽管项目取得了较好的成效，但是能够参与这个项目并从中受益的难民数量在整个难民营中还远未达到期望的比例，仍然属于少数难民。这些难民由于有一定的文化与技能基础，他们很快能够获得创业技能和资金开展经济活动，甚至能够开办小企业。

在以下另一个难民项目的案例中，我们可以看到除了难民营的现金转移项目的推行进展外，还能看到难民营的大量难民是如何在世界粮食计划署的有关项目支持下实现自身的粮食安全并与当地有效融合的。

（2）“饥饿难民”在跨境迁移中的粮食安全因素

本章所指的“饥饿难民”不是指通常意义下的因冲突与灾害导致生存受到威胁的饥饿难民，而是指能够确保最低生存状态，但是粮食安全与营养问题严重，影响其继续可持续发展的“饥饿难民”。这些难民多数不一定受到战争冲突影响，而是受到恶劣生活环境或灾害天气影响而导致长期处于较为贫困的状态，他们大多分布在美洲、非洲海岸、太平洋小岛屿等灾害频发地区。

来自粮食安全的挑战不仅显著影响弱势人群及受到人为、自然侵害地区人民的生命安全和健康保障，还会对当地难民的迁移行为产生显著的导向性。首先粮食安全问题严重和冲突程度最高的国家的难民向外迁移量和频次都是最多的。一旦受到粮食安全威胁而引发难民潮，食物的安全性将决定他们迁移的进程、速度、持续时间、方向和地点。因此对这些难民是否提供食物援助，以及提供食物的类型、时机、频次及地点都将对他们是否继续迁移或迁移的路线和目的地产生明显影响。对这些因素的深入研究，都将对包括世界粮食计划署在内的人道主义组织参与和应对国际难民的救助与管理提出更多切合实际的建议，特别是对于被迫流离失所的难民来说。鉴于近年来由于全球气候变化、政治冲突加剧导致了空前频繁的人道主义灾难，被迫流离失所的难民也空前激增，这是自第二次世界大战以来少见的人道主义形势，在这种情况下，为防止或减轻人道主义灾难的连锁效应，这些时刻处于危险境地的难民需要得到的帮助和引导将变得更为紧迫。

对此，为防止地区危机升级，展开体系化的基于粮食安全的介入变得十分重要，首先就是在难民原籍国或附近进行粮食安全工作的介入，即“预防性”援助和“回溯性”援助，将工作重点始终落在难民原籍国或灾难始发地，而不是一味被动地追随难民的脚步开展援助工作。伴随性的人道主义援助工作虽然也很重要，但是这种基于源点的人道主义工作可以从多个方面起作用，例如对仍滞留在原地的难民在心理上产生安全感，对已经流出的难民的心理形成“拉拽”效应，此外对难民原籍国的地方政府也形成了一种“示范”效应，可以有效推动当地政府投入更多的资源用于后期的援助与恢复建设。当然，在国际上也会形成有利的舆论导向，有利于吸引更多的人道主义援助资源进入。这种更具成本效益的人道主义“前端干预”的做法不仅能够防止难民进一步流离失所，减少被迫继续迁移的人数，还会减轻迁入国的压力，在难民原籍国产生长期和更大的社会效益及经济效益。

尽管“前端干预”如此重要，但是“伴随性”的“中端”及“后端”的人道主义援助策略仍然也是一种必要的手段。只有采用“双管齐下”的做法，才能够实现“全过程”的人道主义行动管理，这也将是一种“全方位”的国际人道主义治理模式。

当部分在原籍国的难民决定迁移之后，他们通常不会单独行动，有很大的比例会与整个家庭一起行动。这样做的好处不仅是能够获得更强的安全感，更能够尽可能地整合现有的资源，为即将到来的迁移和在目的地获得更优势的资源做好准备。但是，一般类型的移民特别是具有一定经济能力的移民的主动迁移行为通常是单独行动，很少有家庭成员随同参与。

这种举家迁移的行为非常普遍，但这种行为会加剧自身的粮食安全及沿途粮食安全问题。虽然粮食安全问题很可能是移民的触发因素，但这些难民本身会显著地加剧所在地区的粮食安全危机甚至社会经济动荡。一般来说，这些难民的迁移过程往往十分漫长且在路途中充满不确定性。他们经常数月跨越了许多地区甚至多个国家，却未显著获得需要的资源，反而使家庭情况更加糟糕，更加难以获得可靠的收入或食物来源。这是因为新环境很难在一开始就接纳他们，而且他们也需要很长时间才能适应新的环境。另外，这些迁移的家庭很多还存在着负债迁移的情况。在这种情况下，他们的负担将会更重，需要世界粮食计划署等外来人道主义力量提供更多的供他们选择的生存和发展模式。世界粮食计划署提供的“以粮代赈”（FFW）、以工代赈（CFW）[①]、“粮食换资产”（FFA）[②]等项目就很适合这些人群。

考虑近年来的全球粮食危机挑战越来越严重，很多国家特别是中低发展程度国家都面临着不同程度的粮食安全危机，这些国家都急需建立一些相应的应急和响应机制，包括自然灾害紧急救助，粮食、现金与抵用券项目，学校提供膳食等。另外，考虑后灾害及后冲突时期的可持续发展需求，这些国家还需要获得中期人道主义响应，例如上文提及的以工代赈或以粮食换资产盘活本地经济、能力建设培训提升参与地方经济发展意识、本地采购密切与本地农民及市场的关系、完善灾害保险为可持续发展提供保障等。当然人道主义的长期响应机制也应该在适当的时机被考虑进去，以便加快弱势地区进入中等发展程度地区的进度，包括推进农业生产、扩大研究和技术、减少贸易壁垒、扩大安全网、适应和减轻气候变化产生的影响等方面。

粮食换资产项目（FFA）是通过更加灵活的形式在灾害地区营造更加可持续发展的自然环境、减少气候冲击的风险和影响、提高本地区的粮食生产力，并加强对自然灾害的恢复力。粮食换资产项目是世界粮食计划署的一项实施多年的项目，该项目通过现金、代金券或粮食转移等方式有效解决了灾区对粮食的紧迫需求，同时又促进当地的恢复与重建。该项目具有较强的可持续发展特性，能够有效增强灾区的粮食安全以及灾后的恢复力。

自2013年以来，世界粮食计划署通过粮食换资产项目每年为50多个国家的

---

① 以工代赈，是指政府投资建设基础设施工程，受赈济者参加工程建设获得劳务报酬，以此取代直接救济的一种扶持政策。

② 通过现金、代金券或粮食转移等方式解决了当前的粮食需求，同时又促进了资产建设与重建，从长远来看，增强了粮食安全以及恢复力。

1 000万~1 500万人口提供帮助，推动数十万公顷的退化土地及数千公顷的森林的恢复，此外，还在农村综合治理方面做出了更多的贡献，例如，帮助农村地区的农民通过培训等手段提升了能力建设水平等。

粮食换资产项目的影响显而易见并且持久。在20世纪90年代初期，世界粮食计划署与危地马拉乡村社区展开合作。由于中美洲地区的旱灾和多发的自然灾害使许多偏远地区的农村家庭很难满足基本的粮食需求。通过该项目，这些农村地区贫瘠的土地得到了不同程度的恢复，特别是当地也实现了作物的多样化种植，很多现代化的耕种与灌溉管理系统也得到了有效推广。在经过了世界粮食计划署20年持续不断的努力之后，这项工作取得了显著成效，原本粮食产量极低的贫瘠土地产量增加了3倍，常年发生在该地区的飓风对当地的农业和生产造成的损失正在逐年减少，当地人民对自然灾害的应对能力和水平也得到了显著的提升。

另外，该项目还可有效减少土地侵蚀和沙漠化进程，世界粮食计划署的环境与土壤专家能够通过项目的实施帮助当地逐步改善土壤条件，确保当地农民获得长期土地收益，这些通过技术获得改良的土壤能够实现较高生产力并促进当地农业可持续发展。在这种良性循环下，也促进了当地人收入增加和收入来源更加多样化，最终显著改善了他们的生计。除此之外，项目还促进了两性平等和妇女赋权，显著改善了处于弱势地位的妇女的营养状况。当然，项目最显著的收益还是在更大范围内推动了当地社区与社区之间的相互合作，在更大范围内起到了“联动效应”，实现整个地区共同摆脱饥饿的目标。

总之，粮食安全是影响国际难民行为的关键因素，粮食安全因素对于世界粮食计划署及所有的国际人道主义组织的工作都具有深远的影响。脆弱地区的粮食安全不仅仅是弱势群体的粮食安全，更是全人类共同的粮食安全，这是一个紧密联系、休戚与共的问题。如何在确保粮食安全的前提下，将狭义的人道主义援助行动变成一种立足区域可持续发展目标，着眼构建人类命运共同体，并惠及全体人类的事业，是包括世界粮食计划署在内的所有联合国机构和国际组织都应该深入思考的一个问题。

功能完善、经费充足的原籍国和目的国的难民与移民社区仍然是人道主义援助工作的首选工作重点。在当前这个时代，地区冲突与灾害频发程度显著高于以往，难民选择的迁移过程与路线将变得更加不确定且代价也变得更加高昂，而继续为受冲突和灾害影响最严重和最脆弱的人群提供充足的人道主义援助和安全通道难度也越来越大。

定点与集中的临时性援助工作成本最低、效果最佳。此外，难民社区能够确保稳定的一个关键条件是国际援助的稳定性和持续性，这些能够确保他们在适当的时候返回自己的原籍国并开始重建家园和改善生活条件。另外，持续的援助保障不仅能够最大程度地减少对社区儿童的伤害，而且还能够为儿童提供基本的教育。这些对于他们未来返回原籍国生存发展至关重要。

加大对冲突、灾害原籍国和接收难民目的国在改善生计和粮食安全方面的投资决定了未来国际人道主义机构的工作影响力与号召力。向这些国家的政府进行投资，更具有成本效益，并在这些国家未来保持稳定发展时能够带来长期的社会效益，对这些国家的长期与可持续发展非常有益。从更高的层面上看，人道主义领域的合作能够为未来在这些国家开展深度的经贸与战略合作“烙”下一个深深的“印记”，甚至形成一个双方“特有”和“独有”的标准，这在未来双方开展地区甚至全球的战略合作中将具有强烈的“排他性”和“优越性”。本书第二章所涉及的重要国家的人道主义发展合作充分说明了上述合作的长远意义。

加大对中低收入国家难民社区的基础设施援助力度同样非常重要。考虑中低收入国家的许多社区会在很长一段时间内收容大量的难民，这将给他们的公共基础设施和服务带来了沉重负担。根据联合国难民署（UNHCR）的估计，2022年全球需要重新安置的难民将从2021年的144万人增至147万人。联合国难民署《2022年全球重新安置需求》报告显示，世界上近90%的难民收容地都在发展中国家。在这种情况下，人道主义工作的缺失将加剧所在地国家居民与难民社区的敌意和冲突，特别是如果基础设施服务发生中断，将会加剧这种冲突，国际人道主义机构将会面对新衍生的人道主义灾难。

积极倡导政策制定者和其他利益相关者采取多边行动应对越来越多的难民问题也是一项有效措施。例如，通过建立并完善一系列难民迁入和管理政策，在欧盟内部统一实施的具有约束力的难民应对标准、福利、援助期限和一般待遇原则，以及如何确保难民的凝聚力和统一性的难民政策，这些既定的政策将能够最大限度地减少对某些国家的难民偏好。欧盟目前制定的针对移民外部行动的共同战略及《联合国难民和移民宣言》的倡议可以有效地应对外来难民的挑战。这些做法值得世界其他没有制定相关规则的国家和地区参考及借鉴。但是，对于世界其他目前暂时较为稳定与安全的国家和地区来说，这并不意味着永远的稳定和安全，他们更应该积极参与包括世界粮食计划署在内的联合国或国际人道主义机构的合作，积极分享自身的力量和资源，也为本地区积累更多的减灾与抗灾经验，为人类所共同拥有的国际社区的安全和可持续发展做出贡献。

国际人道主义援助机构还可以帮助难民充分利用移动技术和社交媒体，使他们获取足够的信息来感知其所处的境地以及对他们的计划进行适当调整。这种做法可以帮助他们减少无谓的资源浪费，避免做出盲目的决定，也有利于人道主义援助机构减轻负担，更高效开展工作。此外，难民原籍国和目的国的政府管理机构和公众也应充分掌握这些难民的移动轨迹，对该群体进行多样化管理。这是因为难民的结构和种类非常复杂，虽然国际人道主义援助机构有一套完整的管理机制，但是上述国家也应该制定相应灵活的管理机制，不应完全依赖联合国机构。例如近年来在阿富汗、利比亚和伊朗等出现的移民潮，这些移民中既有纯粹意义上的难民，也包含一定经济基础的主动迁移的“难民”，这些国家以前曾吸纳了大量移民，现在却成为移民进入欧洲的主要门户国家。导致这种难民无序流动的原因之一就是这些国家没有完善难民管理条例或法规。当然，即使具备了一定的规则，如果体系不完善，同样也将在面对突发事件时出现“失效”现象。例如，2014—2020年，以西班牙为目的国的难民大量增加，尽管西班牙有一套完善的难民接收与管理体系，但是难民与当地依然难以有效融合，就业不足、住房紧张、贫困和收入不稳定、性别不平等、违法犯罪等成为社会关注的热点问题①。更加全面和专业的难民法律是有效地帮助难民融入社会的重要保障手段。美国作为海外难民及移民的重要接收国家之一，通过其1980年出台的《难民法》，美国接收地的地方政府与移民之间的初始关系显著影响了移民与当地的融合与否及融合程度。美国正式向难民提供定居支持，从而形成了难民与驻在国社会关系的制度化。最初法律所定义的接收国与移民关系在促进难民融入社会方面发挥了关键作用，采用和维持专业且稳定的移民定居政策有潜在的社会利益②。

---

① Juan Iglesias，Cecilia Estrada Villaseñor，Alejandra Macarena Pardo-Carrascal，“To the South，Always to the South”. Factors Shaping Refugee's Socio-Economic Integration in Spain. Bean，Journal of Immigrant & Refugee Studies[J].Journal of Immigrant & Refugee Studies，2023，21（3）：457-470.

② Thoa V. Khuu，Frank D. Bean. Refugee Status，Settlement Assistance，and the Educational Integration of Migrants'Children in the United States[J]. International Migration Review，2021，56（3）：780-809.

如果难民与当地社会经济一体化融合的困境难以得到及时和有效的解决，那么国际社会对“难民危机”的应对不但不会缓解，还会塑造新的“难民危机”。此外，当地政府的难民政策制定者的认知维度和对难民动态的理解也决定了政府应对情况和管理层次。政策制定者对于不同目的迁入者的主观理解甚至将决定性地影响该国的地方治理体系，对难民政策的制定本身亦将产生重要的意义，即，将难民的管理甚至移民的能力建设构建成一个社会和政治问题①。从该角度考虑，国际人道主义援助机构应更加系统地对难民的产生、动态和发展规律进行研究，以便深刻掌握这些难民与地区或地域的粮食安全、气候变化及政治经济等因素的关系和相互作用，同时也将会更好地推动与地方政府共同探索更切合实际和可持续的合作模式。

（3）“战争难民”的边境政治问题

本章所专指的“战争难民”是指局部地区，特别是非极端贫困地区突发的大规模军事冲突下所导致的规模性难民潮，特别是俄乌冲突和刚刚突发的加沙战争等自第二次世界大战以来鲜有的“战场战争”和“城市战争”等，这类战争导致的难民与非洲、中美洲及亚洲一些地区常年出现的局部冲突、部族内斗、政权斗争等产生的难民有本质的不同。在上述多种情况下出现的难民潮和由此形成的移民分布不仅会带来复杂的边境政治问题，甚至会对未来的地域政治格局、国家间的经济关系、相关利益国家的未来战略布局和联合国人道主义工作的走向乃至性质均会产生重大影响，因此在对难民的识别和援助对象的认定中应予以特别关注。

根据当前世界各地出现的“战争难民”现象，主要可以分为以下几类：首先是以俄乌冲突为代表的突发大规模地域战争，这类“战争难民”的流动多为集中流动，因交战双方的排斥性，流向具有单向性和选择性，即仅向某一些特定国家和地区流动。其次是以利比亚、阿富汗等局部战争为代表的持续性地区冲突，这些地区是多方利益的博弈之地，这类“战争难民”的流动孤立无援呈“发散性”，即向全球任何国家和地区流动。第三类是以非洲部族仇恨为代表的地区冲突，这类“战争难民”具有强烈的残酷性，经常成为被消灭的对象，因此其流动具备“无序性”特征，即主要在周边地区作“蜂群”式无序分散流

① Andrea Pettrachin. Responding to the ‘Refugee Crisis’or Shaping the ‘Refugee Crisis’? Subnational Migration Policymaking as a Cause and Effect of Turbulence[J]. Journal of Immigrant & Refugee Studies，2023，21（3）：363-381.

动，躲避杀戮。第四类是以中东地区的巴以战争为代表的宗教冲突，这类“战争难民”的流动特征具有“黏滞性”，即难以在周边地区乃至全球流动，只能在本地流动，形成“茶杯里的漩涡”。第五类是以中美洲地区为代表的政权更迭冲突，这类“战争难民”的流动特征具备“候鸟特性”，即仅在两点或数点之间流动，政权更迭结束即返回原住地，不具扩散性。当然随着矛盾的叠加或转移，地区冲突也有可能演变成为上述几种类型冲突的混合形式，例如中非大湖地区（乍得湖）的冲突就是部族仇恨、政权更迭、多方博弈乃至疾病、天灾等交织在一起的冲突。在这样的地区出现的难民几乎无规律可循。

2022年2月24日，俄乌冲突爆发之后，乌克兰出现了近年来少有的难民潮，被迫流离失所的规模和速度令人震惊。8月，约有700万人在乌克兰境内处于流离失所状态，超过500万人逃离乌克兰，乌克兰难民危机已经成为自第二次世界大战以来欧洲历史上最大的难民危机①。

逃离乌克兰的难民绝大多数选择了邻近的欧盟国家。仅波兰在短时间内接收的人数就达到2015年难民高峰年欧盟难民数量的总和。几乎所有欧洲国家都不同程度地接收了数量不等的难民。乌克兰难民集中进入欧洲的原因有两个，首先就是相对便捷的交通途径，其次就是欧盟对此次难民潮采取的开放姿态。即便是匈牙利、波兰和丹麦等在难民问题上立场强硬的国家，也破例开放了边境，并动员国内公众积极参与难民接收。欧洲国家对此次乌克兰难民的反应与之前对叙利亚难民的反应形成鲜明对比。2015年叙利亚难民危机爆发后，130万难民被阻挡在波兰、匈牙利等国边界，引发了一系列国际社会争议②。

国际社会对乌克兰难民危机的反应与第二次世界大战以来历次全球大规模难民潮的反应有很大的不同，体现了一种区域范围高度一致性而全球范围反应不一的特点，这种特点实质上是新型的地缘政治在极端情况下的一种特殊体现方式。这种体现方式不仅对国际人道主义援助工作的模式产生了挑战，还对既有的地区和国家之间的难民政策的相互一致性及适应性产生了挑战。

一方面，欧盟国家对乌克兰危机爆发的难民潮所表现出来的超乎寻常的欢迎态度和举国接纳的举动与之前在边境严厉阻止叙利亚难民的涌入形成鲜明的对比。这一做法充分体现了地缘政治或意识形态的影响因素已经左右了国际人

① 联合国人权事务高级专员办事处，“乌克兰难民情况运营数据门户”。
② Thomas Gammeltoft-Hansen，Florian Hoffmann，2022.

道主义援助工作的公平性和一致性。在欧盟的地域难民政策影响下，国际人道主义援助机构和组织的援助工作也发生了“偏移”。尽管世界粮食计划署仍为留守在乌克兰境内的乌克兰难民提供了大量的食品、药品和生活物资的援助，但是仍不得不将援助对象重点放在拟进入欧洲方向的难民，援助的资源与力量也相应有所侧重。

另一方面，围绕俄乌冲突的独特地缘政治环境，似乎也不太可能引发国际社会目前更普遍采用的难民应对和管理模式的根本转变，导致目前对乌克兰难民的应对与管理方式与对其他地区不同类型的难民的应对管理模式是一种共存的、“混乱”的模式。这种差异性很大程度上导致了利益相关国家的难民政策要么进入一个极端，要么进入另一个极端。国际人道主义援助行动也就不可避免地受到了影响，很难确保中立、自由的援助行动开展，限制性更强的援助方式和模式会由此同步运行。在这种情况下，就导致了地域的政治环境下一种极端的两级难民保护体系盛行[①]。

“战争难民”所在的原籍国与周边国家会涉及一系列复杂的法律纠葛问题，这些短时间内难以协调解决的问题和矛盾将显著影响这些难民的流向与规模，也将影响地区国家间如何在更加广泛接受的层面上制定应对这类突发性难民危机的政策。除了前文提及的乌克兰“战争难民”以外，阿富汗和委内瑞拉等地大规模流离失所的难民危机也是一些很具有代表性的案例。

自俄乌间爆发战事以来，乌克兰的“战争难民”以令国际社会措手不及的速度和数量流出他们的国家。尽管一部分难民仍停留在乌克兰境内，但大多数人已逃往波兰、摩尔多瓦甚至西班牙及北欧。在此次突发性难民危机中，欧洲和美国的政府及公众对这批庞大的难民群体的反应却非常积极，他们提出的一些人道主义举措和倡议空前的团结与一致。这种反应与2021年5月塔利班接管阿富汗政权后，整个欧洲及美国对有可能遍布欧美的阿富汗难民的忧虑和相当消极的态度及应对措施形成了鲜明对比。一些曾经参与了当时对阿富汗难民救助的国际人道主义组织与个人事后也反思彼时的人道主义援助工作，同时也深刻地感受到了当前俄乌危机中乌克兰难民的待遇和阿富汗难民的境地之间的强烈对比。这种强烈对比产生的一个重要原因是欧洲和美国公众对这场俄乌冲突

① Wilde，2022.

的发起者——俄罗斯存在的一种迫在眉睫的恐惧[①]。

虽然这两个对世界政治格局均产生了重要影响的难民群体之间存在着显著的相似之处，如语言方面难以融入周边国家等，也就是说他们应该获得至少相似的待遇。但是，这两个难民群体却由于政治环境的不同，导致了他们的命运更加“迥异”。

与阿富汗难民相比，欧洲和美国的政策制定者以及公众在心理程度上可能更接近乌克兰人，这就导致了他们态度的巨大差异性，虽然在公众媒体上，他们未明确表态，但是这种在潜意识中根深蒂固的认知在行动上显著地反映出乌克兰更值得援助。因此，“宗教认同、文化差异和种族优势”等这类严肃的政治问题就不可避免，可能还会引发严重后果。这一类问题往往最终能够超越任何传统的道义和人道主义价值观的约束。

例如，乌克兰难民在瑞士受到的欢迎程度，很容易令人回忆起1956年瑞士掀起的一股同情匈牙利难民的热潮。当时，瑞士境内的所有教堂钟声四起，人们欢呼为了自由而到来的英雄的匈牙利人民。匈牙利难民被无条件地接受，允许在瑞士工作和定居。瑞士联邦委员会当即宣布，“只要他们想来瑞士，我们就欢迎。”瑞士甚至在1939年的国家展览会上打出这样的横幅：“瑞士是流亡人员的避难所，这也是我们的宝贵传统”。然而当时也有从阿尔及利亚来的难民，但他们只是被瑞士作为“紧急救助对象”而勉强接受，甚至没有难民身份，以至于视为“极端分子”嫌疑人。另外还有逃到瑞士来的犹太人，也未感受到瑞士人的欢迎态度[②]。

来自欧洲的这种多年形成的“小救生艇政策”[③]的难民应对和管理政策，深深地影响着今天发生在欧亚、欧非交错的地缘政治中。“没有地缘政治价值的难民”成为欧洲和美国很多决策者和公众拒绝接受难民的重要标准，而非联合国的难民标准。这种针对“政治难民”的价值观延续到今天，并与今天的“战争难民”结合之后就产生了一种新的难民“生态”，即“经济难民”。虽然移民专家仍然能够非常中立对这些“新”难民进行识别和分类，但是针对这

① David De Coninck. The refugee paradox during wartime in Europe：How Ukrainian and Afghan refugess are（not）alike[J]. International Migration Review，2023，57（2）：578-586.

② David Eugster，2022.

③ 1942年，瑞士司法和警察部长Edmund von Steiger公开把瑞士这个“避难岛”形容成一艘“小救生艇”，即并不是所有人都能登上这艘艇。

些难民的政治决策和政策制定者会很自然地将他们区分为“假难民”和“真难民”。因此，这些所谓的“经济难民”就被赋予了更多微妙而复杂的内涵，他们有时候会由于政治环境的需要而被贴上“责任”“荣誉”等标签，有时又会与“恐惧”“麻烦”等连在一起。他们不得不根据形势在“假难民”和“真难民”之间切换。总之，一个处于“灰色地带”的难民群体在今天的世界里不断地壮大，并在影响着国际人道主义工作的同时，也在不断地左右着世界政治、经济格局的走向。

但是一直处于“灰色地带”的难民却长期被贴上了各种负面标签，尤其至今流离失所的吉普赛难民、罗兴亚难民、印第安原住民等，甚至在一些国家长期滞留并生活的少数族裔。例如在意大利至今生活着12个共计300万少数族裔移民，其中有13万～17万是吉普赛人，占移民总数的0.25%。意大利人有80%对吉普赛族裔怀有敌意，61%对伊斯兰族裔没有好感，21%有不同程度的反犹太情绪[①]。

联合国难民署（UNHCR）将难民定义为：因有正当理由畏惧由于种族、宗教、国籍、特定社会团体身份或持有特定政治见解的原因留在本国之外，并且由于此项畏惧而不能或不愿受该国保护的人；或者不具有国籍并由于上述事情留在他以前经常居住国家以外而现在不能或者由于上述畏惧不愿返回该国的人[②]。

在当前全球化进程加速、不确定性频发的背景下，难民面临的新挑战不断增多，困境也在不断加剧，联合国大会于2019年确认的《难民问题全球契约》建立了一个新的综合性难民应对模式，提供更可预测和可持续的支持，以缓解收容难民的国家的压力，增加难民自力更生的机会，扩大难民获得第三国解决方案的机会，例如重新安置或支持难民原籍国条件改善，以便他们能够安全和有尊严地返回。该契约通过明确的规划确保难民及其收容社区都能从中受益。

尽管联合国及相关国际社会在政策制定和资源调配等方面做出了巨大努力，通过对难民的明确定义和建立契约机制，在一定程度上缓解了前文提及的“政治难民”给其他类型难民所带来的不公平现象，但是随着“冷战”的远去，多极世界的兴起，地域政治格局的不断演变和重组，世界进入到比“冷

① Maria Cristina Di Milia，2022.

② UNHCR，2022.

战”更加令人感到不安和焦虑的碎片化的“热战”时代，局部范围不断爆发的中等规模战争和冲突在新的世纪频发并能够引发世界范围内的经济、能源与粮食等危机，数百万人流离失所，许多人无法返回家园，加之新冠疫情的持续不退更大大增加了世界各地弱势人群的人道主义需求。国际社会在这方面面临着空前的责任和压力，特别是国际人道主义机构在为正处于生命危险和其他挑战之中的难民提供更多的安置地点和安置资源方面面临着空前的挑战，他们必须更加团结，以确保为被迫流离失所者所在的社区及东道国提供更多的支持，如资源、信息、人力等。然而，在保护和照顾被迫流离失所者方面，拥有资源最少的国家往往继续承担着更艰巨的责任，这些情况应该得到国际社会更多的关注和更大的支持。

如果我们回头看看这些本身困难重重却承担着更加繁重的难民安置的发展中国家，我们就会发现，造成这种状况的根源依然在于“新”难民形态下的“经济难民”所特有的特征，即“趋利性”的动机与“便利性”的选择。但是更值得关注的是其所带来的“溢出效应”（Spillover Effect）。例如，自2015年以来，有超过450万的委内瑞拉人逃离了他们的国家，其中大多数人逃往了邻国。由于大多数拉丁美洲和加勒比地区国家之间存在难民自由流动协议和相关的地区难民法，因此这些邻国对来自委内瑞拉的难民保持着相对开放和宽容的政策，他们进入邻国受到的阻碍很少。拉美国家的南方共同市场（Mercosur）、安第斯共同体（CAN）、加勒比共同体（CARICOM）和南美洲国家联盟（UNASUR）等有关自由流动协议都在委内瑞拉难民的入境和在境内的流动方面发挥了重要作用[①]。阿根廷和乌拉圭等国家同样依赖南方共同市场协议为入境的难民给予合法地位[②]。其他国家如巴西、墨西哥和秘鲁，则依靠卡塔赫纳宣言（Cartagena Manifesto）[③]中广泛的难民定义来提供临时身份。随着上述地区难民数量的剧增，这些国家间现有的难民流动协议的稳定性也将由于难民造成的“外溢效应”受到进一步的考验。

2022年2月，俄乌冲突所产生的大量难民也催生出一个典型的案例。由于

① Acosta，2018.

② Selee & Bolter，2020.

③ 即1984年《关于难民的卡塔赫纳宣言》，这是一项对大规模难民进行定义的公约，与1969年《关于非洲难民问题特定方面的公约》一起成为国际上重要的给出符合区域大规模流离失所难民的宽泛定义，如今依然适用。

俄乌冲突的突发性，很难对导致乌克兰难民大量流动的现象及时疏导，仅能依据现有的移民准入协议，如现有的欧盟庇护法和申根法律等对移民的定义和准入标准。这种情况与上文中的委内瑞拉的移民跨境的情况类似，即预先存在的移民流动协议在这种突发性的难民潮方面发挥出了关键作用。但是与其他地区的难民不同的是，欧盟的上述法律为乌克兰难民进入和跨越欧盟成员国提供了合法且独特的权利。因为自2017年以来，欧盟对乌克兰公民的签证准入规定就出现了变化，持有生物识别护照的乌克兰国民可以在90天内自由进入和穿越申根区。该签证自由化的政策是在2014年欧盟与乌克兰联合签署了有关签证协议的背景下实施的，其最初的目的是确保乌克兰的务工人员能够更便利地进入欧盟劳动力市场。自2014年以来，欧盟已向乌克兰人发放了数百万份居留许可。他们不需要履行复杂的难民边境程序，也不需要在抵达申根区后立即申请庇护，而是可以根据个人意愿自由前往任何有意向的国家。

俄乌冲突给全球的难民流动方式和地域有关移民法律带来了长远影响。类似俄乌冲突的政治危机往往不仅会促使有关国家间的移民法律发生巨大的改变，这些难民的流动行为还会以不同方式对更多的难民跨境流动模式进行重新调整和配置[①]。这就是当今全球出现的一种新的难民形态，即一次难以预期的强烈外部冲击导致难民突然在全球范围内进行大流动，甚至进行“二次流动”或“多次流动”，这种局面可能会促使既有的国际规则和国家法律被迫进行重新配置，不仅将导致有关难民庇护和移民政策发生大幅甚至颠覆性的改变[②]，甚至还有可能在更广泛的国际法律范围和政治治理环境中形成“涟漪效应”。这在自冷战以来被各方所默认的“限制规模”模式突然被打破并产生了“无限可能”的冲突模式对人类造成的“极限施压”的今天，显得意义尤为深刻。乌克兰战争产生的难民群体及所带来的社会反应开创了一个独特的全球治理领域方面的重大课题，也为今后批判性地重新审视当前的国际移民政策及全球治理理念带来了一个机会[③]。

（4）“气候难民”的空间发展问题

本章所指的“气候难民”是指那些因全球气候异常所引起的跨地域灾害性

① Bergman Rosamond，2022.

② Achiume，2020；Hoffmann，Gonçalves，2020.

③ Thomas Gammeltoft-Hansen，Florian Hoffmann. Mobility and legal infrastructure for Ukrainian refugees，International Migration，2022，60（4）：213–216.

气候或环境改变而在大范围区域受到影响并导致群体性流离失所的人群。近年来，全球气候异常程度显著高于以往，预计未来由于气候变化原因导致的受灾人群会呈现“聚集型”特征，另外以往灾害所表现出来的“短期性”，会被“中长期性”所替代。由于气候变化将对人类的粮食安全、营养健康、生存环境以及可持续发展等产生显著的影响，而且随着气候变化，这种趋势会更加明显，全球越来越多的地区在气候变化的压力下变得越来越不适宜人类居住，反复发生的严重干旱、突发洪灾、大范围病虫害等灾害最终有可能发展到迫使人类大规模迁移。在未来，“气候难民”或将成为一个新的社会现象，“气候难民”的数量不仅将会增加，而且还会形成一个巨大的新群体而受到广泛关注。

针对全球气候变化对人类的负面影响及上述对未来的高度不确定性，联合国提出了多个气候变化解决方案以改善人类当前的生存环境。这其中包括指导性的全球气候框架和协定，如可持续发展目标（SDGs）、《联合国气候变化框架公约》（The United Nations Framework Convention on Climate Change/UNFCCC）和《巴黎协定》（Paris Agreement）。上述联合国三大行动的目标是减少排放、适应气候变化的影响及为气候的可持续发展提供资助。其中，《联合国气候变化框架公约》奠定了应对气候变化国际合作的法律基础，是具有权威性、普遍性、全面性的国际框架。《联合国气候变化框架公约》中明确规定，将大气中温室气体的浓度稳定在防止气候系统受到危险的人为干扰的水平上。这一水平应当在足以使生态系统能够自然地适应气候变化、确保粮食生产免受威胁并使经济发展能够可持续进行的时间范围内实现①。

缔约方会议（Conference of the Parties/COP），作为《联合国气候变化框架公约》的最高决策机构，在敦促各缔约方国家履行气候变化应对义务方面发挥着重要作用。第一届缔约方会议于1995年3月在德国柏林举行。第二十六届缔约方大会（COP26）上，各国承诺将全球气温上升限制在比工业化前水平高1.5℃的范围内，这是国际社会在气候变化领域首次共同达成的一项重要承诺。第二十七届缔约方大会（COP27）在埃及举行期间正值全球新冠疫情流行，高能源价格、乌克兰战争、粮食供应中断等多重全球性新难题集中爆发，使得此次大会成为全球气候治理进程的一个新的节点，也成了未来有效控制因气候导致弱势群体大规模、大范围流离失所的一个重要机遇。如果在这个特定

① 《联合国气候变化框架公约》，FCCC/INFORMAL/84，1992年。

的多重困难交织的时代，气候问题和随之产生的国际矛盾不能及时得到有效纾解，而仅仅以“气候损害和损失赔偿”[①]的形式驱使国际社会间促成“互殴”局面，那么未来因气候持续剧烈变化而出现的人类流离失所现象的爆发或将对人类的可持续发展形成新一轮更大的冲击。

由于全球的难民有90%来自世界上最脆弱、最难以适应气候变化影响的国家和地区[②]，如果这些人不能在自己的土地上生产、工作和生活，那么他们除了流离失所之外别无选择。未来几年气候变化对非洲儿童、女性的影响会增大，这将削弱这些国家的经济增长速度、教育和医疗保健能力。2021年，各种突发自然灾害已迫使300万人逃离非洲和中东[③]。例如在降水量少、热浪肆虐和干旱加剧的中东地区，已经成为世界上水资源压力最大的地区，气候变化威胁着数百万人面临流离失所的境地。埃及农民组织辛迪加（farmers' syndicate）在COP27召开前夕披露，埃及已经出现了因气候变化引起的农村人口外流现象。由于埃及对气候变化异常敏感，埃及的农业或将成为这个“世界上最干旱的国家之一”的最弱势行业，预计到2060年，埃及的农业部门产值规模可能萎缩达47%[④]。由于气候原因导致农业收入骤降，大量来自农村地区的人口将涌向其他地区甚至周边国家。另外还会大幅增加对人们获取当地自然资源的压力，从而导致农业人口占就业人口22%的中东地区更频繁出现社会动荡和暴力冲突[⑤]。在更大的地域范围，如果不采取任何措施加以预防，到2050年将有2.16亿人因气候变化而流离失所，北非地区将高达1 930万人[⑥]。

此外，气候变化所导致的海平面上升所波及的沿海城市、低地国家和小岛屿国家等是气候移民的温床。北非约有7%的人口居住在海拔不到5米的地方，那里是世界上受海平面上升威胁最大的地区之一。例如在埃及的亚历山大市，如果海平面上升半米，将有200万人（占其居民的1/3）流离失所[⑦]。

埃及亦如此，很多国家也面临相似的挑战。由于没有一个国家能够独自应

① 即COP27气候大会唯一成果——“损失与损害”基金，COP27谈判的主要成果即建立了该基金，用于为贫穷国家因气候变化而遭受的损失与损害买单。

② 联合国难民署（UNHCR），2022年.

③ 艾米·波普（Amy Pope），国际移民组织（IOM）副主任，2022年.

④ 《埃及金字塔报》，2022年10月30日。

⑤ 阿塞姆·阿布·哈塔布（Assem Abu Hatab），2022年。

⑥ 世界银行，2022年。

⑦ 欧洲地中海研究所（IEMed），2022年。

对极端气候带来的恶果，加之全球气候变化不断加剧所导致的全球各地极端天气频现，“气候难民”将会产生不亚于“战争难民”一样的尖锐的地域社会和政治问题，特别是发展中国家高度聚集的一些灾害多发地区，必须予以高度重视，未雨绸缪。

回到亚太区域，作为世界上灾害频发，且占世界一半以上绝对贫困人口（日均1.9美元收入）的地区，亚太区域减灾及抗灾能力建设对实现联合国《2030年可持续发展议程》和实现不让任何人掉队的目标有重要意义①。

亚洲最大的新增境内流离失所现象主要是突发性自然灾害造成的。截至2018年底，因火山爆发、山体滑坡和季风造成的洪水灾害导致菲律宾新增的流离失所人数为380万人，是彼时全球受灾人数最多的国家之一。而印度和印度尼西亚分别大约有270万和85.3万难民。另外，加之地区冲突也导致亚洲其他地区出现了大规模的新增境内流离失所者，其中叙利亚的人数最多（160万人），约占其人口的9%。其他国家包括阿富汗（37.2万人）、也门（25.2万人）和菲律宾（18.8万人）②。

近东亚地区长期以来是自然灾害频发地区，干旱、洪涝、地震、病虫灾害等多种自然或次生灾害常年在该地区反复出现，使得这个本来就不太平的地区经常“雪上加霜”，从而导致了大批辐射四周的流离人群，这些规模化的流动人群所产生的巨大“多米诺骨牌”效应，对欧洲、亚洲以及中东地区的社会与经济产生了巨大的影响。例如世界最大的难民“输出国”——土耳其和叙利亚，长期处于战争和动乱环境，特别是在叙利亚西北部，这里已被内战撕裂了12年，更加悲惨的是这里还是2023年2月6日发生在土耳其和叙利亚的强烈地震的重灾区，且不在政府控制范围之内。这里高达410万人处于严重生存危机状态，在长年内乱冲突中已使其中300万人逃离家园，数百万难民在帐篷里生活了多年，缺乏取暖、食物和医疗等基本生活物资。就在地震发生前几天，包括世界粮食计划署在内的联合国人道主义组织呼吁国际社会提供更多紧急援助，以帮助难民应对严冬和大雪③。不仅如此，由于房屋整体坍塌数量巨大，或将导致迁移性难民的“井喷”效应，对周边国家产生巨大压力，其国内也将面临

---

① 《灾害风险转移机制：亚太区域的议题和考量》，经济及社会理事会［E/ESCAP/CDR（5）/3］，2017年。

② 《国际移民报告2020》，国际移民组织（IOM）。

③ Al-Ahram Weekly Editorial，Emergnecy within emergency，2023.2.7.

严重的饥饿挑战。为应对这些地区即将出现的紧急粮食需求，世界粮食计划署在地震发生后立即提出了覆盖土耳其和叙利亚受灾最严重地区的50万人、4 600万美元紧急粮食援助的国际倡议。

不仅近东地区如此，南亚也一直是极易遭受与自然和气候变化有关的灾害多发的地区。2018年以来在南亚发生的大规模难民的流离失所事件大多数是由灾害造成的。当年该地区由于突发性灾害预估有330万新增流离失所者，其中受影响最严重的是印度、阿富汗、斯里兰卡和孟加拉国。其中孟加拉国、印度和巴基斯坦的灾害风险最高。印度在该次区域的灾害中首当其冲，热带风暴和洪水造成超过270万人流离失所。阿富汗是该次区域内因灾害而流离失所人数第二多的国家，新增流离失所者37.1万人，主要是由干旱造成的。斯里兰卡和孟加拉国成千上万人因季风而流离失所。近年来南亚因灾害导致的流离失所规模在一定程度上是由于该次区域的规划和准备不足造成的。

生活在南亚地区的人死于气候危机的可能性要比其他地区的人高15倍。一些对气候变化影响较小、碳排放也不多的国家却往往因其特有的地域特征而在气候变化的大环境下遭受到了越来越严重的危机。巴基斯坦的二氧化碳排放量在全球占比不到1%，却在21世纪前20年受气候影响最为严重的国家中排名第8，在今天也是全世界受气候危机影响最严重的10个国家之一。2022年8月，一场前所未有的洪灾在巴基斯坦肆虐，已造成上千人丧生，3 300万人受灾，800万人流离失所，超过110万栋房屋遭到损坏，巴基斯坦全境1/3变为泽国。曾一度猜测认为，2022年在欧洲乃至北非出现的史无前例的大范围干旱由于大气模式的紊乱和环流等多重影响，最终由巴基斯坦集中承受了欧洲失去的降水量，如果这个“疯狂”的猜想得到实锤，且抛开巴基斯坦自身的“绿色危机”[①]和“三重气候”问题不谈[②]，那么这场气候灾难则更凸显了巴基斯坦在这场气候变化危机中所遭遇的不公正对待[③]。因为巴基斯坦的全球温室气体排放仅有1%，而这个国家的气候风险却排名全球第8。

① 2019年，世界银行称巴基斯坦面临“绿色危机”，因为该国每年有约27 000公顷天然林遭到砍伐，土壤流失严重。巴基斯坦的洪患原因之一或为森林过度砍伐，水坝、水渠等治洪基建工程年久失修。

② 2022年夏季异常炎热导致该国北部冰川融化，融冰遇上了“三重”现象（太平洋赤道地区连续三年发生的拉尼娜冷却现象）引发暴雨。

③ Chris Kaye，WFP’s Country Director in Pakistan，2022.

亚洲的这些正在发生着的残酷现实不断证明着在这个乌卡时代（VUCA）[①]所带来的持续冲击，不仅人类的发展将更多地呈现出“非线性”的无规律的演变特征，各类矛盾与冲突更将以一种高度的“非线性”特征出现，局部地区和特殊时段还将呈现“指数性”爆发的特性。因此，未来国际社会所投入的人道主义行动的发展轨迹也将不会以直线向前的发展趋势推进，大概率将随着非线性和指数性的外部挑战和威胁而交替前进。这个时候，人道主义行动或将因投入的量变向质变的转变而出现关键的创新节点和转型机遇，例如资金投入与金融投资的互作与融合，援助的“经济特征”与“政治特征”的“叠加效应”等。诸如此类的种种创新与转型不仅会对世界粮食计划署的发展理念和核心职责带来巨大的转变，还将对一些具影响力的地区大国产生深远的影响。对于整个亚洲来说，由于高度不确定性和独特的地域政治与经济格局，国际人道主义行动毫无疑问也变得更加复杂，中国作为区域及全球具重要影响力的大国，将不可避免地面对这场即将到来的“完美风暴”。

中国作为全球最大的发展中国家，在近几年才全面实现了联合国相关可持续发展目标以及解决了农村贫困的问题，很多处在地质灾害频发和气候多变地区的农村虽然已经摆脱了贫困，但是基础依然薄弱，抗击灾害突然打击的恢复能力依然不强。此外，周边的国家特别是长期处于弱势和不稳定状态的发展中国家，很多都存在着出现人道主义风险甚至危机的可能。当前对国际人道主义灾难共同承担，适当开放边境接纳难民的做法已经越来越为国际上接受。

在中国周边，分布着14个陆上邻国，周边地区可以分为东北亚、俄罗斯、中亚、阿富汗、南亚和东南亚六大板块，由于邻国众多，文化多元，国家间关系错综复杂，安全形势也比较严峻，周边地缘政治形势微妙，周边国家的地缘政治和地缘经济属性具有明显的差异性，有的国家局势稳定，有的区域则矛盾和对抗始终难以完全弥合，加之内外矛盾的冲突和不稳定形势以及新冠疫情的长期化，使许多长期累积的问题被放大，导致局势的发展更加扑朔迷离，不确定性和不稳定性日益加剧，给中国的安全利益带来现实的挑战。另外，中国周边还有不少发展中国家和新独立国家，政治与社会发展相对滞后，国家治理能

① 指的是易变不稳定（volatile）、不确定（uncertain）、复杂（complex）、模糊（ambiguous）。VUCA是上述首字母缩写，于1987年首次使用，借鉴了Warren Bennis和Burt Nanus的领导理论，“易变性”指事物变化速度难以预料，“不确定性”指对未来发展方向的未知，“复杂性”指不同事物之间的相互影响特性，“模糊性”指事物之间的关系不明确。

力有限，行政效率低下，国内政治派别与利益集团众多，民族与宗教问题复杂，严重的甚至引发政局动荡。这些问题尽管只是局部发生，但都发生在中国的邻国之间，会严重影响中国的边界安全①。

中国当前虽然鲜有外流难民，接收外来难民亦较为谨慎，但是已成为第四大移民输出国，约1 000万人生活在国外②。印度有近1 800万人生活在国外，是全球移民国外人数最多的国家③。无论是难民还是移民，都会对整个地区乃至全球的经济与社会格局产生潜移默化的影响，另外不同种类的难民之间，难民与移民之间，不同时期和不同情形下还会发生微妙的相互影响④。

无论如何，难民及移民的国际流动是人类得以发展的永恒不变的趋势。随着气候、疫情、战争、冲突、灾害等多重危机在21世纪的不期而遇和不断叠加，包括难民在内的全球移民问题，将成为人类生存与发展面临的最紧迫课题之一。人类距离上次全球性的民族大迁移已经过去了近2 000年⑤，经历了千年前的那几次"阵痛"，经历了数次产业革命，人类社会逐步实现了现代化空前繁荣，物质与精神生活得到极大满足，文明与思想获得自由绽放。在不久的未来，或许一场更大规模的全球民族大迁徙、大融合正在向我们走近，另一种形式的"游牧世界"对"农耕世界"的大冲击正在向我们召唤，或将为全人类在重大危机挑战下的生存与崭新机遇触动下的可持续发展揭开一部史诗般全新的篇章。

"凡是过往皆为序章，所有将来皆为可盼"⑥。中国作为负责任的发展中大国，应该未雨绸缪，在积极参与国际人道主义援助工作的同时，也应加快建立完善本国的人道主义援助与发展的规划与行为准则，深化与周边国家的人道主义国际合作，建立密切的冲突及灾害应急联合响应与联动机制，与相关国际

① 孙壮志，中国的周边安全形势：挑战、机遇与前景，《镜湖大讲堂》，2022年第10期。

② 联合国《世界移民报告2022》，2022年4月。

③ 墨西哥是第二大移民输出国，大约有1 100万人生活在国外；俄罗斯是第三大移民输出国，大约有1 080万人生活在国外。

④ 因篇幅与关注重点原因，有关移民的具体分析在本书中不展开论述。

⑤ 公元4—7世纪，亚欧大陆从东到西都出现了一连串大规模民族迁徙，在西方史中，这段时期被称为"民族大迁徙时期"（Migration Period），其中一些跨越更广地域的民族迁徙事件史学界习惯称之"游牧世界对农耕世界的大冲击"，这些主要发生在欧洲及周边地区的民族大迁徙，之后也发生过众多具广泛影响力的民族迁徙活动，在本书中并不严格做学术区分，一概认为是本研究难民及移民范畴的大规模人类流动行为。

⑥ 出自莎士比亚（William Shakespeare）的戏剧《暴风雨》（The Tempest），原句为：What is past is prologue（过去即序章）。

法匹配特别是联合国亟待构建的难民有序管理的机制与本国的应急体系进行有效整合，不仅顺应历史潮流，可以有效防范未来有可能在周边国家发生的人道主义灾难而形成的难民或移民潮对中国造成的冲击，更有利于冲击发生时开展及时和有效的疏导管理，特别是在后续的地区冲突国际治理合作中维护自身利益和发挥更大的国际影响力。联合国秘书长安东尼奥·古特雷斯（António Guterres）在2023年2月发表谈话指出，气候变暖引发的海平面上升可能会使这一代人见证全球人口大迁徙，规模将如《圣经》中那样。孟加拉国、中国、印度和荷兰等国家都会面临风险。然而面对这个挑战，当前国际法中最大的“漏洞”之一就是缺乏一部《国际难民法》。2023年5月，世界粮食计划署和粮农组织联合发布的《饥饿热点：粮农组织及世界粮食计划署突发性粮食不安全联合预警》报告[①]指出，2023年，世界热点地区的突发性人道主义灾难极有可能因合并的气候挑战而出现大幅度的恶化。气象学家预测，2023年中之前出现厄尔尼诺现象的可能性高达82%。加之处于饥饿状况的人数和地区持续增加，他们面临的饥饿严重程度将在气候变化的叠加中比以往任何时候都要严峻。因此国际社会必须立刻采取行动帮助人们适应不断变化的气候，防止饥荒发生。如果不作为，将会产生灾难性的后果[②]。

面对当今国际移民形势的“波谲云诡”和国际上构建一体化管理机制的呼声高涨，因此在当今多变和高度不确定的世界形势下，做好对大规模气候难民救助和疏导的预案非常必要。站在历史的高度，难民与移民问题不应是“麻烦”，而应是未来人类社会实现重新融合而徐徐揭开的华丽的序章。

（5）“疫情难民”对其他类型难民的“扰动”效应

在2020年，一场席卷全球的史无前例的新型冠状病毒（COVID-19）疫情给全球的移民乃至难民管理与控制带来了新的难题。2020年全球经济因疫情衰退了5.2%，是自第二次世界大战结束以来最严重的衰退，这种经济上的显著衰退也严重阻碍了国际移民和难民的正常流动。随着疫情持续时间的不断拖长，原先给全球上述流离人群所带来的短期冲击效应正在逐步放大，并对这些人群的流动模式快速产生“长远效应”，疫情的不确定性或将部分改变他们的流动意愿和偏好。疫情已经持续了3年，多轮病毒持续变异并有长时间延伸趋

---

① *Hunger Hotspots*：*FAO-WFP early warnings on acute food insecurity*，*June to November 2023 outlook*，FAO-WFP，2023.5.29.

② 辛迪·麦凯恩（Cindy McCain），世界粮食计划署执行干事，2023年。

势，不仅将深刻影响地球上几乎每个人的生活，改变很多人的生活方式，更将对全球包括移民和难民在内的流离失所人群带来全新的挑战，即他们所面临的“边境阻碍”和“隔离”问题将导致这些“疫情难民”或将对其他不同类型难民的常规流动产生不同的“扰动”效应。

COVID-19是自1919年以来所谓的“西班牙”流感大流行以来最严重的流行性疾病。在2020年初检测到病毒后的头6个月内，全球共确诊了1 018.537 4万例病例，有50.386 3万人死亡，仅仅半年就远远超过了其他任何一种在全球范围流行的病毒或疫情造成的影响。例如远在1957年发生的所谓“亚洲流感”（Asian Flu）[①]、1968年所谓的“香港流感”[②]和近年特别是2003年暴发的非典型性肺炎（SARS）病毒和在2012年暴发的中东呼吸综合征冠状病毒（MERS-CoV）。

在COVID-19疫情暴发的第一年（即2020年），世界卫生组织（WHO）在1月30日宣布此疫情为国际关注的突发公共卫生事件[③]，3月11日宣布为全球大流行病。由于对该病毒的高度不确定性，除了一些国家在内部实施了不同程度的内部流动限制外，更多的国家或地区还实施了多达10.8万项与COVID-19相关的各类国际人员流动限制与隔离措施。仅在2020年5月初，全球国际航班数量就减少了约80%，国际移民受到了严重阻碍，其中国际移民存量增长放缓约200万，比预期增长低27%。在该疫情发展到2020年底，全球共确认约1.162亿例病例，258万人死亡。至2022年，北美洲确诊2 977万人，死亡54.630 2万人；拉丁美洲和加勒比地区确诊2 243万人，死亡70.664 3万人；欧洲确诊3 543万人，死亡84.258 6万人；非洲确诊402万人，死亡10.670 1万人；大洋洲确诊6万人，死亡1 234人；亚洲确诊2 586万人，死亡40.744 6万人[④]。

---

① 亚洲流感（Asian Flu），又称1957—1958年流感（1957-1958 Influenza pandemic），于1957年2月在中国贵州省暴发，随后在同年传向新加坡、美国、英国等地，一直持续到1958年前后，是人类历史上致死人数最多的流行病之一。据世界卫生组织（WHO）数据，全球有100万～400万人死于该流感——维基百科。

② 香港流感（Hong Kong Flu），又称1968年流感疫情（1968 flu pandemic），于1968年7月在香港暴发，随后在同年传到全世界并一直持续到1969年前后。该流感也是人类历史上致死人数最多的流行病之一，依据WHO数据，致死人数与亚洲流感相当。香港流感由H3N2病毒致病，该病毒是“亚洲流感”病毒H2N2的变种。H3N2病毒此后并未消亡，而转为季节性流感——维基百科。

③ 2023年5月宣布解除“国际关注的突发公共卫生事件”。

④ *World Migration Report 2022*，International Organization for Migration，2022.

表1-3　COVID-19暴发一年后按联合国区域划分的确诊病例和死亡人数

全球前十位COVID-19确诊人数最多的国家			
全部病例数		每百万人病例数	
美国	28 879 927	安道尔	144 013
印度	11 285 561	黑山	128 456
巴西	11 122 429	捷克	127 076
俄罗斯	4 351 553	圣马力诺	117 176
英国	4 229 002	斯洛文尼亚	94 343
法国	3 865 011	卢森堡	94 076
西班牙	3 164 983	以色列	92 524
意大利	3 101 093	美国	87 137
土耳其	2 807 387	巴拿马	80 615
德国	2 518 591	葡萄牙	79 340

来源：*World Migration Report 2022*，International Organization for Migration，2022.

关于对该疾病的认知目前仍还有很多未知数，但很明显它在世界范围内的传播和影响存在着显著差异，因年龄（age）、性别（sex）、阶层（class）、种族（ethnicity）和国家（country）而异[①]。造成这种差异的一个重要因素是世界各地政府不同的政策类型所导致的巨大差异及其有效性。作为一种暂时还没有针对性药物和疫苗的新疾病，COVID-19在2020年造成的死亡人数已经远远超过每年因流感和疟疾死亡的人数。而2019年全球每年因流感死亡的人数为29万～65万人，因疟疾死亡的人数为40.9万人。由于不同的国家医疗基础设施千差万别，且疫情数据监测系统的能力参差不齐，因此超额死亡的真实程度往往被掩盖。对此国际社会普遍广泛采用“超额死亡率”来计算疫情的影响。

根据“超额死亡率”（Excess mortality）[②]估计，2020年全球死于

① *World Migration Report 2022*，International Organization for Migration，2022.

② 世卫组织将“超额死亡率”定义为“危机中的死亡总人数与正常情况下的预期死亡人数之差”。COVID-19超额死亡率既包括直接归因于该病毒的死亡总数，也包括基本卫生服务中断等间接影响导致的死亡。超额死亡人数的计算方法是：以前几年的数据为依据，计算已经发生的死亡人数与在没有疫情流行情况下预期的死亡人数之间的差额。“超额死亡率”估算是全球合作支持的“COVID-19死亡率评估技术咨询小组”并由世界卫生组织和联合国经济和社会事务部联合召集，由许多世界顶尖专家开发的一种创新方法，即使在数据不完整或不可得的情况下也能生成可参考的死亡估计数。

COVID-19的总人数至少为300万，要远高于各国官方公布的死亡人数[①]。而疫情发生后的两年，即2020年1月1日至2021年12月31日期间，与COVID-19直接或间接相关的“超额死亡”猛增至约1 490万例。其中84%的超额死亡集中在东南亚、欧洲和美洲，全球大约68%的超额死亡仅集中在10个国家。在上述1 490万例超额死亡中，中等收入国家占81%（中等偏下收入国家53%，中等偏高收入国家28%），高收入和低收入国家分别占15%和4%[②]。由于该方法能够尽可能真实与客观地了解疫情的真实影响，更加接近事实的对死亡率趋势变化的分析能够为决策者提供准确信息，更有针对性地制定及采取更有效的降低死亡率和预防未来冲击的政策[③]。

根据联合国难民署（UNHCR）难民运营数据门户（Refugees Operational Data Portal）2022年5月的数据，全球有172个国家未因疫情原因对来自境外的难民实行特别限制措施，美国、巴西、印度、蒙古国等17个国家对境外难民实施了疫情限制措施，阿根廷等3个国家仅对政治避难类别难民开放边境。特别是在西非和中非地区，COVID-19的快速流行和这些地区所采取的相关遏制与管控措施对西非和中非的流离失所人群流动产生了广泛影响，扰乱了他们区域内的正常流动并导致大范围滞留。在最初几个月，西非国家经济共同体（Economic Community of West African States/ECOWAS）采取了边境关闭等限制。期间该次区域多达12个国家关闭了边界，西非和中非区域内移民流量下降了近50%。此外，边境关闭还导致成千上万正常的移民被困，例如在该区域的“候鸟”工人、游牧牧民[④]等群体，到2020年中，估计有5万移民被滞留在西非和中非的检疫和中转中心以及边境地带。当然随着上述限制措施的延续，不可避免地产生了越来越多的“外溢效应”，不仅对边境贸易、治安、卫生和贫困状况等产生越来越大的影响乃至破坏，疫情的持续流行还迫使一些政府基于对自然资源的竞争、境内部族及阶层间利益矛盾等多种因素的考虑，而对本国的相关政治、社会的一些重要和优先事项也在不断进行新的调整，这些共同推动的因素和国家层面的调整也使地区的形势和治理变得更加复杂。例如非洲的萨赫勒（Sahel）地区由于疫情的不断刺激导致了近期冲突和暴力的激增，该

---

① *World Migration Report 2022*，International Organization for Migration，2022.

② WHO，2022年5月5日。

③ Samira Asma，世界卫生组织数据、分析和行动部门助理总干事，2022年。

④ 例如那些常年沿着毛里塔尼亚和乍得之间的游牧走廊移动的牧民。

地区特别是布基纳法索（Burkina Faso）、尼日尔（Niger）和马里（Mali）在内的中萨赫勒地区已成为非洲最严重的人道主义灾难地区之一。在上述国家的农村地区的矛盾与冲突将会更加显著，上文提及的部族间暴力与仇恨、农民和牧民等不同群体和阶层之间的冲突，也在不断加剧当地本已困难的人道主义局势。此外，全球越来越紧迫的气候变化的影响将更加剧这里的危机，有可能使得这里变成一个温度越来越高的“火药桶”。到2020年底，上述3个国家有190万人流离失所，数千人死于暴力。

虽然从数据看，多数国家并未因疫情对难民流动进行特别限制，但一些国家出于公共卫生原因仍然在疫情流行最严重阶段采取了不同程度的限制措施，或者更强化了原有的边境管控与安全措施，甚至以疫情为理由，采取了对难民流动不利的其他更多限制措施。

此外，根据国际移民组织全球移民数据分析中心（GMDAC）①、联合国移民网络中心（The United Nations Migration Network Hub）和“COVID-19全球评估联盟”（The COVID-19 Global Evaluation Coalition）的数据②，在疫情发生的头一年，即疫情最严重的时期，有25%的国家甚至临时性关闭所有边境，而且对国际移民、难民甚至寻求政治庇护的人群也关闭了边境。特别是欧洲近年持续通过陆路和海路进入的移民和难民也都受到更加严格的监控甚至逐回措施，这也彻底改变了数百年来在欧洲特别是地中海传统的海上移民格局与路线。甚至在疫情发生了一年之后，世界上仍然至少有33个国家以疫情为理由坚持严格的边境管控措施，或颁布其他措施拒绝滞留在边境的各种类型的移民、难民的进入③。

显而易见，无论是在病毒传播造成的健康危险方面，还是在社会和经济方面，COVID-19对难民的影响将是广泛而深远的，这不仅体现在各个国家所采取的限制和隔离措施，更会体现在这些难民本身的诉求和偏好。据估计，全球将有3 000万包括难民在内的流离人群正在受到COVID-19蔓延所造成的直接威

① IOM's Global Migration Data Analysis Centre（GMDAC），于2017年12月启动。截至2021年6月，该数据板块拥有来自4个试点国家政府的近40个国家数据来源，能够对来自20多个国家的近80个移民数据指标进行分析。

② 独立的合作组织，由来自双边发展合作提供者、多边机构、联合国机构和伙伴国家的评估单位组成。

③ UNHCR，*Joint Evaluation of The Protection of The Rights of Refugees During The COVID-19 Pandemic*，Final report，2022.6.

胁，在这些群体中，有80%以上生活在原先由世界粮食计划署认定并负责提供援助的那些卫生条件差的高风险人道主义危机等级的低收入和中等收入国家。根据世界粮食计划署的认定标准，该机构在全球范围设定了紫色、蓝色、黄色3种颜色标识表示因疫情导致的食品供应链中断和收入损失而面临不同等级食品安全风险的国家和地区。紫色表示最高风险，蓝色中风险，黄色风险最低①。根据标识，东南亚多数国家，印度半岛国家，秘鲁、委内瑞拉及玻利维亚等中美洲地区国家以及尼日利亚、也门、津巴布韦等国家处于最高风险，东南半岛、中东地区及撒哈拉地区多数国家处于中风险状态，而中部非洲多数国家和厄瓜多尔及哥伦比亚等中美洲部分国家则处于相对安全状态。

自疫情流行以来，处在这些世界“边缘”地带的难民面临着前所未有的挑战，他们中的大多数被排除在了医疗公共服务、社会保护系统乃至疫情的经济和金融紧急应对服务之外，更不用说及时接受相应的紧急医疗救助和疫苗接种服务了。这些难民的健康、营养和灾害的适应力及灾后复原力不仅将面临更大的风险，他们相应的人权及发展权利也都将面临全面的挑战。

各国在疫情流行期间还实施了多种边境进入的限制措施，其中一些措施有违反国际人权和难民保护相关准则的嫌疑，例如对于已经抵达的难民不应予以驱回的原则。一些国家的政府甚至通过利用本国的COVID-19公共卫生应对条例加大推进通过本国针对难民和移民的反制条款议程。此外，由于一些有关疫情的不实报告、错误信息及缺失的实地调研导致了一些国家对疫情的发展趋势的判断不准确乃至失误，使上述国家对疫情出现了高估和低估的两种极端应对现象，特别是针对难民的应对与管理也出现了困难以至于混乱的状况。此外，全球的疫苗分配的不公平现象和COVID-19变种的不断出现也使疫病的发展轨迹变得更加不可预测，这种疫病的影响力甚至可能不断反复或者不断减弱、消退之后仍会在世界某些地区突然重新达到一个新的高峰②。

针对上述国家在疫情下对国际流离人群采取的限制、隔离措施对全球经济造成的负面影响，不仅一些国际组织对疫情下全球流离人群的影响进行了各类系统的持续跟踪和评估，包括世界粮食计划署在内的国际人道主义机构也针对

① *Economic and food security implications of the COVID-19 outbreak*，An update focusing on the domestic fallout of locallockdowns，July 6，2020.

② *Joint Evaluation of the Protection of the Rights of Refugees during the COVID-19 Pandemic Inception Report*，COVID-19 Global Evaluation Coalition and ALNAP，2021.

疫情采取了专门的应对措施，特别是疫情对全球流离失所人群的影响也开展了深入的评估与分析。

鉴于COVID-19的突发性和世界各国应对的仓促性，给国际社会的灾害预警和应对系统带来了空前的复杂性和不确定性，全球的民众乃至各国政府至今都没有彻底明确地了解这种病毒的病理特征和发展轨迹，世界粮食计划署也专门在其《对COVID-19应对集中评估报告——第一卷》（Evaluation of the WFP Response to the COVID-19 Pandemic，Centralized Evaluation Report-Volume I）中绘制了一张形象的应对图（附件14），同时结合世界卫生组织的数据对全球不同区域的确诊病例进行了估算（图1-6）。

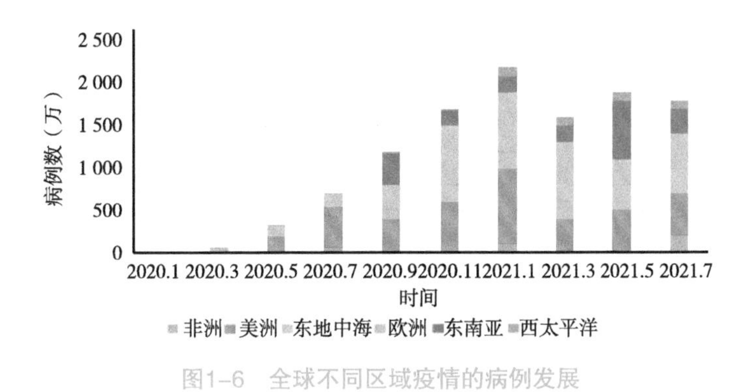

图1-6 全球不同区域疫情的病例发展

来源：Evaluation of the WFP Response to the COVID-19 Pandemic，Centralized Evaluation Report-Volume I，2022.6.

世界粮食计划署在该评估报告中认为COVID-19的全球性蔓延为国际人道主义行动者制造了一场“完美风暴”（Perfect storm）。针对这一场超级风暴，该机构在全球范围实施了一系列紧急行动。在2020年3月宣布了针对疫情的特定响应（WFP-specific response）和全球人道主义响应（Global Humanitarian Response Plan/GHRP）两个3级紧急响应计划行动，并在同期宣布了该机构3个月的紧急粮食供应优先行动方案，并提出了19亿美元的紧急援助——“前瞻性倡议”以支持上述行动的实施。4月宣布实施世界粮食计划署全球COVID-19应对计划（GRP），6月制定中期方案框架并向成员国提出在83个国家的49亿美元应急投资组合计划。9月将GRP的应急需求上调至51亿美元。在10月，根据该机构的应急行动进展，停止了3级响应行动。11月对GRP提出了77亿美元的总预算。在同年12月，将该机构运行了6个月的中期援助方案框架调整为社会经济应对和恢复方案框架计划。2021年2月，世界粮食计划署宣布了《2021年全球行动响应计划》，正式将COVID-19的援助纳入其全球行动计划的整体框架，不再将COVID-19应对行动视为独立的紧急行动。

2. 内部困境

（1）机构科学化治理及人力资源的可持续发展利用的挑战

和很多国际机构与组织一样，随着业务的不断扩大和机构的膨胀，世界粮食计划署同样存在机构的可持续性发展问题，早在世界粮食计划署的早期发展阶段，即20世纪80年代，由于历史原因，该机构开始出现了内部管理效率不足、管理成本升高、专业人员缺乏、人力与资金资源单一、人员流动缓慢及官僚作风明显等问题。随着冷战的结束，全球人道主义危机开始呈现多样化、长期化的趋势，加之气候变化、地区冲突、粮食安全危机等多重因素的冲击，该机构在一段时期出现过快速发展的阶段，然而在近年来，随着上述挑战与危机给全球带来的不确定性越来越大，国际社会对全球化的呼声也越来越高涨，世界粮食计划署又迎来了一个事业快速发展的“瓶颈期”，全球数量庞大的弱势人群对粮食安全、营养及对灾害适应力与恢复力越来越高的要求与该机构当前有限的机构及人员管理权力和资源的矛盾也越来越大。

世界粮食计划署由于其业务的特殊性和复杂性，其对机构的层级管理以及人力资源管理方面也存在非常显著的特殊性，这与很多官僚机构甚至联合国的不少机构有很大的差异性。最主要的不同之处体现在人道主义援助工作对该机构的扁平化管理、人员流动性和轮换、多领域的技术专业性、地域和性别的多样性以及人员的晋级的灵活性等方面，在上述方面，世界粮食计划署只有体现出较其他机构更大的灵活性和自主性，才能不断适应越来越大的国际人道主义援助工作的挑战与压力，才能不断实现自身管理体系的健康与可持续发展。

从世界粮食计划署的本质来看，由于该机构实质上是一个“行动”组织，而非研究或管理型组织，且有一定的工作风险性，因此该机构的机构与人员管理原则必须与该机构所有员工的发展愿景、优先事项和福利承诺一一对应。也只有通过这种方式，将该机构所有人道主义行动与机构的战略愿景、使命和价值观保持一致，这样机构的所有员工会对彼此以及对本组织的行为、任务与目标都具有明确的期望值，这是保障该机构在其人事管理方面高度连贯性的基础，更是该机构各部门之间保持紧密关系、避免松散失能的先决条件[①]。

此外，世界粮食计划署的政策核心是“以人为本”，虽然以人为本放之四海而皆准，但是世界粮食计划署将其员工视为该机构的最有价值的资产，由于工作的特殊性，该机构对其员工的生命、健康、发展的系统化关注和安排是其他国际组织难以比拟的，也是与其他组织最显著的不同之处之一。该机构的核心价值观与联合国的基本人权、社会正义、人的尊严和价值以及尊重男女平等完全一致，且其在2014年实施的行为准则中更强调了世界粮食计划署对人道主义行动中避免出现欺诈和腐败、性剥削和虐待以及尊重人权的承诺[②]。

自世界粮食计划署成立以来经过50余年的风风雨雨，该机构在以人为本方面不断地探索，也出现了一些问题，走了一些弯路。

在机构专业人员方面，与联合国系统其他组织相比，机构内具备能够胜任部门学术和专业要求的高级别专业人才难以满足该机构业务扩张的需求。由于该机构的工作特殊性，一些地区对高级女性专业人才的需求较多，但是此类人才在世界粮食计划署内部长期处于较低水平。另外，该机构不同级别的中高级专业人才的比例配置也出现了不合理现象，专业人才的总数低于一般员工，特别是P5级别以上的高级专业人才流动性差，导致中级专业人才的晋升通道受阻。该机构的总部和实地之间的专业人才轮换的频次非常有限，阻碍该机构人力资源建设的正常发展[③]。

在该机构的人员任职代表性方面，早在20世纪80年代，来自西欧的专业人员数量为144人，约占该机构全部290名专业人员比例的49.7%，远远高于其他地区的专业人员，来自北美的人员占16.2%，亚洲占10.7%，中东占8.6%，拉丁美洲6.9%，非洲仅6.2%[④]。这种欧美常年占多数的状况显然不适应该机构在发展中国家及不发达国家开展的大多数人道主义援助活动所需要的本地化人才的要求。而到了40年后的2021年，该机构的专业人员数量增至1 882人，来自发达国家（北美、西欧、日本、澳大利亚、新西兰）的专业人员占该机构全部专业人员为935人，占全部专业人员比例为49.7%，来自非洲的占27.8%，亚洲、中

① *WFP People Policy*，Executive Board，Annual session，2021.

② *WFP Code of Conduct*，WFP Ethics Office，2021.

③ *Report on Personnel Problems in the World Food Programme*（*WFP*），Prepared by Maurice Bertrand Joint Inspection Unit，Geneva，1984.

④ *Report on Personnel Problems in the World Food Programme*（*WFP*），Prepared by Maurice Bertrand Joint Inspection Unit，Geneva，1984.

东占13.7%，拉丁美洲和加勒比地区占4.6%。从长达40年的变化可以看出，该机构的专业人员仍然主要由来自发达国家的专业人员组成，来自非洲的专业人员数量出现了显著上升，这与该机构在非洲的业务占绝大多数有密切关系[①]。

在人员流动和晋升渠道方面，由于人力资源管理的独立性不够，使该机构现行的很多人事政策的实施难以得到充分推动。多年来，世界粮食计划署历任执行干事都试图在总部和实地之间建立一个通畅和能够快速流动的专业人员轮换制度。该制度能够为员工提供更好的培训和职业发展规划，然而在很长时间内却难以建立这样一个系统。部分原因是源自该机构和粮农组织的附属关系，世界粮食计划署在人力资源问题上的观点和粮农组织的观点并不相同。创建这样一个人员轮换的创新机制将与粮农组织当前适用的部分条例和规则相抵触，有将总部工作人员和外地“专家”之间进行区别对待的嫌疑，粮农组织也从未有过类似人员流动与交流的固定机制。另外，建立统一的职业和培训体系，也会遇到同样的反对意见。因此，只要上述附属关系存在，使用相同的规则就难以解决在这种官僚体系下存在的问题。只要存在理解与观点的偏差或不同，不仅上述人员流动渠道受阻，在人员招聘、培训、绩效评估和晋升等方面也会出现同样问题。

在重要议事规则解释方面，由于世界粮食计划署部分议事规则的解释与粮农机构存在冲突，导致该机构一些工作职能难以履行。例如在其《总条例》第14条（e）款规定“世界粮食计划署执行干事应负责秘书处人员配备和组织”，而粮农组织职工条例301.041规定“权力部门工作人员的任命由粮农组织总干事决定”。世界粮食计划署执行干事早在1983年就要求联合国法律顾问就对文本进行解释，而粮农组织总干事则要求自己的法律顾问提供意见。经过近40年，在著者常驻世界粮食计划署和粮农组织期间，这类问题依然存在。例如在2014年世界粮食计划署《总条例》第7条第5款中的规定与上述1984年的相关规定没有变化。此外，在第6款还明确规定了世界粮食计划署执行干事应按粮农组织的职工条例和规则以及经秘书长和总干事同意管理世界粮食计划署的职工。也就是说，经过40多年的制度演变，世界粮食计划署的职工条例和规则还是以粮农组织的职工条例和规则为准，然而，世界粮食计划署的业务范围和管理能力早已发生了巨大的变化，相关的内部管理条例也应随着外部环境的

① Executive Board，Annual session，2022.

变化而变化，加之粮农组织和世界粮食计划署的业务特点随着世界政治经济格局的巨大演变、全球气候挑战及地区冲突的加剧也呈现出差异化越来越显著的特点，因此以粮农组织的职工条例和规则完全要求与约束世界粮食计划署的员工，可能会存在“水土不服”的情况。

在机构的人员管理制度安排方面，还有一个显著的问题就是世界粮食计划署总部的专业人员、外地专业人员、总部一般事务人员和外地一般事务人员分别适用不同的内部管理条例，这种内部法律制度的多样性使该机构对其人员的管理呈现了复杂化的特点，这也使得该机构的人力资源管理工作非常繁杂和官僚化。虽然一直呼吁简化这种管理制度，但是多年来很难进行根本性的改革。

关于世界粮食计划署和粮农组织之间的关系，多年来还一直存在着微妙的“波动”和“失谐”痕迹。在当前联合国相应的规则与制度不明确甚至有时候有些混乱的情况下，两个机构目前所被迫采用的应对做法也造成了越来越显著的官僚主义现象。“文山会海”式的协调与磋商带来的直接后果就是针对一些敏感议题的“不了了之”，同时使得两机构的管理成本也越来越高，在管理方面的支出也越来越大。特别是管理文件的“泛滥”，以及一些文件涉及的内容与管辖权限的交叉或重复设置，而这些文件的审议与通过乃至执行，是需要成员国付出更大的精力和支出更多的会费作为代价的。

（2）能力建设模式可持续发展要求的挑战

能力建设的宏观定义是：“发展与加强组织和社会所需的技能、直觉、实践能力和资源，以在快速发展的社会中生存、适应，实现繁荣[①]。”在具体层面可以将能力建设理解为释放、加强和保持个人、组织和整个社会的能力以成功管理自己事务的过程[②]。能力建设的所有具体目标实际上就是世界粮食计划署所有人道主义工作的不同缩影。能力建设是自联合国粮农机构成立以来一直的核心任务，是包括世界粮食计划署在内的联合国粮农机构开展的全部业务的基本组成部分，而世界粮食计划署作为联合国粮农机构的一部分，能力建设也是该机构一项核心的内部管理措施。

随着时代的发展，特别是近年来全球化趋势愈发显著，地区的突发冲突、灾难及各种不确定性事件频发，国际社会对如何更有效利用资源缓解日益紧张

① https://www.un.org/zh/124632.

② https://www.fao.org/3/i0765C/i0765C15.pdf.

的矛盾与压力的要求越来越强烈，能力建设也正在被赋予更多的内容和功能，国际社会对能力建设的内容与方式在不断地进行完善和拓展。很多国际组织对此也开始用新的眼光看待新形势下能力建设的工作模式，特别是联合国粮农机构普遍将政府参与伙伴关系建设作为粮食安全与可持续发展能力建设的战略重点。根据这种模式特点，未来的国际人道主义活动中，国家的主体意识将越来越多地体现在能力建设项目中，并被作为能力建设的核心内容。在能力建设项目的执行过程中，将更加强调国家作为主体与国际组织及相关合作方共同参与合作的重要性，即接受人道主义援助的发展中国家和来自所有国际社区的捐助者共同承担人道主义援助与发展责任。

为了更好地适应未来基于能力建设的国际伙伴关系的构建，以粮农组织为代表的联合国粮农三机构（RBAs）也根据能力建设的要求对本组织的工作优先等做出了调整。第一，将发展中国家的优先重点和需求作为该机构能力建设规划与项目的核心。第二，进一步加大了这些发展中国家各级政府层面的领导与参与作用，并充分发挥政府和地方专门机构的支持作用。第三，进一步提高联合国粮农机构工作人员的知识与技能，引导他们采用更加科学的方法开展工作。第四，为了确保能力建设项目的可持续性，联合国粮农机构将积极鼓励各成员国将能力建设项目纳入本国的国家发展计划和政策。

为了将能力建设作为一项推动本组织可持续发展的“推进剂”，世界粮食计划署还根据本组织需要对上述能力建设的概念和工作内容进行了拓展。世界粮食计划署认为的“能力”是指人、组织和社会作为一个整体成功管理其事务的能力。而“能力发展”是指人、组织和社会作为一个整体识别、加强、创造、适应和保持这种能力的过程。而能力建设的核心任务是通过积极鼓励发展中国家制定和实施相关国家政策，推动本国的减贫和粮食安全工作[①]。

在实施能力建设的有关政策方面，世界粮食计划署调整了本组织的一些战略规划，推动使之与联合国能力建设目标与任务保持同步。例如结合联合国可持续发展目标和该机构的《战略计划（2017—2021年）》对其在2009年的能力建设政策进行了进一步更新，并形成了《世界粮食计划署能力发展政策总结评价报告》（Summary Evaluation Report of WFP Policy on Capacity

① *Summary Evaluation Report of WFP Policy on Capacity Development*, First Regular Session, 2017.

Development）。通过重新评估，更新的能力发展政策更加务实地反映了该机构对在当今时代如何推动能力发展的反思与思考。在更新的政策中，提出了一些针对能力建设项目实施的具体成果和产出的指标与要求，解决了该机构之前的国家和区域能力建设政策的一些问题[①]。

尽管如此，世界粮食计划署的能力建设仍然还存在一些问题和不足。其2016年评估报告指出，能力建设在本组织内部并未得到全面推广实施，也没有被广泛应用于指导该机构能力发展的具体举措中。也就是说，在一些部门与时段，能力建设一度成了一个象征性的工作。能力建设方面的工作对世界粮食计划署的贡献并未与其具体的工作指标建立起密切的关联度。对能力建设的评估结果也无法与该机构有关政策的实施效果联系起来，此外，世界粮食计划署的一些监测数据也无法将该机构在能力建设方面的贡献和影响与该机构的另一项重要管理政策，即《WFP绩效管理》的各项评价指标联系起来（图1-7）。

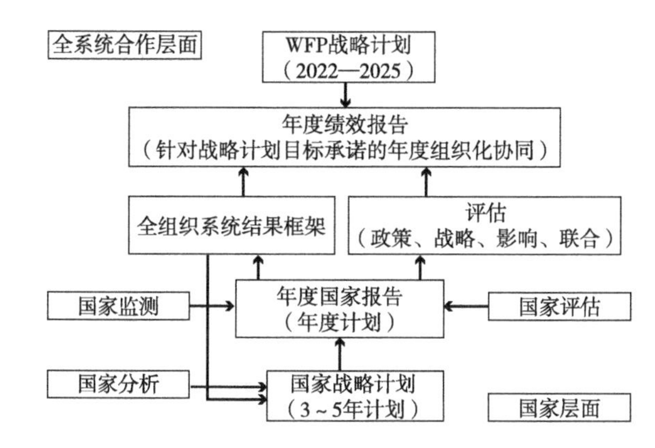

图1-7　世界粮食计划署的重要绩效与评估政策——全组织系统结果框架（WFP corporate results framework）与该机构其他战略政策的关系

来源：WFP corporate results framework（2022—2025），First regular session，Rome，2022.

导致出现上述问题的原因是多方面的，但主要原因还是本组织的一些既有的内部运行机制并不适应新引入的能力建设所要求达到的目标和要求。首先是世界粮食计划署的固有供资模式单一，不利于能力建设发展所要求的能够对该机构供资模式的发展进行准确预测并实现长期的供资承诺。其次是没有为该机构建立可持续发展的能力建设所必需的，且职能、角色和职责十分明确的组织

① *Summary Evaluation Report of WFP Policy on Capacity Development*，First Regular Session，2017.

结构框架。再次是在能力建设方面的发展成就被明显低估，且未反映在世界粮食计划署的重要绩效与评估政策——全组织系统结果框架中（WFP corporate results framework）中。最后是世界粮食计划署在其实地的人员与资源配备方式和程序方面，很少将能力建设发展方面的需求充分考虑进去[①]。世界粮食计划署其他重要战略规划，例如其战略计划、绩效计划、评估计划，以至于国家战略计划等规划的各自独立性较强，相互关联程度并不高，也没有将能力建设在这些规划中进行集中整合。因此并未在这些本组织核心的战略计划中得到充分的体现。

在上述特别是在供资及其长期的供资承诺等方面，由于受到世界粮食计划署大量短期性紧急援助业务的影响，这种长效性的能力建设业务在某些时段经常被忽视或被拖延。事实上，这些平时大量存在且不断出现的临时性或突发性业务确实对世界粮食计划署的能力建设发展工作的体系化发展和功能拓展产生了影响，从而导致了本应该与实际业务紧密结合的能力建设工作在世界粮食计划署的组织结构中没有占据突出地位，甚至在一些条件下成了一种“时髦的装饰品”。另外，用于促进该机构能力建设发展工作的财政资源也一直处于单一状态，目前还仅限于一次性信托基金的支出范围内，一些分散的能力建设项目长期处于该机构的边缘地带，没有能够获得领导层面的足够重视并进行有效的集中整合，使之发挥出其该有的成效。

虽然近年来该机构也已意识到这些问题的存在以及对组织机构建设可能产生的不良影响，在该机构的有关战略政策制定更新及有关国家战略计划中也有所反映，但是仍然缺少在能力建设方面的针对国家及地方层面的或“量身定制”的行动计划，也没有在加强相关人员的能力建设方面进行大规模资源的调动工作。上述这些“非根本性”的改进工作尽管对组织机构的进步起到了一些推进作用，但是却没有形成良好的自我监督和评价机制，因此更难以形成一个成熟的组织机构所应具备的自我认知、自我学习和自我革命的良性循环道路。而这种能力非常重要，将决定一个组织在复杂生存条件下的适应能力和未来可持续发展潜力。

联合国在其2030年议程、可持续发展目标和世界人道主义峰会上所形成的

① *Summary Evaluation Report of WFP Policy on Capacity Development*, First Regular Session, 2017.

一系列成果表明，未来推动这些发展中国家加强对自身能力建设的管理水平将是推动其有效解决饥饿和发展问题的必由之路。这个理念事实上已经成了推动全人类共同发展的国际共识，能力建设已成为一种具有强大动能的“顶层设计”。

面对种种外来及内在挑战和问题，世界粮食计划署也意识到继续“因循守旧”的做法从长远看将不利于组织的发展，对此在其最新发布的《战略计划（2022—2025）》［WFP strategic plan（2022—2025）］中就人道主义行动和个体行为效率方面的能力建设提出了更具体的主张。特别是在其战略规划中的新型“伙伴关系”构建的目标任务中，提出了将高度重视国家与地方级别的各类组织的伙伴关系构建，这种多层面伙伴关系的构建无论是向弱势群体提供用于拯救生命的应急服务还是推进当地社区的可持续发展能力建设都至关重要。对此，世界粮食计划署将根据其战略规划的要求，加快对在实地开展的长期机构能力建设（long-term institutional capacity）项目投资，以更好地促进更平等和更加互利的全组织伙伴关系构建。

未来世界粮食计划署还将在运输和物流、采购、现金转移、行政、基础设施、数字解决方案和数据分析领域为更多的合作伙伴提供更有价值的服务，进一步增强世界粮食计划署对受益国家“按需供给”的精准物资与服务的投放能力，此外还将进一步整合该机构的传统优势“后勤集群”（logistics cluster）和“应急电信集群”（emergency telecommunications cluster）的后勤支持资源，并与粮农组织等共同领导全球粮食安全集群（food security cluster）行动，为全球人道主义系统提供最佳协调手段，特别是与最弱势群体的“最后一公里”对接能力，以达到大幅提升这些国家的能力建设水平、实现其真正可持续发展的最终目的①。

世界粮食计划署在上述能力建设的战略计划中，明确了将进一步提升其能力建设的重要性，提出了能力建设职能的概念，并对本机构的内部工作进行了优先排序，这样做的目的是从内部提供支持，以放大该项工作的辐射面和成效。

在能力建设项目的供资方面，在其稍早前的《管理计划2020—2022》中，世界粮食计划署在2020年按不同战略目标设置的能力建设增强活动项目的总运营经费为3.66亿美元。在其最新的《管理计划2022—2024》中对能力建设增强

① *WFP strategic plan（2022—2025）*，Executive Board，Second regular session，2021.

项目进行了明确，预计该项投入在2022年将达到3.2亿美元，占全部现金转移项目支出的5%。世界粮食计划署在该项能力建设增强项目的支出从两个双年度的管理计划中都得到了较为显著的体现，投入经费也都保持较为稳定的状态，体现了该机构对能力建设项目的持续重视程度（表1–4）。

表1–4　世界粮食计划署现金转移模式下的临时实施计划

转移及其相关联的成本	2022年临时的实施计划支出（百万美元）	占转移支出的百分比（%）
食物	**3 919**	55
现金转移支出（CBTS）	**2 209**	31
现金	1 606	23
现金券	603	8
实物券	**158**	2
能力强化建设	**322**	5
服务提供	**510**	7
转移支出总计	**7 118**	100
实施费用	**555**	
直接支持费用	**320**	
全部直接支出总计	**7 993**	
直接支持费用	**507**	
总计	8 500	

来源：WFP management plan（2022—2024），Executive Board，Second regular session，2021.

2022年，在该机构的第一次非正式磋商（First Regular Session）中，该机构在其管理计划（2023—2025）中的合作规划和绩效（CPP）部分中提出了197亿美元的运营需求，其中对能力建设增强项目的预算提升至占全部现金转移项目支出的6%（图1–8）。

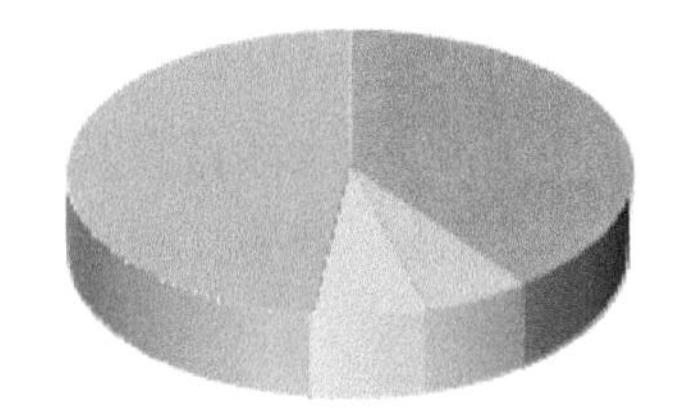

图1–8　世界粮食计划署按战略成果划分的2023年运营投入要求

来源：Corporate Planning and Performance（CPP），WFP Management Plan（2023—2025），1st Informal Consultation，29 July 2022.

在对能力建设项目的具体改进措施方面，该机构提出：第一，应尽快建立一个过渡性专门管理团队，在其战略计划（2017—2021年）的框架指导下，对该机构的能力建设目标、预期成效等进行明确并形成战略路线图。第二，应高度重视在实地的能力建设工作的推动和推广，上述能力建设的管理团队应该对实地工作提供具体和实用的指导，在组织机构的层面推动支持该机构各个国家办事处开展能力建设活动。第三，应提高机构的内部监测和评价职能，支持和促进国家的内部能力建设。第四，通过更加规范和标准化的监测手段，对该机构在能力建设方面取得的成效进行定量的评估。第五，进一步提升该机构的内部和外部的横向沟通与交流能力，确保能力建设增强工作的内外部互通。第六，在政策文件上继续对能力建设增强项目进行实时更新，确保项目顺应新政策特别是更好地配合和支持新战略计划的实施。

事实上，世界粮食计划署所制定的能力建设政策经历了一个漫长的演变过程，才形成了今天的运营模式。在对能力建设的政策评估演变方面，其能力建设发展项目的演变始于该机构的《国家和区域能力建设》政策[①]，它为该机构在之后推出的《战略计划（2004—2007年）》中开始实施能力建设发展项目提供了政策依据和基本框架。之后在2008年，该机构在合作和伙伴关系的政策支持下正式建立了能力发展部门机构，并对该政策的评估建议进行了进一步的更新并纳入至该机构新的战略结果框架文件中。在2009年又建立了能力建设发展跨司工作协调机构，并直接与世界粮食计划署总部、区域办公室和国家办事处

① *WFP Building Country and Regional Capacities Policy*，2004.

的工作人员就能力建设工作的具体实施进行指导。

世界粮食计划署的能力建设增强发展项目在其2009年政策更新与之前2004年政策的主要区别在于形成的全面政策框架，包括对能力建设形成了愿景、总体目标、成果和产出3个能力水平评价指标。政策更新之后所体现的上述新评价指标成为2010年该机构发布的战略计划（2008—2013年）中的能力建设发展行动计划的一部分。

纵观2004年以来，世界粮食计划署的能力建设进程在不断演进，通过多领域经验总结，最终形成了一个体系化的能力建设模式。在这个过程中形成的与能力建设发展相关的指导性文件还包括饥饿治理和能力发展的方法——实施框架①、加强国家减少饥饿的能力建设操作指南②、各国减少饥饿的能力和准备指数：减少饥饿的经济和治理能力分析③、国家能力指数（NCI）④、世界粮食计划署饥饿治理和能力建设发展的实施更新⑤、能力建设差距和需求评估（CGNA）的修订和扩展版⑥、世界粮食计划署2014—2017年战略计划：能力发展成为跨战略目标的交叉问题⑦、世界粮食计划署能力发展活动调查⑧、技术援助和能力发展的设计和实施：基于自给自足的国家应对能力建设在应对危机和实现零饥饿目标中所开展的响应、恢复及重建工作中的重要作用⑨、技术专家网络的发展⑩。以上这些政策可以看作世界粮食计划署最终得以形成完整的一套能力建设项目体系的基础（图1-9）。

---

① *Approach to hunger governance and capacity development-Implementation framework*，2010.

② *Operational Guide to Strengthen Capacity to Reduce Hunger. A Toolbox for Partnership*，*Capacity Development and Hand-over Activities*，2010.

③ *Ability and Readiness Index of Nations to Reduce Hunger*：*Analysing Economic and Governance Capacities for Hunger Reduction*，2010.

④ National Capacity index（NCI），2013.

⑤ *Update of Implementing Capacity Development WFP's Approach to Hunger Governance and Capacity Development*，2013.

⑥ *Revised and expanded version of Capacity Gaps and Needs Assessment*（*CGNA*），2014.

⑦ *WFP Strategic Plan 2014—2017*：*Capacity development became a cross-cutting issue across Strategic Objectives*，2014.

⑧ *Survey of capacity development activities at WFP*，2014.

⑨ *The Design and Implementation of Technical Assistance and Capacity Development*：*National Self-Sufficient Capacity to Respond*，*Reduce and Rebuild from Crises and Achieve Zero Hunge*，2014.

⑩ *Technical experts network in development*，2016.

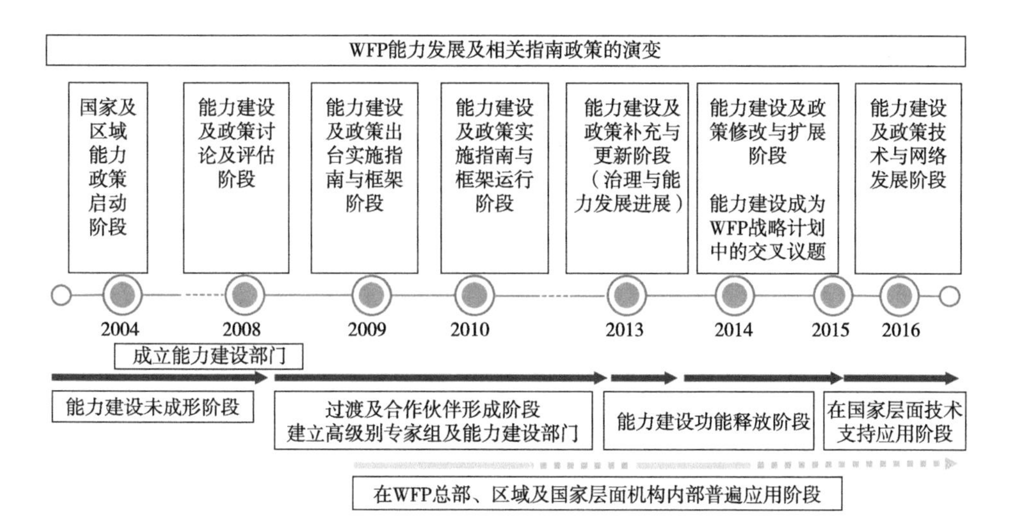

图1-9　世界粮食计划署对能力建设的政策评估演变

来源：*Summary Evaluation Report of WFP Policy on Capacity Development*，First Regular Session，2017.

随着世界粮食计划署能力建设进程的不断完善与扩大实施，其在全球的国家层面及国际合作伙伴中的影响力也越来越大，能力建设的工作内容也随之变得越来越丰富，其“能力建设”本身的含义已经难以全面地表述该机构在“能力”领域的行动及成效。因此在上述能力建设的政策演变过程中，世界粮食计划署也在不断地思考当今及未来国际人道主义事业的能力建设工作的内涵与外延，基于上述考虑，提出使用“能力发展”（Capacity development）一词替代“能力建设”（Capacity building）的表述，以便赋予能力建设更多的内涵与外延功能。通过“能力发展”概念的引入，将能够确保该机构在未来的人道主义行动和与合作伙伴的协调中更充分地利用环境、机构和个人资源优势，将能力建设工作进行最大化的整合，此外还将有利于能力建设的长期与可持续性推进，更有利于在国家层面更好地推进这些国家人道主义工作的自主性。虽然“能力发展”的概念在其他联合国机构中还未得到普遍应用，特别是以正式的政策文件形式进行正式推广与实施，但是从能力建设的长远发展趋势看，“以人为本”的国际人道主义行动及其国际协调工作必将越来越依赖在“能力”领域的不断创新和基于更多国家的“自主”意识的价值创造，所有这些变化与要求，都将推动“能力发展”的理念在未来得到不断扩充，这就是能力建设的生命力之所在，更是世界粮食计划署的活力之所在。

（3）风险应对和管理及国际治理合作的挑战

在应对外部安全风险方面，世界粮食计划署在面对全球更多和更大的不确定性及外在风险挑战下，在使用多种机制和手段确保本组织人财物方面减少或免受损失的过程中，以及与不同的国际合作伙伴在风险应对的国际治理与合作方面不可避免地出现了能力不足的状况，因此既有的安全措施必须与时俱进才能避免出现超常的消耗和损失。

随着世界各地的各种突发性事件与冲突越来越呈现出复杂化的趋势，近年来，世界粮食计划署越来越多地通过实地的合作伙伴共同实施人道主义援助行动，以实现其“本地化”策略，这样做既可以确保该机构行动的高效性与可持续性，也可以尽可能保障员工的安全。

2020—2021年，全球范围内发生的与世界粮食计划署及其伙伴组织相关的安全事件数量增加了36%，其中涉及人员的安全事故数量增加了19%。由于该机构及其伙伴组织更加接近实际的前线威胁，加之近年全球突发冲突与灾害更为频繁和剧烈，因此受到这些威胁影响的程度日益加深。由于世界粮食计划署内部安全政策保护的对象是该机构的工作人员，而与该机构同时执行同样程度风险性任务的合作伙伴经常在数量上占大多数，然而却难以享受到安全政策的同等待遇，因此在面临着这些逐渐增大风险的过程中，世界粮食计划署及其合作伙伴或在实地的委托人之间关系的牢固程度也在经受着考验。此外，除了大量具有风险性的实地活动外，以下其他几个方面的因素也使得将安全风险管理有效纳入该机构以及维护正常的伙伴关系变得更加困难。例如在该机构委托地方合作伙伴开展的行动中，对多发性的风险及其评估的客观与准确分析，对风险预警和防范的实际投入，对来自合作伙伴安全的支持请求，以及对风险认知程度不同而可能导致的风险管理错位等，这些都会导致对合作伙伴的合作主动性和能力的削弱，以至于损害世界粮食计划署与其合作伙伴的关系。

2021年，在世界粮食计划署工作人员、合作伙伴中共发生了1 746起各类安全事故，与2020年相比，增加了40%，该机构2021年全球总体事故率为每1 000名员工65起事故（高于2020年的49起），而同期整个联合国系统的安全事故增加了44%，这客观上反映了当年全球各类安全形势的严峻程度。世界粮食计划署在当年发生的安全事故中共导致了19人死亡，此外还在阿富汗和喀麦隆等地发生了15起涉及40名员工的绑架事件，虽然在数量上比2020年下降10%，但是严重程度并未减轻，上述事故发生在东非的概率最高，例如埃塞俄比亚的内乱地区。另外，在人道主义援助活动中出现的与该机构的员工有关的各种犯罪行为仍然是世界粮食计划署最常见的问题，这些犯罪行为多种多样，从较为轻微的偷盗、骚扰到较为严重的伤害、侵犯、绑架等。由于上述安全威胁与伤害发生在世界粮食计划署的工作人员和实地合作伙伴之间的概率是相等的。对此，世界粮食计划署的安全部门也在寻找更为有效的安全保护措施，在有限的资金支持下，既能够在该机构的安全政策范围内给本组织的员工提供最大程度的保护，同时也能够给予合作伙伴尽可能完备的保护。例如通过充分调动内外部资源，利用跨组织的安全信息管理和安全分析系统，完善安全和安保事件报告系统功能，开展事后审查和经验教训总结，根据安全事件的特征与发生规律，不断调整下一步人道主义行动的方式，以减轻未来安全事件发生的风险①。

为了在制度建设方面同时为世界粮食计划署及其合作伙伴提供全面的安全保障，该机构还在推动将合作伙伴纳入本机构的风险管理体系以及本机构的核心政策——综合路线图政策（Integrated Road Map Policies）的覆盖范围。该制度性保障为本机构员工特别是实地的合作伙伴将所面对的不同种类的运营风险进行了分级，提供了分类性的安全保护指导，特别是还将安全文化融入日常的安全风险管理中。对于安全风险级别较高的国家，安全保护指导更加细化且有针对性。除了核心政策保障之外，该机构的安保部门还通过建立“共同拯救生命”框架（“Saving Lives Together” framework）等长期合作机制，以及在多层面与该机构的合作伙伴及其他人道主义组织提供更多的额外安保协调支持，例如安保信息与知识跨机构共享、提供技术咨询和改进人道主义行动等。

值得一提的是，世界粮食计划署还与一些国家的应急部门展开了安全保护与救助等方面的政府合作。例如与瑞典民事应急署（the Swedish Civil Contingencies Agency）合作开展专业安全防护与救援技能合作，为该机构在布隆迪、喀麦隆、马里和苏丹的国家行动提供专业消防安全管理技能。著者作为中国常驻粮农机构的外交官，在注意到上述合作成果后，自然想到中国是世界上自然灾害较为严重的国家之一，灾害种类多、分布地域广、发生频率高。特别是随着全球气候变暖，中国的自然灾害风险进一步加剧，极端天气趋强趋重趋频，台风登陆更加频繁、强度更大，降水分布不均衡、气温异常变化等因素导致发生洪涝、干旱、高温热浪、低温雨雪冰冻、森林草原火灾的可能性增

① *WFP Security report*，2022.

大，重特大地震灾害风险形势严峻复杂，灾害的突发性和异常性愈发明显[①]。中国作为多样性灾害并存的国家，目前已建立起一支专业应急、社会应急、基层应急救援3类救援力量结合的庞大救援队伍以及完善的救援力量体系和布局。这样一支来自发展中国家的综合能力优越的救援力量如果能够与世界粮食计划署的救助力量结合，将会产生更好的效果和更为深远的意义。

在资金支持方面，为了进一步提升该机构的安全防范能力，特别是在实地应对各种突发事件的能力，2021年世界粮食计划署在实地层面用于安全防护方面的费用支出达6 200万美元，占其用于实地的直接支持项目（DSC）预算支出的11%以上，高出花费在总部和区域局的安全支出3 500万美元。虽然增幅并不显著，且多年来也没有大幅增加，但这种逐步增加的趋势也反映了该机构对于安全防护的重视程度也在随着外部环境的复杂而增加。

在本机构的风险管理方面，由于世界粮食计划署一贯非常重视风险意识文化的培养以及与本组织的价值观融合，这种文化的存在实际上是依赖于管理层的认知和判断，并做出提高本组织的风险管理价值、实现其人道主义和发展目标的决策，这是符合该机构的核心价值观的。因此，世界粮食计划署不但具备“行动”机构的特征，同时也具备作为一个“风险型”行动机构的特征。当然，该机构随之而制定的“风险型战略”也必然是更加具有特色的。前文描述了这个机构面临的如此多的风险，一些人可能会误以为世界粮食计划署是一个“渴望风险”的“冒险型”组织。但事实并非如此，世界粮食计划署虽然直接面对高度风险，但是其管理相当“完美”且“系统”。由于世界粮食计划署是依靠国际社会自愿资助的组织，需要随时管理协调与捐助者、东道国政府和合作伙伴的外部关系，因此必须不断调整其业务模式以适应不断变化的需求和运营环境。特别是对于业务和财务风险来说，世界粮食计划署必须想尽一切办法“规避风险”，即不断改进内部控制，并在成本和效率的最大约束范围内尽可能地降低风险。实际上，世界粮食计划署是以“高度规避风险”作为指导的国际组织[②]。

如何理解特有的风险管理对于这样一个全球性人道主义组织的意义？首先我们需要回到世界粮食计划署的内部，这里专门设有一个企业风险管理部

---

① 《中国“十四五”国家应急体系规划》，2021年。

② *Risk appetite statements*，Executive Board，Second regular session，2018.

（Enterprise Risk Management Division），该部门专职分析该机构在运营全过程中可能面临的各种风险并提出相应的风险应对策略。具体的工作职责是建立一种系统和规范的方法来明确哪些内外部环境因子构成对本组织的风险，提出在战略层面、操作层面、委托人层面及金融层面等出现的“风险厌恶”（Risk aversion）[①]乃至“高风险厌恶”，并通过一些专业的管理工具与措施支持和指导全组织理解、认识及有效应对该风险，在整个机构内部实现一种系统化的基于风险控制的领导模式。简单地讲就是在该机构内部建立一种从隐性风险管理模式到结构化、综合性的风险管理模式的方法。该部门的关键工作领域除了包括提及的风险管理以外，还包括相关的监督与监察分析、反欺诈反腐败（AFAC）、内部管理控制及捐助方的审查[②]。

该部门提出的风险决策还能够影响甚至代表该机构决策层的风险偏好。在2022年，该部门提出了3个优先领域的风险偏好，即谋求在内外部利益攸关方之间达成共识、建立系统的风险偏好声明机制并嵌入整个组织内部、对未来潜在的影响该机构的重大事件的关注能力。这里涉及该机构的另一个特有的管理步骤——风险偏好（Risk appetite）[③]。

世界粮食计划署的风险偏好是指该机构决策层对于在实现该机构的最大化、最优化发展过程中不得不面对的一些挑战和选择中做出的权衡与取舍。该机构将其面对的风险分为战略风险、操作风险、财务风险和受托人风险四大类，每大类各自有多个风险点[④]。

在战略风险方面，主要包括计划风险、外部关系风险、环境背景风险、运营模式风险。世界粮食计划署所有行动的基础是在捐助方达成共识下作出回应，并且与受援助国政府、捐助方、民间社会和其他合作伙伴形成可操作性的行动方案，这些是最重要的前提，也是最基本的风险点。第一，在外部关系风险方面，世界粮食计划署的合作伙伴来自政府、其他联合国实体、非政府组织、民间社会组织、私营部门甚至私人基金或个体。由于合作方包罗万象，因此受到公众和媒体的普遍关注，这些公众的认知可能会对该机构的声誉产生重

① 在经济学和金融学中，风险厌恶是人们倾向于选择具有低不确定性的结果而非那些具有高不确定性的结果，即使后者的平均结果在货币价值上等于或高于更确定的结果——维基百科。

② Jonathan Howitt，Chief Risk Officer / Director，Risk Management WFP，2022.

③ 是指为了实现目标，企业或个体投资者在承担风险的种类、大小等方面的基本态度。

④ *Risk appetite statements*，Executive Board，Second regular session，2018.

要影响。由于该机构需要在各种环境及背景下开展行动，因此这些复杂的环境风险也会左右该机构的行动。第二，在运营模式风险方面，由于该机构不断寻求在组织内培养一种创造性的文化价值理念，以更好地推动使该机构加快实现可持续发展目标。在这个过程中，不断增加的对新方法、技术和专业知识的投资以及解决方案的扩大实施，都会带来更多的运营风险。

在操作风险方面，主要体现出来的风险是受益人的健康、安全和保障，合作伙伴和供应商所提供服务的保障，固定资产和库存的保障，信息交流和通信的保障，物资供应链的保障及实地一级的治理和监督保障等。

在财务风险方面，主要包括采购物资的价格稳定保障、本组织资产和投资保障。

在受托人风险方面，主要包括员工健康、安全和保障，高标准的道德和行为保障，反欺诈和反腐败（AFAC）措施保障。

（三）基于人本主义的人道主义援助

我们知道，当今的社会是一个多元化、多极化的社会，必须正视这个多种价值观共存的社会现实，要树立包容“异己”的观点。这也是国际人道主义工作能够长期进行下去的基础。世界粮食计划署作为一个并无严格约束力的国际人道主义慈善机构，更需要长期树立一种“包容”理念。指望一个“松散型”组织自行完成自我发展与革新是不可能的，只有具备了前文所提及的强大自制力、行动力和意志力，形成了国际社会普遍认同的价值观的组织，才能做到主动寻求自我革新，以适应时代的要求和对该机构赋予的重大历史使命。这个普遍的国际共识就是基于“人本主义”。而人道主义活动是最能够体现出“人本主义”特点的一种社会活动。如果追溯一下基于人本主义的人道主义活动发展的历史渊源，能够有助于帮助读者更好地理解该机构人道主义工作的深刻含义和对未来在构建人类命运共同体过程中的特殊意义。

近代以来公认的，也是最早的和有组织的人道主义活动始于1959年的索尔费里诺战役（Battle of Solferino）[①]中，亨利·杜南[②]组织实施的伤员救治及康

① 或称第二次意大利独立战争、法奥战争，发生于1859年6月24日，拿破仑三世的法国军队和维克多·埃马纽埃尔（Victor Emmanuel）二世的撒丁军队联军与弗兰西斯·约瑟夫（Francis Joseph）皇帝的奥地利军队之间的战争，前者最终获胜。

② 亨利·杜南（Jean Henri Dunant，1828—1910），男，出生于瑞士日内瓦，瑞士商人、人道主义者、1901年第一届诺贝尔和平奖得主、红十字国际委员会创办者。

复活动，而最早的大规模人道主义粮食援助行动是在1961年联合国和联合国粮农组织联合成立世界粮食计划署之后才开始实施的。而真正专业化程度的人道主义专用口粮（Humanitarian Daily Rations/HDR）援助则是自1993年起才在波斯尼亚（Bosina）大规模使用。

最初的全球人道主义大规模行动是由联合国人道主义协调厅①牵头协调所有的国际人道主义行动，该机构的工作目标是拯救更多的人并且减少冲突和自然灾害所带来的影响，具体协调包括人道主义机构、非政府机构、社区组织、国家政府、地方和国际媒体、冲突方、企业、捐赠者、地区组织、受人道主义紧急情况影响的社区和共同参与人道主义行动公众。

过去几十年来，人道主义援助及其活动领域经历了不断地扩张与发展，已大步迈向专业化发展的轨道。支撑人道行动的基本原则是人道、公正、中立和独立，这些原则已经得到广泛认可并在实际中得到执行。世界各国也基本认同其在人道行动中占据高于一切的重要地位②。特别是70多年来，基于粮食援助的国际发展援助体系在不断成熟和完善，国际援助主体不断扩展，援助规模不断扩大，援助方式也日趋多元化，财政援助、技术援助、粮食援助和债务减免等成为最主要的援助方式③。上述人道主义的基本原则和发展特点也都推动世界粮食计划署今天的多样化势头发展。

对于在国际人道主义新的发展特征方面，总体来看，过去很长一段时间偏向于响应型，即对突发性的危机事件予以积极响应。进入21世纪，全球冲突和矛盾更加复杂化，单纯面向响应型的人道主义活动趋势开始有所扭转，援助形式不仅趋向常态化，更出现了对危机的防范与治理以及对援助活动的长期投入，受援群体最基本的生存权不再是唯一的援助目的，而是向危及人类尊严、福祉的更高层次的权益领域延伸。援助主体也不仅限于联合国系统的专业救助机构，更多的国际、民间组织等各类多边机制开始发挥更大的作用，援助的对象也开始更加关注到基层群体，并强调与他们进行直接接触的重要性。援助实施的方式开始从对于人道主义危机管控向针对危机根源治理的范式转变。一方面，从单纯的救助工作向前期预防与后期巩固的阶段延伸。特别是应对自然

---

① 又称联合国人道主义事务部（OCHA，United Nations Office for the Coordination of Humanitarian Affair），隶属联合国秘书处。

② 热雷米·拉贝（Jeremie Labbe），应用人道原则：红十字国际委员会的经验反思，2011年。

③ 唐丽霞，2009年。

灾害，“从注重灾后救助向注重灾前预防转变、从应对单一灾种向综合减灾转变、从减少灾害损失向减轻灾害风险转变”①。另一方面，更加强调积极的（注重能力建设）和发展的（结合发展议题）人道援助理念。“发展是解决一切问题的总钥匙。无论是消除疫情影响、重回生活正轨，还是平息冲突动乱、解决人道主义危机，根本上都要靠以人民为中心的发展。”②

以人为本的人道主义行动推动世界粮食计划署能够以一种与时俱进的方式将人道主义的内涵与外延不断丰富与拓展，但是来自外部世界的变化有时超出人们的想象与预测，新形势下的冲突与危机有时经常会不以人的意志为转移出现并复杂化，当今的人道主义援助工作在面临上述复杂局面的同时只有将自身的工作系统化、规模化与国际化，才能确保人道主义援助工作不被来自外部的变化与冲击“反噬”。

国际人道主义援助工作有时可以形容为“天之道，其犹张弓与”③。虽然从社会的一般发展规律看，人与人之间的关系应该是“达则兼济四方”④，应该是将富余的资源补给不足的人使用，以达到扶危济困，最终实现资源均衡流动的目的。但是现实社会的表现却往往相反，原本缺少资源的会越来越缺少，而资源富集的会越来越富有，这就是对财富和资源占有的“马太效应”。这在当今国际社会的具体表现首先就是地区冲突的随意性和不可预见性、冲突各方的道德与行为约束的模糊化和无边界化、政治派别冲突的军事化、部落矛盾的尖锐化、武装组织和武器规模的系统化以及国际社会对地区安全治理的日益碎片化，这些在近年发生在乌克兰、埃塞俄比亚、中非大湖地区、乌干达、也门以及阿富汗等地的冲突中得到了全面的印证和充分的体现。其次，全球的宗教原教旨主义思潮的兴起，在一些国家和地区诱发起了一轮又一轮的恐怖与暴力活动。第三，在复杂的外部环境下，国际人道主义工作本身不断面临着更多的挑战甚至是质疑，参与人道主义工作的人员本身的素养和能力也在各种危机

---

① 程子龙，2021年。

② 习近平在金砖国家领导人第十二次会晤上的讲话，2020年。

③ 《道德经》：天之道其犹张弓与，高者抑之，下者举之。有馀者损之，不足者补之。大意为：宇宙的规则，不就像拉弓射箭一样吗？瞄得高了就往下压，瞄得低了就往上抬；有多余的就减少，不足的就给补充。在本文中的引申含义为，只有得道的人（组织）才能让那些有余力的人为天下奉献更多。

④ 原文为：“穷则独善其身，达则兼济天下”，出自《孟子·尽心上》。意思是穷困时，独自保持自己的善性，得志时还要使天下的人保持善性。

中接受更严峻的考验，特别是可能的人道主义援助的政治化势头和对人道主义机构的人为控制。第四，在新的技术催生下，利用网络的洗钱、诈骗和有组织犯罪行为对人道主义援助行动的影响和威胁因素正在明显增加，以及陷入长期战乱与冲突所导致的人道主义援助运营体系失灵现象的出现。最后就是地区冲突、灾害的外溢效应，导致人道主义援助行动的边界更加模糊，使援助行动更加困难重重。

面对上述这么多问题和困难，谁能够真正做到“减少有余的，以补给天下人的不足呢？”只有有“道”的人才可以做到，这个所谓的“道”就是基于人本主义的人道主义援助，也就是世界粮食计划署在解决跨越种族、性别、地域、信仰差异的人类矛盾和危机时所表现出来的不可替代的独一无二的“专业性”。通俗地讲就是“让专业的人，去做专业的事”。世界粮食计划署只有抓住这一点，只有真正坚持了人本主义这个所谓的“道”，才能在不断变化的外部挑战和危机中生存、发展和壮大，才能在更加不确定性的世界上赋予自身更加丰富的内涵，才能在更多的国际治理中体现出自身的价值，才能真正完成“饥饿终结者”的使命，最终实现本组织的重生——不仅解决人的肉体饥饿，更解决人精神与信仰的“饥饿”。

基于人本主义的人道主义工作准则就是，在人际关系中，每个人的存在本身就是其目的，在所有社会和经济活动中，最高的价值就是人本身，人道主义援助工作的终极目标是尽可能地营造相应的环境，让受到救助的人在接受救助的同时充分发展其潜能和创造力，在接受被救助的过程中，实现自救、互救，以及社区间的共同可持续发展，最终实现的是自我救赎与自我意识的觉醒。

非洲2021年诺贝尔文学奖得主英国籍坦桑尼亚裔作家阿卜杜勒拉扎克·古尔纳（Abdulrazak Gurnah）①的小说《赞美沉默》（Admiring Silence，1996）描述了逃亡英国的主人公试图融入英国社会、想要获得身份认同的复杂而痛苦的心境。最终，主人公既不能回到家乡坦桑尼亚，又不能融入英国社会，只能以“夹心人”的状态在两种文化的缝隙中求得生存。主人公无论是回到家乡桑给巴尔（Zanziba）还是留在英国，他所面对的困境将永远是：“effects of colonialism and the fate of the refugee in the gulf between cultures and continents”

① 被称为“后殖民主义作家”、文学评论家，是近20年来第一个获得诺贝尔文学奖的非洲人，也是历史上第7位获得诺贝尔文学奖的非洲裔作家。主要作品《天堂》（《Paradise》），发表于1944年。

（殖民主义的影响及难民在文化和大陆之间的鸿沟中的命运）①。

而对这些弱势人群的人道主义关怀应该和古尔纳的小说一样，充满着深刻而细腻的人文关怀，同时更散发着思想的光芒，直击处于弱势的人们的心灵深处。“因为他毫不妥协并充满同理心地深入探索着殖民主义的影响，关切着那些夹杂在文化和地缘裂隙间难民的命运。”——古尔纳的颁奖词充分说明了这一点。

世界粮食计划署作为世界人道主义关怀的先锋和旗舰力量，要做的就是以自身多元化的精神与力量，在多元文化碰撞且不断失去秩序的世界中，不但充当“拯救者”的角色，更要在经常性出现的“引导者”的社会职能缺失时，充当协助和督促各级权力机构、管理者营造出一种多元文化共同生存与发展的社会环境与秩序的角色。单纯的救助永远解决不了人道主义灾难。如果仅仅单纯地从事救援与扶助，那些生活在危险和苦难中的人们将永远陷入“受难—脱离—继续受难”的死循环中。在中非大湖危机②的难民面临的情况是小说中所描绘的桑给巴尔的遭遇，深受乌克兰战事伤害而流离异乡的乌克兰人民将要面对的恐怕也跟小说中描绘的如出一辙。

对人道主义未来发展的终极目标，上文讲到“饥饿终结者”的使命，最终实现本组织“涅槃”和重生——不仅解决人肉体的饥饿，更解决人精神与信仰的“饥饿”。世界粮食计划署对于当前的人道主义援助工作提到了一个“避难所”的概念，也就是将社区、居民点和社会结构体系纳入日常的援助行动计划中。提供人道主义援助的重点必须放在社区，帮助人们尽快恢复正常的生活，而不是把他们从熟悉的环境和应对机制中分离开来。除此以外，还应该广泛利用公共、私营等这类重要的“机制外”资源，弥合“救济”和“发展”之间的差距。这样就可以帮助受灾家庭，为他们所面临的遭遇创造“永久性”的解决方案③。

诺贝尔文学奖评选的价值标准——“具有理想倾向之最佳作品”，似乎更适用世界粮食计划署未来的人道主义工作目标，即具有理想倾向的最佳联合国可持续发展机构。

---

① 实指种族鸿沟。

② 指2008—2016年前后发生在非洲大湖地区（东非大裂谷中和裂谷周围一系列湖泊的总称）的人道主义灾难。大湖地区位于孕育着古老非洲文明的尼罗河的源头，如今是全球最动荡、最贫困的地区之一，常年内战和无休止的暴力使该地区成为冲突、饥荒、瘟疫和流离失所的重灾区）——联合国，2019年。

③ Jonathan T.M. Reckford，世界经济论坛，2016年。

二、世界粮食计划署的融资机制

（一）融资机制概述

融资机制是指企业、组织或项目获得维持运营所需资金的方式。一般来说，非政府类型的企业、组织和机构多数是通过销售其服务和产品、贷款或出售股票进行融资，另外，还包括其他一些社会提供的捐款以及筹款活动。融资机制是一个包罗万象的金融术语，对于一个机构特别是像世界粮食计划署这样的跨区域运营的国际组织而言，其财务机制非常复杂，因此使用“融资”这个术语可以更直观、简洁地描述和整体考虑这个组织的运营特点。如果希望快速了解像世界粮食计划署这样的庞大国际组织如何有效地获得资金来源，通过使用和深入理解这个术语，我们能够更轻松和快速地理解世界粮食计划署在运营层面如何高效地通过对资金的实践操作和法规应用成功完成每一次艰难却意义重大的人道主义行动。

融资手段是融资机制的核心，而收入是最常见的融资手段之一。一般来说，通常是通过销售企业制造的产品或以其他方式为客户提供的各种产品或服务产生的。然而作为联合国系统内政府间的人道主义国际机构，本身不生产产品也不提供以纯营利为目的的服务。另外，从银行和其他金融机构获得贷款直接支持其运营的资金支持方式也不是该机构的运营规则所倡导的，因此，与企业的经营和贷款的融资形式不同，世界粮食计划署的建立与发展所需的初始资金与运营资本始终大都来自政府和其他部门的资助或捐赠。具体来说，根据世界粮食计划署的财务规则，该机构的融资完全来自自愿捐款，并用于向受援群体及时提供援助。需要说明的一点是，本书没有使用“投融资”这个术语，这是因为作为一个公益性质的人道主义慈善机构，投资这种手段不是也不应该是机构主体业务，更多运营资金也不能够大量依赖各类投资渠道来获得，这有悖于该机构的宗旨。此外，这类人道主义援助机构对于资金的需求往往是突发性和大规模的，投资的风险性也不允许该机构接受这样的“风险偏好”。虽然在近年世界粮食计划署也开始着手在一些领域进行投资活动，那也仅仅是一种辅助手段，并非其主流业务。基于此，下文主要就融资进行分析。

（二）融资机制分类

从广义的概念来说，融资机制一般指在企业或机构等的资金融通过程中不同的资金要素之间的作用关系及其调控方式，包括融资主体的确立、融资主体在资金融通过程中的经济行为、储蓄转化为投资的渠道、方式以及确保促进资本形成良性循环的金融手段等诸多方面[①]。按照资金使用的不同角度，一般来说可以将融资机制分为以下两种类别，第一种根据储蓄与投资是否在同一主体内完成，分为内部融资机制和外部融资机制；第二种则根据融资过程中体现的信用关系不同，分为财政融资机制与金融融资机制两种。内部融资机制指储蓄主体将内部积累的储蓄资源直接用于投资。这一融资机制，不涉及融资渠道和融资方式，储蓄者与投资者是一体的[②]。而外部融资机制则是储蓄者的资金不用于自身的投资项目，而是通过购买股票、债券、存款凭证等金融产品的方式，将资金转移到投资者手中，并由投资者完成投资过程。

世界粮食计划署的融资机制也可以分为内部融资机制和外部融资机制，由于该机构所有捐助方（Donors）的捐资因其体制机制原因会经常性地会存在于其固定的账户中或必须按比例留存于各类行动反应和应急账户中，甚至在一些时段会有巨额的资金做不定期停留乃至较长期留存，因此从这些不同类型资金的汇率等多种外部因素考虑，需要结合一些金融工具对这些资金进行保值操作，避免捐资方的利益受损，进而损害世界粮食计划署的机构信用。这种行为是符合该机构的总规则及财务规则要求的，也是得到了会员国及其他捐资方的一致同意的行为。在某种意义上，该机构的此类投资亦可以被看作内部融资。对此该机构还设置了“眼花缭乱”的多种类型的账户以应对不同的需要以及更好地与不同的国际融资渠道进行对接。世界粮食计划署之所以不倾向于将巨额资金储蓄在银行，除了上述考虑以外，是因为这些巨额资金会为银行产生可观的利息收入，从所谓“养银行不如养自己”的角度，也要对这些资金进行至少是安全的投资。而对于外部融资机制来说，该类型的金融产品虽然收益高，但是也具有较高的风险性，从世界粮食计划署“风险偏好”角度考虑，该机构并不倾向于采用该种方式，高度不确定性的资金投入与同样高度不确定性的人道主义行动是“水火不容”的。

而在另一种财政融资机制与金融融资机制方面，由于财政融资是以国家为主体的社会信用活动，因此世界粮食计划署仅涉及金融融资机制。对于金融融

① 百度百科，2022年。
② 百度百科，2022年。

资机制，我们知道主要包括银行贷款、信托贷款、信用证、公司债、企业债、金融租赁等多种形式，而对于像世界粮食计划署这样的政府间且带有慈善机构特点的非营利组织来说，其内部的运营机制也形成了与企业完全不同的体系，以便更加高效地生成维持其健康运营所需的各种资源，特别是金融资源。因此其金融融资机制也会与企业的机制有很大的区别。

世界粮食计划署作为联合国的附属机构，也采用成员国会员制的内部《议事规则》。该《议事规则》明确规定了世界粮食计划署日常机构的运营模式，在其议事规则总条例部分第XIII条的“捐助”项目中规定，对世界粮食计划署的一切捐助均应是自愿的，捐助可由各国政府、政府间机构、其他公共和有关非政府来源，包括私人来源提供。捐助者可按照依据这些总条例制定的总规则认捐适当的商品、现金及可以接受的服务。除这些总规则中对发展中国家、经济转型国家和其他非传统捐助者或其他特殊情况另有规定外，每一捐助者应提供足够的现金认捐，以支付其捐献的全部业务和支持费用，也可以货币或以指定商品的数量进行实物认捐[①]。

因此，作为该机构的成员国，同时也是联合国系统内的国家政府是该机构的主要融资机制成分。这些资金来源通常是来自这些国家固定的用于发展领域的经常性支出项目、指定援助项目及临时性援助项目等。然而这些资源有时也会反过来用于支持在该机构的与相关国家有关的项目，以及和这些国家政府内有关机构、部门和援助计划相关联的援助项目，从而使成员国政府的一些自身项目也在某种程度上逐渐演化成了世界粮食计划署本身或其一些子部门的运营机制的一部分。也就是说，世界粮食计划署的融资在越来越多的情况下与很多捐助国家的融资项目实现了深度融合，即“你中有我、我中有你”。例如世界粮食计划署美国局（WFP/USA）的融资机制中，就有对世界粮食计划署的直接赠款项目，该款项直接进入到世界粮食计划署的信托基金项目中。截至2021年9月30日，世界粮食计划署美国局向世界粮食计划署承付了3 773.303 1万美元。其中443.269 9万美元是后支付的形式。世界粮食计划署美国局还于2003年11月通过了托管基金（Custodial funds）的设立[②]，该基金由双方领导层共同管理，独立于世界粮食计划署美国局管理的其他资金，专门用于妇女和女童教

① 《世界粮食计划署总条例、总规则、财务条例、执行局议事规则》，2014年。
② *WFP/USA Financial Report*，2021.

育，其运行模式与世界粮食计划署的其他信托基金形式类似。

世界粮食计划署美国局的融资形式不仅与世界粮食计划署的融资项目联系紧密，其自身在美国境内的融资模式也非常灵活多样。由于世界粮食计划署美国局是根据美国联邦政府501c（3）法律条款认定的免税非营利慈善组织，任何人及组织对该机构的任何捐款均可免税。因此其大多数捐款来自私营部门筹款，该机构对美国所有公司、基金会和个人提供直接捐赠渠道，接受财务捐赠、人员服务参与、实物捐赠和技术援助等多种形式的捐助。

当然，随着世界粮食计划署业务范围不断拓展、业务手段不断多样化，其参与更多可持续发展领域行动的能力越来越强，来自企业和个人的捐赠也变得越来越普遍，甚至在一些领域与政府机构的捐资额不相上下。另外，该机构还在更多领域形成了创新的额外融资机制，以确保该机构可通过参与多样性的活动筹措更多的资金，这样新融资形式的出现，能够使双方实现利益均沾和共同发展[①]。

根据世界粮食计划署《议事规则》中的财务条例4.1款规定，该机构的融资来源包括按其议事规则总条例部分第XIII条认定的捐助，包括投资利息在内的杂项收入及按其议事规则财务条例第V条规定信托基金捐赠等。此外，在世界粮食计划署议事规则财务条例4.2款还规定，世界粮食计划署获得的所有融资类型都将记入至其计划类别基金、普通基金、信托基金和特别账户4个该机构最主要的基金和账户内。其中信托基金是指该机构的执行干事与捐助者商定特设的特别捐款账户。这些基金及信托基金等融资手段为世界粮食计划署在与财务制度千差万别的不同国家进行合规的、大规模和可持续性的融资方面提供了极大的便利。

此外，除了上述固定融资机制外，考虑该机构的人道主义行动特殊性及能够对一些紧急援助项目进行快速反应，该机构还采用了“提前融资机制”作为其融资机制的补充。提前融资资源的使用包括内部项目贷款和立即反应账户项下拨款资助项目，根据项目预期需求采购和预先采办粮食并提供全组织服务。世界粮食计划署在2019年通过的提前融资机制使用情况报告中批准了该机构的全球物资管理机制的提前融资总额上限由5亿美元提高至5.6亿美元[②]。

① G. Wiesen，2022.

② 《世界粮食计划署提前融资机制使用情况报告（2018年1月1日至12月31日）》，WFP执行局年度会议，2019年。

对此，该机构在2018年建立了3项机制，为项目提供预先融资或授予支出权。第一项是内部贷款项目（IPL），该项目可以采用预贷款的形式，即在贷款未到账之前进行抵押贷款。该内部项目贷款总额上限为5.7亿美元，并按照6：1的杠杆率，留下9 520万美元作为储备保障金。这种内部贷款项目的形式非常灵活和有效，能够将用于人道主义紧急救援的预付款及时采购粮食，防止供应中断，特别是在受到灾害地区的歉收季节能够提供大规模源源不断的粮食援助，这种援助形式在当年尼日利亚东北部的人道主义紧急援助行动上发挥了至关重要的作用。此外，预付款项目还推动了该机构的内部规划改进，起到了督促该机构及时使用捐款的作用，这对于那些捐助有效期很短的资金项目来说非常必要。第二项是宏观预先融资（MAF），该机制实质上是内部贷款项目的一个衍生项目，宏观预先融资项目的主要目的是提高计划可用资源的可预见性，使得管理者能够减少规划中的不确定性，进而提高资金的效用。该项目也设定了5.7亿美元上限，但与内部贷款项目的支出权限不同，不对某笔具体的捐款进行预贷款，这种做法使内部项目贷款机制更加灵活。该机制在2016年开始试点。第三项是立即反应账户（IRA），顾名思义，该账户是一项针对捐资方未及时履约而具有的资金功能自动转换的账户类型。该账户能够使该机构可以资助更多的具体行动，应对各种预期之外的突发情况。由于立即反应账户是世界粮食计划署执行局（WFP Executive Board）设立的储备金，其拨款无须抵押，该账户可由捐资方直接进行捐款补充至该储备金账户。当项目拨款由捐资方向该项目直接偿还时，该款项可被循环拨付。该立即反应账户的目标水平是每财年2亿美元。

（三）融资机制的意义

世界粮食计划署融资机制的意义就在于通过建立一种固定形态的多样性的现金流通渠道，更好地疏通该机构的捐资“储蓄”向投资转化的通道，也就是说在现有的法律及内部规则允许的前提下更好地利用多种融资工具将该机构的筹资“流动起来”“活跃起来”，并将之转移到合理的特别是各利益相关方均高度关注和给予更大期望值的投资领域，从而最大化地发挥资金的效能。而这一点对于这样一个资金需求量和流动量极其庞大的跨国行动组织来说非常重要。因此，对于该机构来说，这样的一个融资机制发挥作用的过程既是资金筹集、资金供给过程，同时也是资金进行重新配置的一个全新的过程。因此世界粮食计划署必须充分利用融资机制，才能更好地为人道主义行动的拓展和强化提供源源不断的资源支撑。

由于国际人道主义发展与援助领域的融资一般主要来自传统资金来源渠道，即政府机构、国际组织以及金融机构的资金占大多数，而一些来自公共私营部门、基金甚至私人财团的融资可以算作创新融资渠道，该渠道目前并不占绝对优势，但是近年来的发展非常迅速，各种创新融资方式不断涌现，成为人道主义援助行动得以可持续发展的重要保障资源。世界粮食计划署的融资机制实质上也是类似的，因此对该人道主义领域内融资机制的分析同样也可以借鉴国际通行的融资机制特别是提及的创新融资机制。

作为传统融资手段的一种补充，创新融资需要满足如下的特征：切实的政治可行性、深厚的融资潜力、快速的融资速度，以及额外性、可预测性和可持续性。这些条件世界粮食计划署都能够具备。

首先，政治可行性在这里主要指的就是机构的合法性和普遍代表性。在这一点上，该机构不仅合法性毋庸置疑，甚至在国际人道主义乃至推动联合国关键可持续发展目标实现上的影响力方面具有更大的普遍性。其次，在融资方面特别是本书更为关注的创新融资领域，目前在国际发展与援助领域内的创新融资在业界还没有形成一致认可的定义。参考世界银行（WB）对此的通行定义，主要是从资金的来源和利用方式考虑，将创新融资定义为通过传统交易途径之外以及借助全新的融资机制而产生的新资金来源。传统交易途径很好理解，即储蓄、信托等方式。而创新融资机制则囊括了多样性的技术机制，例如包括公共私营合作伙伴关系（Public Private Partnerships，简称PPP）、新兴国家的发展援助，多边发展银行债券，特别是与当前国际社会最为关注的与气候融资有关的碳汇交易（Carbon Sink）①、催化金融渠道（Catalytic Finance）等的非传统融资方式②。

特别是前文已提及的世界粮食计划署的“衣食父母”——捐资者(Donors)高度关注和给予更大期望值的投资领域，我想各位读者一定会想到，就是气候变化融资领域。世界粮食计划署在近年来的创新融资领域的最新动向就是利用自身特殊的身份和影响力，以更加积极和灵活的姿态参与全球气候变化有关倡

---

① 指发达国家出钱向发展中国家购买碳排放指标，是通过市场机制实现森林生态价值补偿的有效途径。

② 黄梅波，陈岳. 国际发展援助创新融资机制分析[J]. 国际经济合作，2012（4）：71-77.

议和行动。该机构如果能够充分利用绿色、清洁技术大幅度改善人道主义行动对气候变化的影响，那么该机构在相应的气候融资中将获得更多的回报和收益，甚至在未来更大范围内的国际治理中或将发挥出意想不到的潜力和作用。

在碳汇（Carbon Sink）交易[①]方面，由于碳市场是实现碳中和目标的重要工具，因此充分利用碳市场的价格发现机制，可以吸引更多资金助力碳减排和碳消除技术的开发，在这个领域，世界粮食计划署具有特殊的影响力和独特的资源优势。

世界粮食计划署作为全球规模最大的人道主义组织，其物流运输规模堪比世界任何一个物流运输机构，该机构在物流运输工具方面，资金支出占比最大的是传统石油作为原料的汽车、卡车、轮船以及飞机等运输工具。这些高排放碳的物流方式为该机构带来了巨大的碳排放压力和道义负担。因此基于抵消碳排放的“碳中和”（Carbon neutrality）、“碳达峰”（Emission peak）倡议和行动是包括世界粮食计划署在内的所有联合国机构为子孙后代的可持续发展应该共同承担的低碳成本的方式。根据联合国有关气候变化应对战略，世界粮食计划署在联合国认定范围内100%购买高质量且经有关权威的清洁发展机制认证的碳排放信用额度。此外，通过适应性基金信用（Adaptation Fund Credits）而获得的收益还为发展中国家更好地适应已经对他们产生了伤害的气候变化提供了更有效的额外帮助。在2008—2013年，世界粮食计划署对温室气体排放量（GHG emissions）的控制减少了10%以后，该机构在全球人道主义空中行动（即空运物流）的运载量在2014年却增加了5倍，这些变化为该机构在碳排放的国际规则日趋严格的情况下带来了更大的挑战。

世界粮食计划署在这些最具挑战性的环境中，需要大幅削减能源和燃料的使用，以尽所能避免气候变化所带来的最坏影响。此外，世界粮食计划署在物流领域开发及使用绿色清洁能源，还将能够为该机构带来巨额的碳汇收益。目前该机构也在积极探索投资和使用更高效能的替换运输工具和清洁燃料方案。通过能源效率计划，世界粮食计划署迄今已在43个项目中投资280万美元，预计每年可减少2 321吨二氧化碳排放量及140万美元的能源和燃料成本[②]。从目前该机构在减排领域的成效，可以预见在未来全球范围内的大规模碳交易行动

① 亦称碳排放交易（Carbon Emission Trading）。
② *Climate Neutrality at WFP*，2016.

中，世界粮食计划署可以且能够施展更大的影响力。

对此，世界粮食计划署在近年来的联合国气候变化行动中做了大量的工作。继2007年联合国秘书长在世界环境日宣布“气候中和倡议”之后，该机构在2008年即牵头成立了罗马联合国机构间工作组，承担起了温室气体碳足迹行动（GHG footprint）。在2009年，世界粮食计划署宣布其足迹遍布全球93个国家。2010年，世界粮食计划署成立在线辅助平台，帮助其国家办事处减少能源并使用太阳能。2011年推出车辆碳税征收倡议。2012年，发布了第一个温室气体减排战略。2013年启动了能源效率计划，并在萨赫勒（Sahel）等4个实地进行试点。2014年宣布其温室气体排放量减少近10%。2015年更换了南苏丹（South Sudan）等地的卡车物流设备，减少了对空运等高碳排放方式的依赖程度，并在同年自联合国气候变化框架公约（UNFCCC）的2014年温室气体适应基金（Adaptation Fund）购买了高质量碳信用额（Carbon credits），并宣布了其碳中和目标[①]。

上述对世界粮食计划署融资机制的介绍都是该机构“帮自己融资”“为全球减碳”，事实上，该机构通过其各种领先的融资工具在全球各地的偏远山区、原始丛林、浩瀚沙漠、荒蛮海岛所做的更多的工作是“帮他人融资”“为穷人谋钱”。这也充分体现了这样一个国际人道主义领先力量在全球气候变化的挑战下“与时俱进”的勇气和魄力。更展现出了该机构在领导国际社会通过应对气候变化的各项行动更好地为全人类的福祉服务的价值。因篇幅所限，这里仅仅介绍其在气候变化领域帮助那些弱势群体融资的案例。

在全球气候变化的大背景下，各种极端天气事件、冲突、金融危机和流行病等多重冲击正日益挑战各国政府、国际机构等有效应对气候风险的能力。同时，世界各地的小农、牧民、小微产业者不仅极易受到气候变化冲击的影响，如干旱、洪水、风暴、严寒、蝗灾、疫病等，而且由于自身能力所限而获得风险融资工具和服务的机会也相对有限。因此，这些弱势群体迫切需要以各种便捷的途径获得气候和灾害风险融资工具与途径，并通过此类融资使得他们能够更系统地获得扶持并更好地受惠于世界粮食计划署、地方政府和其他人道主义组织构建的安全网。预计到2026年，全球将有400万弱势群体急需获得气候变化风险保险（Climate Risk Insurance）的保护，还有大量的弱势群体急需包容

① *Climate Neutrality at WFP*，2016.

性气候金融扶持计划（Financial Inclusion Programmes）的支持。《2015—2030年仙台减少灾害风险框架》[①]中强调指出，通过各种风险转移机制，促进减少灾害风险工作，可以减轻灾害带来的财政负担[②]。面对上述挑战和国际社会的共同倡议，世界粮食计划署通过包容性风险融资和保险解决方案帮助社区和政府更好地为气候相关冲击做好准备、应对和恢复。2021年，世界粮食计划署在18个国家开发和支持的气候风险保险产品保护相关受灾人群。该机构通过将气候和灾害风险融资工具与区域或地方层面的社会保护系统联系起来，通过这种手段构建起来的社会安全网计划可以更精准地定位弱势群体和满足他们应对气候变化冲击的各种需求。在这些气候风险保险产品中，世界粮食计划署较为看重且认为在未来的业务中能够发挥出更大作用的是主权保险（Sovereign insurance）。世界粮食计划署在推广主权保险产品方面的意识上处于领先地位，这是由于这些产品可以在发生重大灾害时为受灾社区提供快速融资。

虽然主权保险优势显著，但是目前还仅限于短期应急响应行动。在世界粮食计划署目前的气候灾害应急产品中，特别是对于灾害频发的非洲气候风险的能力建设，该机构还与其他国际机构设计了一些新的主权保险产品，例如“极端气候基金”（Extreme Climate Fund），这种融资模式将能够有效补充现有的双边、多边和私人资金来源，从而通过市场上的私营部门资金来主动实施气候适应行动。极端气候基金有助于弥补资金缺口，同时能够创新性地激励那些减少灾害风险和加强气候适应干预的行为[③]。另外，该机构还在2021年在非洲牵头实施了“非盟的非洲人风险能力”（The African Union’s African Risk Capacity）项目，这个创新项目无论对于该机构还是非洲来说都是一个开创性的风险分担平台，项目将通过提供金融工具和基础设施，帮助非洲联盟成员国更有效地管理与气候相关的灾害风险。项目的特点就是能够使各国形成一个整体来共同管理气候风险，通过构建涵盖整个非洲大陆的各种气候风险的政策来分担风险。为了更好地推动项目实施，该机构通过预先安排的快速响应资金保护弱势人群和社区，例如，向布基纳法索（Burkina Faso）、冈比亚（Gambia）、马里（Mali）、毛里塔尼亚（Mauritania）和津巴布韦

---

① 第三届世界减灾大会通过的未来15年全球减灾的指导性文件。

② 《灾害风险转移机制：亚太区域的议题和考量》，经济及社会理事会［E/ESCAP/CDR（5）/3］，2017年。

③ Katharine Vincent，Stéphanie Besson，Tracy Cull，Carola Menzel，2018.

（Zimbabwe）政府提供宏观气候风险融资工具，保护弱势人群和社区。2021年，项目扩展到马达加斯加（Madagascar）和莫桑比克（Mozambique）。

至于在催化金融渠道（Catalytic Finance）方面，这是一个较新的资金融资领域，虽然还存在着很多机制性不足，但是因其巨大的发展潜力和高额的收益预期而正在受到全球资本集团和投资者的青睐。正式推动催化金融形成国际倡议的是美国银行（Bank of America），该银行于2014年发起了催化金融倡议（The Catalytic Finance Initiative/CFI）。这种创新的融资方式正在超越常规的绿色业务，转向创新的资本部署，以进行高影响力的清洁能源和可持续性投资。这些投资包括能源效率和可再生能源，有助于减少温室气体排放，更重要的这些投资能够带来巨大的经济和社会效益双重回报。基于该项目的巨大融资潜力，世界粮食计划署也积极考虑参与。

2016年，催化金融倡议扩大至12个合作伙伴，这些合作伙伴在超过25项创新和高影响气候减缓及以可持续发展为重点的投资中共同筹集了约100亿美元。催化金融倡议为多种投资者降低了此类投资的风险，这种创新性的产品及其金融结构可以促进更大的资本流动，并在未来有效扩大解决方案的规模。

（四）世界粮食计划署融资机制的成功案例

1. 创新加速器

创新加速器（Innovation Accelerator，Innovation and Knowledge Management Division/INKA）是世界粮食计划署新推出的一种新兴的金融服务手段。借助该新兴金融手段，该机构可以充分利用当前全球在数字创新方面取得的所有先进技术，如移动技术、大数据与云计算、人工智能和区块链技术等，特别是通过融合一些新的商业模式改进其传统融资手段，并提升其在世界各地开展的社区服务的效率，从而改进工作方式。该全新的商业模式改变了此前为世界各地脆弱社区人们提供服务的传统方式[①]。由于该创新加速器功能的多样性、数字化特征和针对青年创业人才的特点，因此该项目在有效帮助该机构以更多样性的手段解决人道主义行动和可持续发展活动中遇到的问题与瓶颈的同时，也具备了作为一个新兴创业项目的功能。因此从另一个方面来说，也有效提升了该机构各个团队的人员能力建设，促进其数字化水平不断完善与更新。这个

① *WFP innovation challenge 2022*，2022.

新开发项目总部目前位于德国慕尼黑，主要工作职能是为世界粮食计划署员工、企业家和初创公司提供资金、经验支持和参与该机构全球业务的机会，并提升这些企业参与该机构全球业务的实践能力。

创新加速器项目于2015年启动以来，共支持了100多个项目，其中16项创新扩大规模已产生重大影响。这些项目仅在2021年就使900万弱势人群的生命福祉受益[①]。特别自2021年以来，项目通过全球推广实施并覆盖了67个国家和地区，共支持了52个不同成熟度（即冲刺、扩大规模）的创新项目，共计收到125个国家的1 350多份项目申请书，充分展示了该项目的影响力。该项目还吸引了比尔和梅琳达·盖茨基金会（Bill & Melinda Gates Foundation）[②]等知名国际合作伙伴参与共同运行该项目计划。世界粮食计划署创新加速器项目由于其在认定、培育和扩大初创企业的创新能力及有效推进“零饥饿”目标方面所做出的卓越工作，被“Fast Company”[③]评为2021年最具创新性的非营利组织。为了进一步扩大其在全球的业务，增强该机构在全球投资机制的影响力，并提升大规模融资能力，2022年5月，该机构因此项目在全球范围招聘了更多的创新融资顾问，核心任务是开发并推广创新融资模式。该项目通过开发、测试和实施一系列具有针对性的融资模式，为世界粮食计划署寻找与其业务更加契合的投资合作伙伴，并根据其不同类型的业务需求和所在实地综合环境的不同特点量身打造更适合在当地运营的投资、融资模式，通过上述手段不断扩大该机构的融资能力与覆盖范围，最终帮助其建立具有全球影响力的投融资机制。这种模式是通过大规模融资的方式提升项目影响力，从而产生大规模的社会影响。该模式可以帮助该机构明确其优先投资融资活动，并更加高效地支持该机构与更多的外部投资者建立更加紧密的伙伴关系。由于该机构本身就拥有一套完整、成熟的筹资融资机制，因此借助该加速器可帮助其更加高效地筹集资金。

在具体的工作流程设计程序方面，该创新加速器实际上是一种基于用户研究的全过程的流程化的开发和管理工具，这种在设计过程的早期阶段就实现与最终用户互动的行为是用户研究。该工具的特点是与用户之间的全过程互动，即以人为本设计的基本理念在该创新加速器中得到了充分的体现。该工具的功能包括管理、监测、报告和评估由世界粮食计划署实施的投资融资项目。

---

① *WFP innovation challenge 2022*，2022.

② 是由Bill Gates和Melinda French Gates创立的美国私人基金会。

③ 是一本以印刷和在线形式出版的美国商业月刊，专注于技术、商业和设计。

该创新加速器还具有很强的功能拓展能力，能够在其他可投资和可扩展的领域开发出更多的创新渠道，具体涵盖从市场研究到投资建议以及发起交易等所有方面。此外，该创新加速器还具备与其他类型的创新加速器团队的协同能力，协同开展更大范围的创新融资活动，以推动该创新项目的规模化发展，并加速推进实现“零饥饿”和其他联合国可持续发展目标（图1-10）。

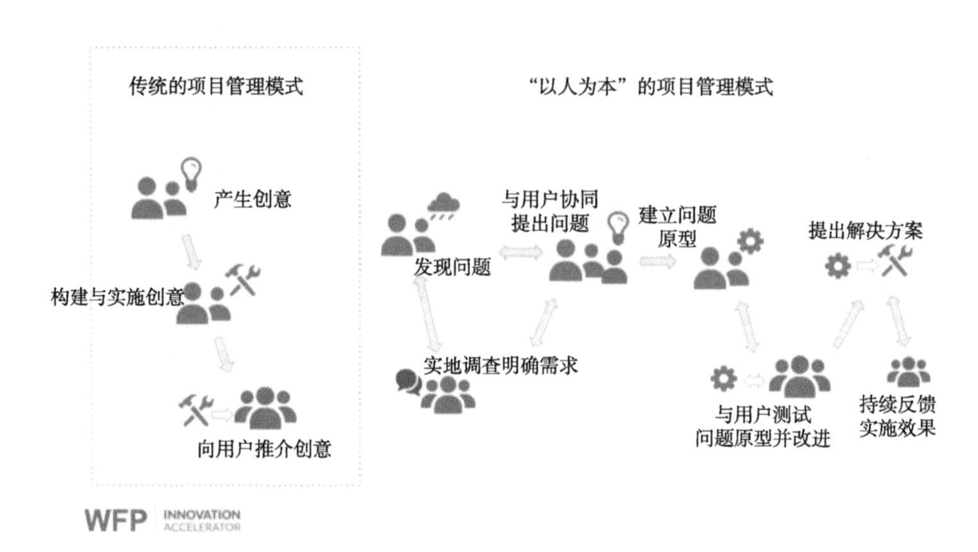

图1-10　世界粮食计划署创新加速器项目中的“以人为本”的设计理念与传统的项目管理方式之间的根本区别在于，前者能够更早、更快感知和吸引目标用户参与其中（粉红色）

世界粮食计划署的创新加速器项目是一个基于共享服务平台的开放式的全球创新合作项目，其实施目的在于通过一种在线的、共享的数字化手段寻找、支持和扩展那些具有高潜力融资价值的解决方案，最终的合作目标是帮助世界粮食计划署在全球范围内通过投融资行为拓展人道主义行动以实现该机构“零饥饿”目标。该项目服务的对象是上述人道主义行动中的所有利益相关者，包括世界粮食计划署工作人员、企业家、初创企业、公共私营部门、民间社会和非政府组织以及其他能够提供任何资金、经验、资源等支持的组织与个体。通过世界粮食计划署的创新加速器项目，有利于帮助和带动该机构在消除全球饥饿并推动实现可持续发展目标方面实施更多的创新项目。

2. 联合国资本发展基金战略伙伴关系

由于世界粮食计划署与联合国资本发展基金（UN Capital Development

Fund/UNCDF）[①]在支持2021年联合国粮食系统峰会（2021 UN Food Systems Summit）有关联盟目标的计划存在共同的利益。特别是在推动全球的学校供餐（School Meals）、人道主义—发展—和平关系（Humanitarian-Development-Peace Nexus）、适应气候变化的粮食系统（Climate-resilient Food Systems）、社会保护（Social Protection）、零饥饿承诺（Zero Hunger Pledge）、健康饮食（Healthy Diets）、有弹性的当地粮食供应链（Resilient Local Food Supply Chains）、粮食系统中的妇女和女孩（Women and Girls in Food Systems）以及残疾人的联盟（People with Disabilities）等项目中具有一致的定位和目标[②]。基于此共同诉求，在2022年8月，世界粮食计划署与联合国资本发展基金在罗马签署了伙伴关系框架协议，结成了战略伙伴关系，同时也开创了该机构在另一项融资领域，即与联合国系统在加强粮食安全系统和创新融资领域的成功合作模式。

该合作伙伴关系的建立恰逢其时。这是因为在2022年全球面临前所未有的粮食安全危机。世界粮食计划署作为全球应对粮食安全与饥饿挑战的联合国核心力量之一，其首要任务就是在全球支持建立大规模的灾害、灾难长期复原力的计划。这种基于联合国伙伴关系的融资合作计划将能够有效支持世界粮食计划署通过利用新的、更多的融资机制完成拯救生命和改善生计这一伟大历史使命[③]。

联合国资本发展基金作为一种特殊用途的基金，主要通过帮助最不发达国家的当地贫困人口使用本地的基础设施和服务，提高他们的生产能力以及可持续发展水平。此外，通过本地发展项目和小额信贷帮助这些最不发达国家发展小型投资项目，消除这些国家的贫困现象。2020年3月，联合国资本发展基金发布新冠疫情应对计划，筹资支持最不发达国家加强数字支付、电子商务、智能手机诊断、线上教育等数字化创新，提高地方政府加强疫情应对能力，协助政府制定消费者权益保障和金融机构监管宽容政策[④]。

在粮食安全领域，联合国资本发展基金根据整个农业产业价值链环节中的

---

① 联合国资本发展基金（UNCDF）为世界46个最不发达国家（LDC）提供公共和私人金融服务，其“最后一公里”融资模式，释放公共和私人资源，特别是在国内一级，以减少贫困和支持地方经济发展。

② “THE-NEWS-PAGE”，2022年8月11日。

③ 大卫·卡特鲁德（David Kaatrud），世界粮食计划署人道主义和发展司项目主任，2022年8月11日。

④ 中国常驻联合国代表团发展处，2020年3月30日。

不同需要科学组合不同类型的融资工具，并将这些融资方式与这些国家的中央和地方政府、私营部门、民间社会组织和其他利益相关者进行有效对接，建立适应其当地特点的灾害包容性和复原力体系，并为联合国可持续发展目标的本地化提供了一系列具体的解决方案。该基金与世界粮食计划署的合作目标是加强最不发达国家中最弱势群体的灾后复原力，特别是解决连接这些群体的“最后一公里”的瓶颈问题。双方在上述融资领域的合作是一项惠及所有弱势群体的可持续的融资解决方案[①]。

3. 双轨金融机制

“双轨金融机制”（Twin-Track Financial Mechanism）是联合国层面首次提出的推动国际社会在融资层面同时解决贫穷国家在紧急情况下的粮食危机和中长期粮食安全挑战的倡议，该倡议也称“日内瓦粮食安全宣言”，在当时的历史条件下是一份具有开创意义的倡议，它为解决彼时全球泛滥的饥饿和贫困问题而提出了更深远、更一致和资金更充足的国际援助倡议，该倡议在当时尚不景气的全球经济背景下为全球人道主义行动提供了全新的动力[②]。在全球再次面临更加严重的粮食安全和气候变化挑战的今天仍具有重要的参考价值。

“双轨金融机制”是时任联合国秘书长安南（Kofi Annan）与时任法国总统希拉克（Jacques Chirac）、巴西总统卢拉（Luiz Inácio Lula da Silva）和时任智利总统拉戈斯（Ricardo Lagos）于2004年1月共同发起的一项针对贫穷国家的将紧急援助和长期投资结合起来的一项新的融资机制国际倡议，该倡议结合紧急援助和长期投资手段解决上述国家的紧急需求和长期粮食安全挑战，从而加快消除世界的贫困和饥饿进程。该倡议还呼吁发达工业化国家加大减免对贫穷国家的债务，同时增加官方发展援助，消除国际贸易中的不确定因素以及加大在扶贫领域向这些国家的投资。倡议提出后获得了国际社会的广泛回应。3月，联合国粮农三机构（RBAs）对倡议提出了回应，三机构的领导人与希拉克针对倡议共同提出了“双轨金融机制”的方案，并就通过该创新金融机制如何帮助贫穷国家消除饥饿提出了具体的方案。该方案特别强调将推动国际社会共同努力，支持国际社会共同努力消除农村发展和粮食安全的制约因素。对此

① 普雷蒂·辛哈（Preeti Sinha），资发基金执行秘书，2022年8月11日。

② *INTERNATIONAL ALLIANCE AGAINST HUNGER*，COMMITTEE ON WORLD FOOD SECURITY（CFS），Thirtieth Session，Rome，2004.

需要采取“双轨”的金融手段，即紧急粮食援助以防止营养不良造成的持久损害，以及对农村部门和农业生产进行投资，使最贫穷和最脆弱的人们能够养活自己并建立可持续的生计。

“双轨金融机制”倡议的核心就是融资问题，这种倡议在当时的社会环境下有助于增强国际社会帮助发展中国家消除贫困与饥饿的凝聚力和筹集更多资金的信心。由于在当时的国际社会引起了巨大的反响，时至今日在国际粮食安全领域一直都在发挥着深远的影响力。

2008年，联合国粮农三机构（RBAs）在发展筹资会议上发布了联合声明，不但强调了此前更早在2002年召开的蒙特雷发展筹资会议[①]在国际融资合作上的重要成果，更进一步强调了全球粮食危机粮食高级别任务制定的综合行动框架（CFA）[②]中提出的一种双轨方法，即解决当前的饥饿和营养不良问题，并促进长期的粮食生产力建设。第一条轨道是提供即时支持，以保护全球社会中最贫穷和最脆弱的成员，特别是妇女和女户主家庭、儿童和其他弱势群体，使其免于更深地陷入饥饿和营养不良。第二条轨道是提高小农的粮食产量和生产力。这个倡议实际上就是对2004年“双轨金融机制”倡议的传承[③]。

三、世界粮食计划署的工作重点领域

世界粮食计划署的日常工作重点主要体现在实物与现金援助、灾害或灾难的恢复（复原力）建设、人道主义紧急救援、基于可持续发展目标的能力建设、基于特殊群体的学校供餐、营养改善、性别平等、零饥饿目标实现、机构内部的绩效与问责、机构内部的道德文化建设、粮食救助11个工作领域。世界粮食计划署几乎所有的日常工作都是围绕着以上11个领域的工作展开的。

（一）实物与现金援助

世界粮食计划署直接向全球各个处在高风险和应对风险能力最脆弱地区的

---

① 即蒙特雷共识：发展中国家同意进行改革，以加强其实现千年发展目标（MDG）的政策和体制方法；而发达国家则承诺通过增加官方发展援助（ODA）和减免债务来支持这些努力，并实现多哈发展回合的目标。这是联合国第一次发起的处理与全球发展有关的关键金融和相关问题的首脑级会议。

② 是联合国针对2008年的全球粮食安全危机而制定的一项倡议。

③ *Joint FAO/IFAD/WFP Statement to the Financing for Development Conference*，2008，Doha，Qatar.

家庭和社区提供食物、药品、抗灾物资或现金援助，即一种基于现金转移和实物分发相结合的物资援助方式。这是该机构最直接也是应用最为广泛的一种援助方式。

自21世纪20年代以来，随着全球气候变化影响加剧，各种自然和突发的冲突、疾病、灾害等人道主义灾难较以往的时代更为频繁和复杂。仅仅为战争和灾害提供粮食援助的做法已经难以满足世界广大脆弱地区更加多样化的需求。真正意义上的人道主义工作不仅限于生存与消除饥饿、减轻身体痛苦、改善营养与健康，更在于维护和确保人类的尊严与发展。站在这样的高度，世界粮食计划署重新调整了原有的战略规划，其人道主义援助工作顺从时代的变化与要求，已经逐步从单纯的“粮食援助”转变为多种援助方式结合以可持续发展为目的的“粮食协助”的概念。

虽然粮食援助是一种久经考验的经典的人道主义援助模式，这种援助模式也将世界粮食计划署自身固化为全球人道主义救援的“代名词”和榜样力量。但这种单纯的援助行为只是一种单向的、自上而下的甚至有一种“施舍”的意味在内的模式，显然在时代发展的浪潮中将世界粮食计划署置于一种狭隘的发展理念中。人们对世界粮食计划署常年以来形成的认识就是：只要这个世界有人挨饿，就会有人去喂养他们。而相对于“粮食协助”的模式，这种模式更加关注被援助对象自身抗御灾害能力的激发以及未来独立生存特别是实现自身可持续发展的目标，并且随着获得了这种能力的人群越来越庞大，他们自身还形成并发展出了可以带动更多的人摆脱饥饿、贫困、营养不良和不可持续性的能力，最终形成了人类互助发展的良性循环之路，这其实才是人道主义援助的核心内涵与最终目的。

上述单纯、独立的粮食援助事实上已经不能够满足人们在长期营养领域的需求，更多的人在获得并满足了这些基本需求所需的援助之后，会对援助行动本身产生更加复杂的认识和基于自身特殊需求的想法。因此，实物援助的概念在这些受益人群中的理解不断转变的同时也会进一步反过来影响援助者乃至援助机构的理念。事实上，这种转变也一直是世界粮食计划署近年来实现观念转型的核心驱动力。虽然该机构的本质仍然是世界人道主义机构，但随着上述形势的不断变化，其职能变得更加多样，任务也变得更具综合性，已经发展并拓展到将其一线的援助行动与寻求更加持久的可持续性解决方案相结合的综合性工作职能。

这种转变也基于大众对饥饿不会在真空中发生的共识，也就是说饥饿不仅是饥饿本身的问题，是一个相当复杂的社会乃至政治现象。这意味着世界粮食计划署不仅必须将时间、资源和精力更多地集中在社会上最弱势的群体身上，还要更加关注他们所处社区的可持续发展能力。这表明世界粮食计划署的紧急干预行动将被赋予更多的职责与使命，该机构甚至还被赋予了更多的"国家"使命，这就是世界粮食计划署在各国参与了如此众多的旨在提升整个国家的营养指标的战略计划并帮助他们量身定制了多年发展支持计划的原因。因此，世界粮食计划署粮食援助政策实际上已经融入并成了促进这些国家总体社会福祉政策实施的一部分，在减轻各国对饥饿的急迫性与一劳永逸地实现消除饥饿的更远大目标之间扮演了一个重要的"平衡杠杆"的角色。

世界粮食计划署的"现金"援助形式是另一种灵活的间接援助形式，包括向受益人提供直接消费的实物银行票据、代金券或电子资金。世界粮食计划署的"现金"援助金额从2009年的1 000万美元增加到2019年的21亿美元，现金援助现在占该机构所有援助的1/3以上。凭借该种援助模式的灵活性、高效率和受益人可以自由选择等优势，现金援助模式在该机构所有现行的人道主义援助项目组合中迅速扩大。考虑援助环境的复杂性，未来的现金和实物援助两种模式很可能并存，当然世界粮食计划署也会越来越擅长在各种特殊的环境中将其单独、交替或联合使用。

（二）复原力建设

复原力是指全球各类高风险地区面对各种可能的灾害及危险时，进行应对、适应并在灾害或灾难中尽快进行恢复的能力。而复原力建设就是基于这种能力而实施的自我修复的过程。复原力同时也是世界粮食计划署评价其人道主义行动长期成效的一个重要指标。据估计，全球有2.18亿人口长期经常性地面临各种自然灾害的直接影响，全球还有超过80%的粮食安全状况不佳的国家同时存在容易遭受自然冲击以及土地和生态系统退化的风险。特别是在这些国家中，3岁左右面临营养不良的大量儿童遭受身体和精神永久性伤害的风险最大，这个群体的复原力将是最脆弱的。

由于全球气候变化、环境退化、水资源短缺、疾病、人口快速增长、无序的城市化进程等因素导致了当今世界的重大风险与挑战不断加剧，抵御这些风险、危机的弱势群体的数量反而在不断地增加，且他们的应对能力以及对于灾害的复原力也在不断削弱。这是一种极为不正常的现象，至少反映出了国际社区在应对冲突、自然灾害和政治不稳定等冲击和压力下的不一致乃至消极、分裂的态度。这种短时和趋利的做法完全可能会对受影响地区产生毁灭性的影响。在这种情况下实施的人道主义干预措施虽然能够挽救无数生命，也能暂时恢复数百万人的生计，但是却很难解决这些地区对灾害、灾难抗性的增强和快速恢复的问题，即复原力建设的问题。因此，没有国际社会协调一致行动的复原力建设，只能是一句美好的口号，必须将复原力建设的工作前移至人道主义行动的前端，通过在最初的干预措施中嵌入复原力建设，就会使受益者在很大程度上减轻冲击和压力源的负面影响。从全球范围看，将会更持久地减轻人类在灾害、灾难下的痛苦。

世界粮食计划署之所以长期强调坚持复原力建设的观点，其根本原因在于其“粮食援助”转为“粮食协助”的可持续发展理念的核心工作宗旨。而复原力这个概念之所以被联合国人道主义机构普遍认同且越来越多地受到国际社会的重视和认可，是因为通过和借助复原力的观点，原先单纯的人道主义工作可以上升到一个“世界大同、人类大同”的层面。可以将一个具有普世的意识形态完美地与一项具体的行动进行融合。由此可见，国际人道主义行动已不仅是一项业务性的援助工作，而是一项关乎人类命运共同体的伟大事业。

复原力的观点不仅具有以上深刻的内涵，在具体的实施措施和实施过程中还具有重要的成本效益。复原力建设帮助受益者不断减少对周期性危机的依赖和持续需求，还能够帮助这些弱势群体在弥补长期遗留下来的发展差距方面找到突破口和解决途径。

正是凭借对这一观点的理解，经过半个世纪的经验积累，世界粮食计划署在建立粮食安全和营养复原力方面取得了同行难以比拟的优势。例如通过长期投资于粮食安全与营养的预警和应对系统的建设，包括供应链管理、物流和应急通信等，这些做法能够帮助地方政府更加有效地预防危机或在危机发生时迅速做出反应。此外，还通过多种金融和风险转移工具（例如气候保险）帮助发展中国家完善对灾害风险的管理能力。世界粮食计划署在世界各地实施的“社会安全网”业务就是一个很成功的案例，该业务通过基于弱势地区的社区资产创建和重组等手段开发了各种适应当地特点的“生产安全网”。例如通过“资产换粮食”计划，受益人在建设或修复森林、水塘、灌溉系统和道路等基础设施的同时获得粮食援助。从长远发展来看，这些基础设施就是一种类型的资产，而这些资产的积累和扩大将自然而然地增强他们对于灾害冲击的复原能力建设。

基于此，世界粮食计划署为扩大复原力建设的影响力和效果，近年来开始在其实施的多个国家战略计划中引入并推广该理念。为了将复原力建设的效果发挥至最佳，这些国家战略计划中还将国家的需求和优先事项与政府和当地的优先事项进行共同评估及协同考虑。通过将复原力建设纳入这样国家级的长期规划框架中，将能够使世界粮食计划署的复原力建设始终处于该机构的核心位置。这有助于确保该机构在联合国最高的发展理念上始终处于全球领先的地位。

（三）紧急救援

2020年，全球大约有2.7亿人身处各类突发的冲突和灾害环境以及面临严重的粮食不安全的状况，需要获得人道主义紧急救援。而50多年来，世界粮食计划署一直在全球的各类冲突或灾难情况下向世界各地的人们提供紧急粮食援助。紧急粮食援助行动一直是世界粮食计划署的所有人道主义行动中最能够体现该机构特点和优势的业务类型，也是其他绝大多数国际机构难以替代的工作内容。

世界粮食计划署对紧急情况的定义为“有明确证据表明发生了导致人类痛苦或迫在眉睫而威胁生命或生计的事件或一系列事件的紧急情况，而当地政府无法或没有能力进行救助。此外这种紧急情况属于显著异常的事件或一系列事件，并已经对当地或社区的生活产生了大规模的混乱”。

世界粮食计划署在应对因灾难性事件而流离失所、无家可归或被剥夺了基本生计的数以百万计的难民潮的挑战方面，有着多年的经验和应对资源。由于上述灾难性事件可能是人为制造的灾难，也可能是突发性的自然灾害。因此世界粮食计划署对上述不同类型的灾难事件的应对有着不同的应对策略和行动方案。经过数十年对各类复杂危机的无数次的干预行动，世界粮食计划署在应对紧急情况方面还形成了一套该机构独特的专业技术应对手段。这些应对手段不仅整合了该机构传统的物流管理等优势领域业务，更顺应时代的发展整合了更多的基于数字解决方案的网络共享平台、数字技术、数据库技术、通信技术、智能化评估等多种现代化手段。这些实用技术将该机构异常庞大、烦琐的人道主义行动的业务与信息技术进行了有效融合，大幅提高了该机构对突发性事件应对的效率和持续跟进与控制、管理能力（表1-5）。

表1-5　世界粮食计划署五大受援国在2019年开展的应急响应行动支出

世界粮食计划署五大受援国应急响应行动不可预见支出（百万美元）				
受援国	计划支出	追加支出	当前计划总支出	需求增长率（%）
也门	1 596	702	2 297	44
刚果民主共和国	205	248	453	121
土耳其	737	198	935	27
索马里	360	188	548	52
莫桑比克	35	183	218	520
其他	6 862	905	7 767	13
总计	9 795	2 424	12 218	25

来源：WFP Management Plan（2020—2022），Executive Board，Second regular session，2019.截至2019年9月。

（四）国家能力建设

国家能力建设是指通过世界粮食计划署的资源帮助所在国家增强该国的能力建设，并协调该国的各个利益攸关方共同支持该国实现粮食安全有关目标的一种国家范畴的持续性的合作模式。早在2015年，世界粮食计划署就在其分布在全球54个国家的办事处（办公室）所在地推动实施了增强国家能力建设的项目。

众所周知，当今全球化趋势的发展和快速的变化给整个世界带来了前所未有的技术进步，这些极大地促进了各个国家的自身治理能力进步及参与全球治理体系的愿望，在这种情况下，民间社会团体开始具备越来越多的发言权，面对自身所处的国家及社区在消除饥饿与发展不平衡等领域的瓶颈及矛盾，人们开始越来越多地呼吁政府应该承担起更多的社会义务与责任，特别是在消除贫困、饥饿和营养不良等方面。

在这种环境下，联合国在2015年一致通过了2030年可持续发展议程及其17个可持续发展目标（SDGs）。这充分体现了各国政府越来越强烈地希望借助联合国的平台，使其能够积极参与其中并实现可持续的改善其人民福祉的目标，特别是希望能够通过一套切实可行的方案建立起适应本国实际的应对饥饿的解决方案，以保证该国的粮食安全和营养目标的顺利实现。

为了积极呼应联合国的可持续发展目标，并将自身的战略发展目标与可持续发展目标保持一致，世界粮食计划署同时制定了5项新的战略目标，即消除饥饿、改善营养、实现粮食安全、支持可持续发展目标的实施和支持可持续发展目标构建的合作伙伴关系。这5项新战略目标充分体现了世界粮食计划署对联合国可持续发展目标（零饥饿）2和可持续发展目标17的重点关注。同样地，在上述战略目标中，世界粮食计划署所提出的具体的八项战略任务将其业务核心与国家层面的可持续发展目标保持了相当的一致性，即世界粮食计划署将其核心计划和业务重点投向了国家政府层面的实际需要，《国家战略计划（CSP）》由此诞生并成了世界粮食计划署此后在国家层面开展的最重要的合作项目。

世界粮食计划署的上述国家能力建设项目的实施是有先决条件的，这些国家必须首先在政府层面实现有关反饥饿政策立法出台、反饥饿机构的建立和反饥饿战略规划及融资保证。具备了上述基本条件之后，该国还应具备有利于项目运行的环境、组织或制度以及个体的支持，也就是说该项目的运行条件完全成熟之后，世界粮食计划署将具体负责实施在这些国家的国家能力建设项目[①]。

在国家能力建设项目的具体运行模式方面，世界粮食计划署始终将围绕国家发展优先事项、关键需求和可用资源作为该项目的核心任务。所有在该项目中提出的可持续的粮食安全和营养解决方案均由这些国家的政府、地方政府以及世界粮食计划署及其合作伙伴共同提出和确定。在国家能力建设项目中涉及的上述解决方案经常与应急准备和响应、物流和供应链管理的能力建设有关，需要借助社会安全网计划对风险调控能力建设的强化，对气候风险管理、适应和复原力的能力建设，以及粮食安全和营养领域评估等工作进行管理。此外，世界粮食计划署的上述国家战略计划中还经常会根据不同国家的实际特点，涵盖一些小农市场的培育以及营养、社会保护乃至艾滋病防治计划等涉及交叉领域的能力建设工作。

对于上述具体领域的实施一般会由该机构驻当地区域（国家）办事处负责牵头实施，如果需要，世界粮食计划署可以调配周边乃至总部的资源提供技术援助或硬件支持，如果在该机构范围也难以完成，还可以借助外部专家和资源提供多样化的支持。世界粮食计划署甚至还可以通过促进第三方的知识转让，例如通过南南合作或三方合作模式，作为中间人促进更多的发展中国家之间的知识、技能和专业共享，更好地推动国家能力建设项目的高效与可持

① *Two Minutes on Country Capacity Strengthening (CCS)-WFP support to national capacity development*, 2016.

续发展。此外，世界粮食计划署在执行一些更具针对性的国家能力建设增强项目（CCS）时，通过包括上述国家战略计划（CSP）在内所有国家投资项目组合中也发挥着不可或缺的作用。2018年，世界粮食计划署在国家战略计划（CCS）中有90%的国家涉及了能力增强项目建设的内容。到了2019年，这个数字增至98.8%，即世界粮食计划署所有正在执行国家项目的84个国家中，有83个国家实施了能力增强项目①。

（五）学校营养餐

学校营养餐是帮助生活在贫困和偏远地区的儿童获得更充足与均衡营养的一种餐食，是按照儿童生理特征进行配比，热量与营养均衡，卫生且方便使用，能够保证获得营养餐的儿童处于一种健康生长状态，同时能获得相应的教育。学校营养餐的形式一般是学龄儿童在校就餐的形式，即学龄儿童以寄宿形式住在学校，由学校提供早餐和午餐。餐食一般由学校或所在的社区负责准备或分包给当地的食品制作企业进行集中制作并统一派送至学校。根据所在地区的发展情况，学校营养餐的结构和配送方式也会有所不同，在交通相对便利的地方可能会提供较为完整的校餐，而有些较为偏远且难以短时间到达的地方则一般提供耐储存和便于运输的高能量饼干或速食产品。

推行学校营养餐对于上述地区的儿童非常必要。由于学校营养餐的特殊配料，餐食兼备驱虫功能和微量营养素强化功能，对学龄儿童的营养补充具有重要的作用。另外，学校营养餐还可作为当地一项重要的社会保障性投资项目。学校营养餐项目可以在世界上最贫穷和偏远的地区解决饥饿、贫穷和剥削儿童等一系列现象，甚至还可以在冲突和战争地区帮助那些HIV/AIDS儿童患者、孤儿、残疾人和非法儿童兵免于遭受更大的痛苦。

当前，全球经济危机给世界各国提出了各种各样的挑战。当今的世界正面临着前所未有的压力，特别是为那些最需要帮助的儿童提供最基本的营养保障，国际社区需要团结起来为他们构建一个安全保障网。在一些发展中国家特别是不发达国家中，由于严重的生存压力，导致这些国家的儿童特别是生活在边远地区的儿童往往被忽视，他们即使初步解决了饥饿问题，但是营养不良会对他们的健康和未来成长造成严重的伤害。

---

① *WFP CAPACITY STRENGTHENING SUPPORTS NATIONS TO END HUNGER-Beyond the Annual Performance*，Report 2018 Series，November 2019.

今天的世界仍然在很多地方面临着严峻的饥饿形势。每年死于饥饿的人超出死于艾滋病、疟疾和肺结核的人数之和。目前全球大约有10亿人缺乏足够的食物，这一数字超过了美国、加拿大和欧盟的人口总和。全球每天有2.5万成人和儿童死于饥饿或相关原因。据2023年《世界粮食安全和营养状况》报告显示，目前全球约有7.35亿饥饿人口。

在儿童营养方面，研究表明没有充足食物及营养补给的儿童学习将更加困难。在发展中国家，有6 600万小学学龄儿童饿着肚子去上课，仅在非洲就有2 300万。2023年，联合国秘书长古特雷斯表示，当今世界上大约有7 800万学龄儿童根本没有学上，还有数千万人只能偶尔接受教育，特别是贫穷家庭经常做出让孩子在田地里劳作而放弃上学的选择。对于落后地区的贫穷儿童来说，能够获得一顿充足的学校营养餐能够给他们带来非常强的激励，这种激励不仅是填饱肚子更是继续留在学校接受教育的激励。

世界粮食计划署对全球营养状况进行了评估，全球94个发展中国家有6 600万学童营养不良。每年需要32亿美元为这些儿童提供一顿基本的学校营养餐。世界粮食计划署需要投入12亿美元帮助在非洲的2 300万学龄儿童。

由于使用大米或豆类制作一碗粥大约只需0.25美元，一整学年也只需要50美元，因此学校营养餐成本非常低，却能够为学龄儿童提供一天充足的热量和营养。考虑到儿童自出生之后的3年是身体发育的最重要阶段，同时也是最易夭折的年龄段，世界粮食计划署在全球倡议推行学校营养餐计划。学校营养餐计划能够帮助消除全球各地数千万儿童的饥饿问题，同时还可以为他们的教育、健康和可持续发展做出更多的贡献。

此外，通过学校营养餐项目的连带效应，世界粮食计划署还能够推动贫困家庭送孩子上学并把孩子留在学校，这样可以将学校营养餐计划的效用发挥至最大。学校营养餐项目还有一个重要的特点是重点扶助农村地区的女童，通过项目的支持，为她们提供最基本的教育，以避免这些女童在成年后被传统教育体系的社会排斥，使她们能够更好地在社会上生存与发展。当然，学校营养餐项目还能够产生更多的社会效益，一般来说学校位于农村地区和社区的中心，学校营养餐项目将学校老师、家长、厨师、孩子、农民和当地市场进行了有机连接，带动了整个地区市场的活跃。

世界粮食计划署在实施学校营养餐项目的原则是，“不要让孩子饿着肚子去上学”，这是该机构在2015年设定的工作目标。多年来世界粮食计划署就是以这个目标与政府合作伙伴、非政府组织和慈善捐助者共同实施。

在过去的近半个世纪中，已经有42个国家与该机构合作或直接接管了学校营养餐项目，其中实施上述项目最主要的国家按照投入大小分别是印度、中国、刚果、孟加拉国、巴基斯坦、印尼、埃塞俄比亚、阿富汗、坦桑尼亚、菲律宾、埃及、尼日利亚、肯尼亚、伊拉克、津巴布韦、苏丹、也门、莫桑比克、乌干达和赞比亚。其中，印度投入了约17亿美元，中国约9亿美元，埃及约2亿美元。此外该机构与全球很多国家的政府就学龄儿童的营养问题合作实施了战略合作计划，帮助这些国家独立实施并管理本国学校的营养餐项目。

目前世界粮食计划署平均每年为60多个国家的2 200万儿童提供学校营养餐。2009年，该计划实现了覆盖全球280万女孩和190万的男孩，帮助他们获得了能够带回家的营养餐。2020年，世界粮食计划署总结了过去6年与100多个国家合作开展可持续的国家学校供餐计划的经验，推出的过渡战略——《学校供餐战略（2020—2030年）》全面阐述了世界粮食计划署如何在全球范围内倡导并开展合作，特别是推动各国政府参与解决在保障校园儿童健康和全社会营养综合应对措施方面的差距。根据该战略计划，到2030年世界粮食计划署将在20个国家移交学校供餐计划项目，实现这些国家独立自主运行该项目的目标。世界粮食计划署还计划将该过渡战略逐步纳入至相关国家战略计划（CSP），以推动这些国家加快实现其提供国家资源支持供餐计划的承诺①。2021年，世界粮食计划署在全球完成了1 550万贫困地区学龄儿童的学校供餐计划。此外还相应开展了上述地区针对母亲、孕妇的营养支持计划，从源头和早期阶段解决贫困地区的营养不良问题。2023年初，该机构在发布的《2022年全球学校供餐报告》中更宣布项目已惠及全球近4.2亿儿童，特别是在全球范围所获投资增加到480亿美元较2020年增加了50亿美元。其中非洲大约有6 600万儿童受益于学校供餐项目，其中84%的费用由政府承担②。

世界粮食计划署还与全球多个企业建立了学校营养餐项目全球战略合作伙伴，目前与世界粮食计划署合作的私营部门包括波士顿咨询集团、TNT、联合利华、百胜、帝斯曼、克林顿全球行动计划等机构或基金。这些内容在本书的姊妹篇《饥饿终结者和他的粮食王国——世界粮食计划署概述篇》已有介绍。

---

① *A chance for every schoolchild. Partnering to scale up School Health and Nutrition for Human Capital. WFP School Feeding Strategy 2020—2030*，WFP，2020.

② WFP，2023.6.6.

（六）营养改善

对于人道主义工作来说，仅仅实现零饥饿的目标是不够的，虽然人道主义紧急援助行动可以拯救生命，但是解决弱势群体的营养问题同样也十分重要，及时向弱势群体提供有针对性的营养支持，有助于帮助处于风险和挑战之中的人们改善生计，并摆脱贫困的恶性循环。虽然营养不良问题并非紧急人道主义行动所涉及的领域，是一个长期的、持续性的工作，但是在营养问题长期得不到解决的情况下，营养问题有可能转化成为较为严重的社会问题，可能会阻碍这些国家经济的发展，并引发其他严重的问题。另外在一些极端情况下，营养不良还将可能导致生死攸关的重大问题。

2021年，全球受到贫血影响的女孩、妇女有5.71亿，有1.492亿儿童受到发育迟缓的影响。另外全球有22亿人超重，其中7.72亿人受到肥胖的影响[①]。特别是肥胖对全球经济的影响已造成全球2%的GDP发生转移，主要体现在医疗保健和生产力成本损失与变动方面[②]。在2021年除了全球存在的营养问题挑战不断升级外，新冠疫情（Covid-19）危机更加大了全球营养问题的严峻性，由于疫情泛滥导致的全球供应链中断和粮食安全危机，全球营养不良的人数迅速增加。此外，在2021年还发生了更多全球极端气候事件，使全球采取更加一致的气候行动以缓解日趋严重的营养问题。自从粮食安全和营养问题首次在第26届联合国气候变化大会（COP26）上受到关注以来，越来越多人提出应扩大营养问题的投资规模、落实营养问题的政治承诺。在2022年召开的COP27上，粮食安全和营养问题更成了在这个问题上长期处于弱势地位的发展中国家特别是像东道国埃及这样对粮食安全与营养高度敏感的国家重点关注的方面。

为应对全球营养问题面临的严峻挑战，联合国提出了“全球营养报告（Global Nutrition Report，简称GNR）”，力图从政策上在全球范围制定一个统一的行动计划，以便协同各国开展行动，共同消除营养不良，最终达到共同发展和实现经济增长的目标。为了确保行动的一致性，还制定了“全球营养行动问责框架”（Global Accountability Framework for nutrition action，简称NAF）（图1-11）。在该问责框架中，提出了“营养换增长行动”（Nutrition for Growth/N4G）的承诺。即由78个国家、181个利益相关者共同参与实施396

① *2021 Global Nutrition Report*，The state of global nutrition，UN Nutrition.
② Johanna Ralston，CEO，World Obesity Federation，2021.

项新的全球营养承诺。目标是推动大多数国家政府（44%）、全球的民间社会组织（28%）及私营部门（14%）共同参与全球营养行动。推动全球60%的国家政府和40%的民间捐助组织在全球营养投资领域提供超过270亿美元的投融资。该全球性的营养行动问责框架有利于协调世界各国的营养政策，推动形成有国际影响力的政府间承诺，有利于各个国际组织及捐助组织更加合理分配相关资源，改善营养行动国际环境，进一步提升私营部门、民间社会组织、学术界在全球营养行动中的重要作用。

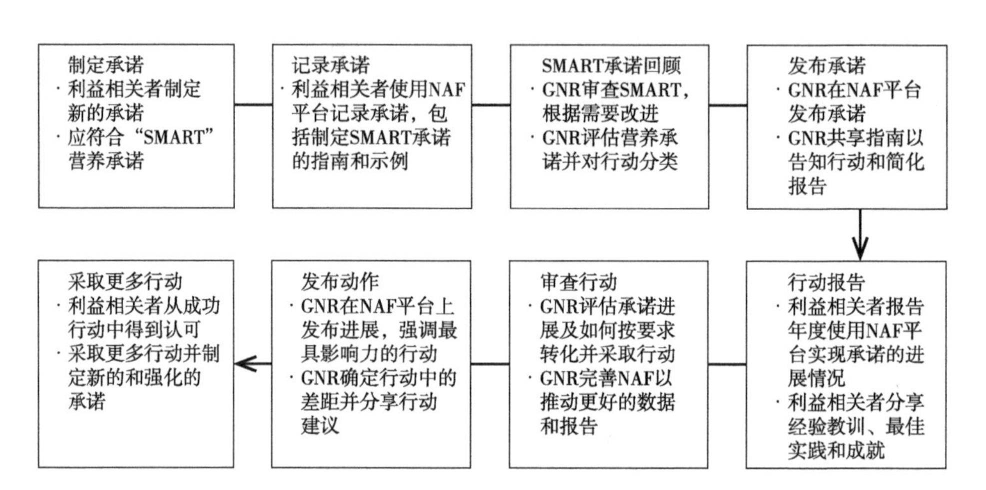

图1-11“全球营养行动问责框架”（Global accountability framework for nutrition action）

来源：The Nutrition Accountability Framework: Summary of N4G Commitments.

在联合国范围内的营养行动解决方案中，联合国营养报告（GNR）建议采取三方面行动。首先是以可持续发展的方式对人们存在的不良饮食结构造成的营养不良进行改善，从而为所有人构建一个健康的饮食环境。其次是逐步改善对饮食结构的金融投资，加快饮食结构优化进程。最后是加快全球营养数据库建设，通过对全球营养系统加强监控，确保全球营养改善行动的一致性。为尽快推动全球范围的营养改善行动进程，报告还提出了“全球营养责任框架”倡议，该倡议基于世界上第一个独立使用“SMART”营养承诺并实施营养监测行动的

“SMART”营养承诺

综合性合作平台，该平台得到了世界卫生组织、联合国儿童基金会、美国国际开发署和许多其他机构以及国家的支持。“SMART”[①]对全球营养问题的承诺必须是具体的、可衡量的、可实现的、有相关性及有时限的。而“联合国营养行动十年”（The UN Decade of Action on Nutrition）[②]也呼吁世界各国政府将本国的营养发展战略与“SMART”目标匹配，以在全球范围内协同实现有效和可持续的营养行动，并在2025—2030年实现全球共同营养目标。

对于世界粮食计划署而言，该机构也广泛参与或领导开展全球范围的营养改善行动，在该机构极具优势的全球资源和服务体系的支持下，全球目前已经有1 500万5岁以下儿童在该机构的帮助下参与了预防和治疗营养不良的计划，有超过700万孕妇和哺乳期妇女接受了营养不良治疗和预防计划。另外，还有3 500万弱势群体借助世界粮食计划署的多种营养支持手段改善了生计。事实上，全球需要得到营养支持的人口并不低于需要得到人道主义紧急救助的人口。这就是为什么作为世界上最为专业和庞大的粮食援助与发展国际组织，世界粮食计划署仍然将营养长期作为其工作核心内容的原因。

尽管近几十年来各国在消除贫困和改善本国营养状况上取得了不同程度的进展，但营养不良仍是一个严重而普遍的问题，目前全世界仍有1/3的人受到不同形式的营养不良影响，营养不良所导致的各种疾病仍深深地困扰着很多落后地区的弱势人群，尤其是这些地区的儿童。这是由于儿童阶段的营养不良将对其成年后造成不可逆的健康影响。目前全世界有超过1.5亿儿童受到不同程度和不同类型的营养问题的困扰，另外一个不应被忽视的问题是因营养不良导致的营养失衡从而引发的超重和肥胖问题，这个问题由于隐蔽性较强且容易被误解。营养不良并非都是由于贫困与饥饿所导致的，营养不良问题在这个时代已经不再是一个单纯的健康问题，其含义与外溢效应正在被不同利益相关者不断演绎，随之衍生出了社会问题、经济问题甚至政治问题等，这一点应该加以澄清并给予清醒认识。营养不良不仅在不发达国家存在，在很多中等发达国家甚至发达国家也很普遍，目前很多国家的超重和肥胖率也在不断攀升。另外，全球气候的不断异常，各种冲突和自然灾害的频发都会导致人类的营养问题趋于复杂化，导致其愈演愈烈。

---

① https://globalnutritionreport.org/resources/naf/about/smart-commitments/.

② 是联合国成员国间达成的一项重要承诺。

例如在埃及，埃及是非洲重要的新兴经济体，其作为非洲和阿拉伯世界重要的发展中国家，近年来经济不断加速，人口迅速增加，但同时由于地区发展的巨大差异，占人口多数的农村地区的贫困和营养问题依旧十分严重，且部分地区此问题仍在加剧。每4个埃及人就有1个身处贫困线以下，每5个埃及儿童就有1个患有慢性营养不良，2/3的儿童死亡率归因于营养不良。

在世界粮食计划署《营养政策》文件中，“营养不良”是指急性营养不良、慢性营养不良、微量营养素缺乏、超重和肥胖。急性营养不良也称为消瘦，是由于短期内体重迅速下降而导致的营养缺乏现象。慢性营养不良也称为发育迟缓，是由于营养不足、反复感染疾病等原因导致长期出现身体发育缓慢的状况。慢性营养不良导致的后果更为严重，且通常无法逆转或治疗，但可以预防。微量营养素缺乏症（MND）是一种临床疾病，由一种或多种必需维生素或矿物质摄入、吸收或利用不足引起。超重和肥胖被定义为可能损害健康的异常或过度脂肪堆积①。

世界粮食计划署在全球营养行动中将营养食品的供应作为其全球物流运输中的重要一部分工作，通过加强实地的能力建设，并通过该机构的专业营养分析系统和工具加强了对当地弱势人群饮食消费障碍的分析和研究。此外，还帮助各国增强构建其营养问题的长期解决方案的能力，推动这些国家尽快建立适合本国营养状况的粮食和营养安全政策。为了进一步扩大该机构在全球实施的营养行动效果，该机构还推动与全球的战略合作伙伴开展协同行动，与世界粮食安全委员会（CFS）等国际组织和“营养强化（SUN）运动”“联合国营养行动十年”等组织共同推动倡议。此外还与各国政府、非政府组织、民间社会、企业和学术界以及当地农民、生产商、零售商和社区开展了广泛的营养联合行动。这些行动都在该机构的实地产生了广泛的影响力。

此外，为响应上文提到的联合国在应对气候变化领域的营养改善行动以及COP26、COP27中有关粮食安全及营养问题的倡议，世界粮食计划署还在COP27上首次提出了“遏制全球粮食危机所需的气候适应解决方案”。世界粮食计划署认为迫切需要气候适应解决方案以遏制目前全球日益增长的饥饿与营养问题挑战。特别是广大发展中国家面临的日益严峻的干旱、热浪和洪水等极端气候，这些极端天气将严重破坏这些国家的农业产业体系和正常的营养与饮

① *Nutrition Policy*，Executive Board，First Regular Session，2017.

食结构。该署在COP27上还呼吁国际社会增加对脆弱地区气候变化的投资，以推动全球粮食安全与营养向着更加绿色、公平和有弹性的方向发展[①]。

（七）性别平等

性别平等不仅是一项基本人权，也是世界和平、繁荣和可持续发展的必要基础，性别平等更是联合国所有机构、组织价值观的核心之一。1945年，全球通过的《联合国宪章》确定了性别平等与反对性别歧视的基本原则。过去几十年，国际社会特别是在联合国的倡导下，全球范围内的性别平等及妇女儿童权益保障方面取得了长足的进展。不发达地区接受教育的女童人数不断增多，受到各种剥削的女性、女童人数显著减少，越来越多的女性开始任职于各国政府、国际机构、非政府部门、私营机构等重要岗位，国际法律也在朝着促进性别平等的方向不断进行改革完善。未来女性将在世界经济和秩序中不仅占据更加重要的位置[②]，还将在减少贫困、改善生计、推进全人类的共同与可持续发展的人道主义事业中扮演更加重要的角色。

然而，尽管全球性别平等事业取得了可喜的进步，但是当今世界依然存在较为普遍的性别不平等现象，而且随着当今全球面临的挑战多样性的现实，性别不平等问题还有趋于更加复杂化的趋势。不仅各地歧视性的法律和社会规范仍然普遍存在，甚至来自社会固有结构、社会习俗以及利益相关者的权利关系等都在无时无刻不对女性进行歧视与剥削。在享受公民文化、经济、政治和社会权利等方面，女性继续遭受歧视。此外由于年龄、种族、族裔、残疾或社会经济地位等因素，性别歧视还持续扩展到女性以外的范畴[③]。

女性占世界人口的一半多一点，但在世界许多地方，尤其是亚洲和南美洲，女性比男性更容易遭受饥饿的困扰。特别是在遭受了自然灾害之后，妇女和女孩在饥饿病痛等方面会遭受更多的痛苦。目前全球范围内的女性仅拥有农业用地的13%。非洲女性每天的工作时间平均比男性长50%。特别是在北非，女性仅从事不到1/5的非农业部门的固定工作。从事非农业部门固定工作的女性比例从1990年的35%上升至2015年的41%，25年仅缓慢上升了6个百分点。

---

① WFP at COP 27：Climate adaptation solutions needed to halt global food crisis，www.reliefweb.int，2022.10.24.

② Silvestein and Sayre，2009.

③ 联合国人权高级专员办事处，2022年。

在埃及，女性就业比例明显低于男性，特别是在农村，女性的贫困及失业比例也高于男性，另外其社会保障程度也普遍较低。妇女在埃及农村的占比虽高，但是普遍处于较为明显的弱势地位。尽管如此，女性在农业领域仍做出了巨大贡献，研究证明，如果为女性农民提供更多资源帮助她们改善生产条件和管理水平，她们可以使世界上饥饿人口数量减少1亿～1.5亿人[①]。

2019年新冠疫情的流行给国际社会在性别平等和妇女权利方面的工作进展方面也产生了负面影响。疫情的暴发与持续蔓延在无形中加剧了妇女和女童在健康、经济、安全和社会保障等各个领域的不平等状况。事实上多数妇女在从事着更加接近病毒和被感染风险更大的工作，这一点却经常为社会所忽视。此外，由于全球有很高数量比例的女性是在无保障的劳动力市场就业，例如全球近60%的女性在非正规经济部门工作，因此新冠疫情在经济方面给女性带来的冲击更为严重，女性相对于男性更易陷入贫困状态。

2022年，新冠疫情仍未消退，更加显著变化的全球气候对全人类特别是女性与儿童等弱势群体带来的挑战更加严峻，由于女性大多数仍处于气候影响以及应对气候行动的最前端，因此她们往往面临着更大的风险。在世界范围内，70%以上的水资源采集与管理工作由女性承担，特别是发展中国家，女性占农业劳动力的43%。但是她们却普遍缺乏与男性相同的资源以应对气候变化带来的冲击，此外由于缺乏相关对气候灾害的预警信息、知识和技能，这些身处气候应对第一线的女性比男性更易遭受气候变化所带来的冲击。特别是对于非洲来说，虽然非洲大陆对缓解气候变化的贡献难以与其他大陆相比，但非洲却是受气候变化影响最严重的地区之一。特别是气候变化对大部分长期生活在艰苦条件下的非洲女性的影响更加显著。为此在埃及召开的COP27专门就女性如何应对全球气候变化提出了包括能力建设、资金与技术援助等多方面的倡议和共同行动方案。

但是无论如何，随着全球化和人类命运共同体进程下的全人类共同参与的全球治理步伐的加速，一个不可忽视的事实是，女性将在未来推进社会进步中发挥出独特的作用。这个理念已经为当前越来越多的国际机构和组织所充分认识：尊重性别平等和社会、环境、经济因素的透明化是各类组织实现有效治理的基本组成部分，拥有性别平等的理念将极大提升本组织在全球争夺人力资源

① *Women and WFP*，2011.

方面的竞争力。性别平等政策和政府、机构、组织等的持续成功之间存在着微妙的联系。这一点，包括世界粮食计划署在内的联合国机构已充分认识到，并在这些组织近年的政策文件中不断地得到印证。

据估计，全球的女性消费者掌握着世界每年20万亿美元的消费支出，而且购买力还在继续攀升。虽然女性经济市场是中国和印度的市场之和的2倍，但是女性消费者对市场与经济的作用往往经常被低估①。例如一些大型企业如果还尚未关注性别多样性问题，那么他们将会错失重要的机会，特别是女性所占有的至少50%的消费资源②。另外，不仅在消费市场如此，在投资市场亦如此。近年来全球女性投资者的比例也在显著增加。这是由于随着性别平等的进程加速，越来越多的女性在各国政府及联合国、公共私营部门等多年持续开展的能力建设项目推动下，自主创业能力不断增强，女性的财富也在不断积累，导致了女性投资的成功案例在更多的政府及国际机构项目中的绩效评价中的影响因子也越来越高。也就是说，女性投资者越来越多地影响着区域、国际层面的治理进程③。因此越来越多的政府机构、国际机构与组织从不断壮大的女性投资者中获益，这些越来越普遍的女性创业积累财富改进性别平等的实践和成效能够为各级机构组织带来更多的效益④，据估计，拥有女性管理者的组织、企业的资本回报率将提高10%，各个行业均是如此。有证据表明，在美国和欧洲，高层职位和董事会中有女性席位的机构表现优于其他机构⑤。此外，在美国财富500强公司中的215家公司中，拥有高层女性管理者的数量与公司的成功存在一定关联性。一些研究报告还揭示，一个公司越是鼓励女性发展，该公司的盈利能力就越强，在这种情况下，女性投资者的壮大催生了“女性经济”繁荣。有专家预期，“女性经济”的增长比中国和印度的市场增长速度之和还要迅猛。不仅如此，女性投资者的壮大甚至还将促进全社会的可持续发展与社会正义的实现。

女性平等如此重要，一些国家的政府及国际机构正在提升性别平等并将性别问题纳入本国、本组织的战略文件及可持续发展政策中。虽然性别平等在各

① Silvestein and Sayre，2009.

② Harsh Purohit，Cognito Advertising，2009.

③ 《将性别问题纳入可持续发展报告——实践指引》，2009年。

④ Amy Augustine，Calvert，2009.

⑤ 《机构间常设委员会（IASC）人道主义行动中的性别手册》，2006年。

国政府批准通过的国际法律及政策中早已有所涉及，然而，消除性别歧视不仅仅是法律的要求，还应该是"理所应当"的分内之事，也就是说应该作为大众普遍能够接受的事实。

由于性别多样性可以为投资带来更高的期望值与回报，资本市场和投资者也越来越关注对机构、组织内性别多样性绩效评估，更多在可持续发展领域的投资者也开始关注那些致力于性别平等的机构所具有的重要潜在价值。对此，一些有影响力的评级机构（如Core Rating，Innovest，Viego）也制定了对性别多样性的评估工具。这也就是为什么包括世界粮食计划署在内的联合国机构越来越关注性别平等，越来越多地将性别平等目标列入本组织的战略发展规划之中的原因。

在全球人道主义工作中，性别平等的重要性非常显著。以往的人道主义工作中，人们往往关注大范围的资源动员，尽可能高效地向受灾地区的弱势人群提供粮食药品援助、灾后恢复、生计营养改善、可持续发展协调等事务，往往会忽视受到帮助对象的不同需求。国际社会在提供人道主义保护和援助时很容易忽视女性和女孩、男性和男孩的不同需求，以及面对各种外来威胁时所具备的不同能力。忽视这些不同的需求往往导致援助定位的不精确，也会造成严重的浪费甚至会造成反向效应[①]。

另外，考虑人道主义行动的多样性和复杂性，女性在人道主义工作中能够发挥出男性难以承担的角色。在开展大范围跨区域人道主义救助行动时，性别比例均衡的行动团队常常能够更为有效开展与难民的接触、协调工作。例如在阿富汗，由于宗教信仰的原因，男性人道主义工作者难以接触当地的女性并实施援助，而女性人道主义工作者能够不受上述制约。

随着近年国际社会特别是人道主义国际组织面对的全球挑战更为复杂，人道主义行动开展越发艰难，在不断扩大其行动的同时，国际人道主义组织逐渐意识到在危机中同样需要满足男人和男孩的需求[②]。特别是在人道主义危机中，女性和女孩、男性和男孩不仅有迫切的、实际的生存需求，也有长期的"战略"需求，即改变生活环境和实现其人权诉求的需求。"战略"需求是指一些能更多地控制生活并实现其可持续发展的高层次的需求，包括对生产

① Jan Egeland，2009.

② 《机构间常设委员会（IASC）人道主义行动中的性别手册》，2006年。

资料等所有权占有的需求、提升社会决策权的需求、难民参与政治治理的需求等[①]。

对于世界粮食计划署而言，性别平等始终是世界粮食计划署内部管理和对外人道主义援助工作的优先事项。该机构的“零饥饿”使命要求该机构必须拥有一支多元化、包容性和性别平衡的员工队伍，以确保在全球各地开展无差别和不受性别限制的人道主义行动。世界粮食计划署制定的性别政策在过去的20年里，已从以妇女为中心的做法逐步发展为注重性别平等。

据世界粮食计划署统计，全球生产的全部粮食中有一半是由女性生产和管理的。在一些发展中国家，女性占农业劳动力总数的60%以上。虽然女性广泛参与各类农业生产与管理活动，但是她们却往往占有很少的资源份额，例如难以进入市场、获得金融信贷支持偏少、培训和能力建设薄弱等。

对此，世界粮食计划署与全球的各类合作伙伴，通过多种方式帮助女性提升自身的能力建设，例如提供种子、化肥、融资渠道、市场和加工支持来支持女性农民[②]。特别是该机构还通过一系列能力建设项目的实施，有效帮助全球的女性改善生计、提升自身的可持续发展能力，“购买促进步”（Purchase for Progress）项目就是该机构的一项创新举措，该项目通过帮助小农，尤其是女性农民提升能力建设水平，推动她们进入市场并参与市场竞争以获得更多的利润与资源。在该项目支持下，世界粮食计划署在21个国家推动项目试点，将该机构的当地粮食采购行为转变为致力于长期解决当地的饥饿和贫困问题的有效政策工具。在2015年，世界粮食计划署通过包括“购买促进步”在内的多种援助项目使得大量的弱势群体特别是女性受益，在所援助的所有人群中，有31%的受益者为女童、30%为男童、21%为成年女性、18%为成年男性。

（八）倡导零饥饿

2012年，在巴西举行的联合国（UN）可持续发展大会通过了可持续发展目标（SDG）的议程。根据联合国开发计划署（UNDP）有关应制定一系列在全球范围普遍适用的目标以应对全球面临的环境、政治和经济严峻挑战的建议，联合国在2015年推出17个全球可持续发展目标，其中的目标2——“承诺消除饥饿、实现粮食保障、改善营养并促进可持续农业”，就是“零饥饿”目

① 《机构间常设委员会（IASC）人道主义行动中的性别手册》，2006年。
② *Women and WFP*，2011.

标。考虑全世界仍有8.15亿人处于饥饿状态且还在不断增加，至2050年将有20亿人营养不良，对此联合国在上述可持续发展目标中提出了到2030年在全球范围寻找可持续的解决方案阻止世界范围的饥饿快速蔓延和最终消除饥饿。“零饥饿”目标同时也是包括世界粮食计划署等诸多国际人道主义机构在内的首要工作目标。

联合国“零饥饿”目标主要包括五大项，一是到2030年，消除饥饿，确保所有人，特别是穷人和弱势群体，包括婴儿，全年都有安全、营养和充足的食物。二是到2030年，消除一切形式的营养不良，包括到2025年实现5岁以下儿童发育迟缓和消瘦问题等相关国际目标，解决青春期少女、孕妇、哺乳期妇女和老年人的营养需求。三是到2030年，实现农业生产力翻倍和小规模粮食生产者，特别是妇女、土著居民、农户、牧民和渔民的收入翻番，具体做法包括确保平等获得土地、其他生产资源和要素、知识、金融服务、市场以及增值和非农就业机会。四是到2030年，确保建立可持续粮食生产体系并执行具有抗灾能力的农作方法，以提高生产力和产量，帮助维护生态系统，加强适应气候变化、极端天气、干旱、洪涝和其他灾害的能力，逐步改善土地，提高土壤质量。五是到2020年，通过在国家、区域和国际层面建立管理得当、多样化的种子和植物库，保持种子、种植作物、养殖和驯养的动物及与之相关的野生物种的基因多样性；根据国际商定原则获取及公正、公平地分享利用基因资源和相关传统知识产生的惠益[①]。

“零饥饿”目标绝不仅仅是一句华丽的口号。上述联合国的“零饥饿”目标涵盖范围非常广泛，包括农业生产、市场与融资、就业与培训、环境保护、气变应对、土壤改良、资源与物种保持等，这些目标的制定充分考虑全球处于不同发展阶段的不同地区的实际状况和需求，此外目标还非常具有针对性，特别关注了妇女儿童等灾害弱势群体、小农牧民渔民等气候脆弱群体。该“零饥饿”目标是一项非常全面且深刻的全球危机与挑战应对的“综合路线图”，具有非常大的发展潜力、经济价值和深刻的社会和政治含义，如形成一定的需要，再进一步制定更加详细的量化指标，例如COP26、COP27中制定的对世界各国具有约束性的全球减排量化指标，那么在未来有可能成为各国政府应共同遵循的发展准则，同时也会对更多的全球利益攸关者产生巨大的影响力。因此

① https://www.un.org/sustainabledevelopment/zh/hunger/.

对于联合国的可持续发展目标特别是涉及粮食安全的“零饥饿”目标在未来根据形势变化不断的改进与完善，世界各国都应该保持高度的敏感，并积极参与其中，才有可能提出更有力的主张，不仅为本国的未来生计与能力发展，也为本地区的乃至全球的可持续发展做出更大的贡献。

众所周知，饥饿不仅仅是由食物短缺本身造成的，还是由自然、社会和政治力量共同造成的一种极端的社会现象。当前人类生存所必需的自然资源，例如淡水、海洋、森林、土壤等正在以过去任何一个世纪都未曾有过的速度快速消退。全球范围内有多达8.28亿人由于各种资源匮乏的原因得不到足够的食物，甚至还有5 000万人每日都挣扎在生存与死亡之间。特别在也门、南苏丹、埃塞俄比亚和尼日利亚的部分地区甚至已经陷入饥荒境地，这是在我们这个高度文明、高度发达且物质生活极大丰富的时代全体人类共同的悲哀。

因此，在国际社会的共同努力下结束饥饿是我们这个时代最大的挑战之一，也是全人类维护自身生存尊严的不二选择。尽管全球的粮食产量、生产管理、物流能力不断提升，人类的粮食安全水平比以往的时代得到了更大的改善，但由于气候的显著变化和频发的冲突交织在一起，联合国《2030年可持续发展议程》特别是可持续发展目标2中的“零饥饿”世界的目标仍然面临巨大的不确定性，结构性贫困及不平等现象日益加剧。气候变化不仅快速导致世界上有限的资源消竭，更会导致贫困与饥饿的程度加剧，在一些特定时刻，饥饿也会成为触发战争和冲突的“导火索”，甚至还会成为某些集团的政治工具和斗争策略，这种做法已经为国际社会所警惕，对此联合国在2018年宣布任何人为制造饥饿的行为都被定义为战争罪。因此饥饿在当今社会给人们带来的早已不是过去几千年来传统意义上对肌体的伤害，饥饿这种现象已与社会丑恶现象媾和在一起，蜕变为高度文明、高度发达社会的“毒瘤”，不仅对人类的身心健康不断造成创伤，而且还在不断侵蚀着社会的良知、伦理与规范。

2020年以来，随着新冠疫情的持续存在，疫情导致的社会经济的全面低迷甚至倒退又进一步加剧了全球的饥饿状况，这将数以千万计的弱势群体推入了更加严峻的粮食危机和生存危机境地，不仅提高了国际人道主义援助行动的成本，还刺激这颗“毒瘤”给人道主义事业的健康发展和全人类命运共同体的美好进程注入了不良成分。作为世界人道主义事业的精神领袖和中流砥柱，如何更好地秉持崇高使命，通过正确与可持续的人道主义行动抚慰这些脆弱人群的身心创伤，约束那些利益集团的逐利行为，消除这个肆意生长的饥饿“毒瘤”，这些都给新时代的世界粮食计划署探求在新的多重不确定性下解决全人类的饥饿提出了一个崭新的“课题”。

根据联合国的可持续发展目标以及“零饥饿”目标，世界粮食计划署制定了自身的“零饥饿”发展目标，该目标针对世界粮食计划署的人道主义工作性质与特征，细化成了包括8个具体目标和13个指标在内的体系化的指标（图1-12）。为了推动上述具体目标的顺利实现，世界粮食计划署还提出了实现零饥饿的5个具体步骤，使世界粮食计划署的上述目标更加具有可操作性[①]。

图1-12 世界粮食计划署的“零饥饿”目标等与联合国可持续发展目标的对照

来源：WFP Strategic Plan（2017—2021）results framework，Policy on Country Strategic Plans，Executive Board，Second Regular Session，2016.

首先是将最困难的群体始终作为最优先考虑的问题。世界粮食计划署认为应该最大化发挥全球化经济的潜能，充分调动各国政府全面参与扩大针对那些处于最艰难状况的弱势群体的社会保障力，受援国政府绝不能是人道主义行动的“局外人”和“食利者”。推动这些国家及利益攸关者的真正共同参与不仅能够给这些国家带来更多需求、创造新的工作机会、推动当地经济发展，更重要的是能够促进这些国家内部机制的“自我清洁”和良性循环。

其次是帮助弱势群体及所在社区打开从农田通向市场的渠道。这是一项永

① https://zh.wfp.org/zero-hunger.

远正确但考验意志的做法。世界粮食计划署深知“授人以鱼不如授人以渔”的重要性，其在多年不断更新的发展战略中始终秉持可持续发展能力建设对于人道主义行动的最终成效的重要意义。因此必须在行动中不断强调创新方法和投资的理念，通过各种可持续和可持久的行为支持这些以农业为生存基础的社区提升产业供应链效率。这也就是为什么世界粮食计划署近年在不断地广泛参与弱势群体的农村基本设施改善等可持续发展与能力建设行动中的原因。

第三是减少粮食浪费。世界粮食计划署不仅是粮食的“搬运工”，更应是粮食的“守护者”。全球每年生产40亿吨粮食，但是其中的1/3都被浪费掉，给全球造成的经济损失高达7 500亿美元。在发达国家，大部分粮食被浪费在消费过程中，而在发展中国家，多数粮食则被损耗在生产过程中。在世界粮食计划署每年粮食援助国家的名单中，埃塞俄比亚由于恶劣的储存、加工与运输条件导致粮食安全问题非常严重，常年位居粮食受援国家前列，但是该国却是全球粮食浪费与损耗最为严重的国家之一。一方面粮食大量被浪费掉，一方面每年又依赖大量粮食援助。这些都使世界粮食计划署的人道主义行动演变成为“一边灭火，另一边失火”的尴尬行动。

第四是在全世界范围内鼓励可持续的粮食多样化生产。全球4种农作物（大米、小麦、玉米和大豆）占人类所消耗热量的60%。在全球气候变化和不断的冲突挑战下，必须考虑增加食物的多样性以应对粮食安全危机等多重挑战，推动食物的多样化战略能够帮助世界粮食计划署有效减轻人道主义工作的负担，并开辟更多的人道主义创新工作渠道。对此，在推动世界粮食计划署实地机构的社区能力建设过程中，需要对这些弱势的农民提供更加多样化的粮食生产模式，也有利于该机构开展更多途径的本地粮食采购行动。

第五是继续推动营养成为优先工作事项。在全球范围内解决弱势群体的营养不良问题一直被认为是世界粮食计划署的核心任务之一。但随着营养问题日渐趋于复杂性和不确定性，过去几年该机构已将对营养问题的关注点扩大到涵盖了所有形式的营养不良，包括上文提及的维生素和矿物质缺乏症（“隐性饥饿”）、超重和肥胖等。之所以这样做的原因是这些看似与该机构的人道主义工作关联度不大问题，却与全球频发的饥饿、贫困、不平等和营养不良等问题密切相关，并同样有引发大规模人道主义灾难的可能性。

为了加快推进“零饥饿”目标进程，世界粮食计划署还与联合国其他合作伙伴及其他公共私营部门合作伙伴联合发起多个倡议与行动，通过人道主义粮食援助为急需的人们提供营养食品及其相应的服务。同时积极开展相关可持续发展类项目的合作与实施，积极寻求导致饥饿问题的根源，提升全球社区的灾后恢复力的能力建设。

毫无疑问，世界粮食计划署在消除饥饿、实现“零饥饿”目标方面取得了令人瞩目的成绩，也为全人类最终战胜饥饿、实现可持续发展积累了成功的经验。回望30年前，虽然世界人口增长了19亿人，但全球饥饿人口数量在国际社会共同努力下减少了2.16亿人，这是一个重要的进步。虽然世界粮食计划署在其中发挥了重要的领导作用，也付出了重大的代价，但是任何一个组织都不可能单枪匹马去实现全人类共同追求的“零饥饿”目标。为了实现联合国提出了2030年在全球范围消除饥饿的目标，各国政府、国际组织与机构、公共私营部门、民间社会及个人必须同心协力，在投资、创新领域开展协同合作，共同制定持久的全人类减贫与可持续发展的解决方案。

第三节　世界粮食计划署主要国家伙伴

一、美国

（一）世界粮食计划署美国局

世界粮食计划署（美国）（WFP/USA）是一个总部设在华盛顿特区的501（c）（3）慈善类非营利性非政府组织[①]，该机构机构名称、企业视觉形象（VI）甚至机构体系与在意大利罗马总部的世界粮食计划署总部具有高度的一致性和传承性。虽然该机构是一个主要服务于美国人道主义关切的独立运营的民间慈善组织，有自己独立的董事会管理体系，但是在业务类别和运营模式上基本与世界粮食计划署类似，加之与世界粮食计划署存在密切的合作关系，

① 是根据美国501（c）（3）条款被美国国税局批准的免税慈善组织。非营利组织，主要从事慈善、宗教、教育、科学、文学、公共安全、促进国内或国际业余体育比赛或防止虐待儿童或动物。第501（c）（3）条款是美国国内税收法典的一部分，允许对非营利组织，特别是那些被视为公共慈善机构、私人基金会或私人运营基金会的组织免税。由美国财政部通过国税局监管和管理。

例如在美国“现代食品援助计划”（Modern U.S. food assistance programs）[①]的长期支持下，特别是通过《美国救援计划法案》（the American Rescue Plan Act）[②]等海外粮食援助计划，世界粮食计划署成了美国在人道主义领域最大的国际合作伙伴[③]。因此一般可以形象地认为是世界粮食计划署在美国的“编外”分支机构（以下简称世粮署美国局）。在职能上，世界粮食计划署是全球最大的抗击饥饿的人道主义救援与发展机构，而世粮署美国局则是具体通过在美国开展的筹款、宣传和教育等人道主义行动，为世界粮食计划署以及其他人道主义机构提供具体支持[④]。此外，世粮署美国局利用其慈善机构的中立优势及在美国国会两院的资源，通过多种宣传手段游说美国政府支持并争取美国人道主义援助资金，为世界粮食计划署的全球筹资发挥了重要作用。此外，世粮署美国局还在通过动员美国决策者、企业和个人推动消除饥饿运动，支持世界粮食规划署的使命方面具有得天独厚的优势[⑤]。世粮署美国局还是慈善导航家（Charity Navigator）最高级别4星评级的公益性慈善机构[⑥]。该评级认定世粮署美国局在所从事的人道主义工作中所执行的行业标准超过了世界大多公益性慈善机构。

世粮署美国局在2020年用于各类人道主义工作的全部赠款与支出为2 783.19万美元，其中向世界粮食计划署赠款1 349.31万美元。该年度收到的捐赠与收入总计3 026.23万美元，收到的捐资共计2 769.31万美元，实物捐赠价值215.51万美元（表1-6）。在2023年，该机构向世界粮食计划署提供了创纪录

① 是一项全球性倡议，诞生于第二次世界大战后，由民主党和共和党共同合作倡议并在国会通过，迄今为止已在数百个国家为超过40亿人提供紧急粮食援助。针对美国国内的计划也称补充营养援助计划（SNAP），旧称食品券计划，是一项为低收入和无收入人群提供食品购买援助的联邦计划，亦属于《美国救援计划法案》。

② 该计划原为美国政府针对新冠疫情（Covid-19）、拯救美国经济而推出的一项人民直接救济法案，最新一版为“H.R.1319—117th Congress（2021—2022）”。该法案也推动了世界粮食计划署扩大其在全球范围的新冠疫情紧急援助行动。世界粮食计划署美国局与全球主要食品集团、农业企业和海事组织随后加入了该国际援助计划。世界粮食计划署美国局还与华盛顿特区合作，将该机构的国际粮食援助资金纳入美国国会通过的紧急支出法案内。

③ *WFP/USA 2020 Annual Report*，2021.

④ www.wfpusa.org，2014.6.27.

⑤ www.wfpusa.org，2022.6.23。

⑥ 国际知名的慈善机构星级评定系统，用于评估这些非营利组织的财务状况，包括稳定性、效率和可持续性的衡量标准。自2001年以来，已为数百万捐赠者免费提供数据、工具和资源。网站年访问量超过1 100万次，该机构也是美国501（c）（3）类别的非营利组织。该机构依靠个人、基金会和公司的资助。

的1.23亿美元筹资[①]。在该机构全球范围按地区分配的援助与资金中，向中东和北非地区的捐助最多，达30%，向欧洲的捐助占14%（主要用于乌克兰等地的难民救济），其次是中美洲及加勒比地区以及东亚和太平洋地区的捐助各占12%，南亚地区占11%，撒哈拉以南非洲及南美洲各占10%。

在2022年，世粮署美国局面向世界粮食计划署赠款增加至8 807.337 1万美元，筹资645.395 4万美元，赠款及支出总计达1.119 475 71亿美元。收到的捐赠也增长至1.241 045 68亿美元，其中实物捐赠44.275 8万美元，总收入1.229 601 14亿美元。

表1-6　世粮署美国局2020年收入与支出

项目	金额（美元）	占比（%）
支出		
向世界粮食计划署赠款	13 493 136	48.5
其他项目支出	10 764 915	38.7
一般行政支出	614 449	2.2
筹款	2 959 413	10.6
赠款及支出总计	27 831 913	100
收入		
收到的捐资	27 693 093	91.5
实物捐赠	2 155 118	7.1
利息收入	414 081	1.4
收到的捐资及收入共计	30 262 292	100
年度净资产	11 099 108	

来源：*WFP/USA 2020 Annual Report*，2021.

随着粮食安全问题越来越成为全球可持续发展中面临的最重要难题之一，世粮署美国局越来越多地参与并承担起实施全球人道主义救援行动的任务，特别是随着近年来业务的蓬勃发展，其业务涵盖范围不局限于美国境内，还覆盖很多国家和地区，以更有效地满足世界粮食计划署在全球范围的应急响应需求。随着该机构业务的不断扩展和延伸，其业务量和工作范围在不断升级，为此该机构还通过扩大其董事会规模等战略性举措，以更深入地与全球来自各行

① *WFP/USA Annual Report*，2023.

业各领域的领导者合作。考虑全球有超过8亿人面临严重的粮食不安全问题，人们对粮食安全的需求远远超过世粮署美国局目前自身所能提供支持的能力，因此战略扩充是必由之路[①]。

对此，世粮署美国局2022年6月23日任命嘉吉公司（Cargill）[②]高级副总裁兼首席可持续发展官科鲁兹（Pilar Cruz）等3位高管为董事会成员，这一动态充分表明了该机构在全球人道主义特别是粮食安全新的形势下转型变革的决心。这种全球重要治理活动的“多角色参与新形态”对于推进该机构的全球伙伴关系创新，特别是加快该机构进一步推动世界粮食计划署在气候变化、粮食安全、人权、公平和包容以及农民生计方面的进展是一个创新之举，值得其他国家政府积极考虑如何拓展与世界粮食计划署伙伴关系的创新发展形式。20多年来，嘉吉作为世粮署美国局的长期合作伙伴，在支持其学校供餐计划、农民培训和紧急救援工作方面充分发挥出了其作为一个跨国粮商的资源和资金优势。双方在应对全球粮食安全问题并改善世界各地的农民生计领域开展了深度合作，为贫困国家和地区消除饥饿和营养不良提供可持续解决方案。

嘉吉公司作为全球四大粮商（ABCD）[③]之一，同时也是世粮署美国局最重要的捐资方之一。2011年，嘉吉向世粮署美国局捐赠了1万吨大米，以帮助应对非洲之角的饥荒，有100万弱势人群受益。2012—2015年，嘉吉与世界粮食计划署在玻利维亚开展学校营养餐项目，约6.7万儿童受益。嘉吉还在2016年与世界粮食计划署印度尼西亚办事处合作，为超过12万人提供卫生教育服务，并推动了印度尼西亚学校供餐计划的建立和拓展。在洪都拉斯，嘉吉与美国国际开发署建立了公私合作伙伴关系，支持本土的学校供餐计划。同年，嘉吉向世界粮食计划署的创新加速器项目提供了55万美元的赠款。2020年，嘉吉为世界粮食计划署的COVID-19全球救援工作提供100万美元紧急赠款。同年，嘉吉为世界粮食计划署授予诺贝尔和平奖提供了100万美元的配对赠款[④]。2022年，向世界粮食计划署在乌克兰等地的援助行动捐资1 000万美元。

世粮署美国局在参与世界粮食计划署的人道主义活动中还吸纳了美国境内

① 兰迪·拉塞尔（Randy Russell），世界粮食计划署美国董事会主席，2022年6月23日。

② 全球四大粮商（ABCD）之一，总部位于美国明尼苏达州明尼阿波利斯市。

③ 阿彻丹尼尔斯米德兰（ADM）、邦吉（Bunge）、嘉吉（Cargill）和路易达孚（Louis Dreyfus）被称为国际四大粮商。这四家被简称为“ABCD”的国际粮商，控制着全世界80%的粮食交易量。

④ *WFP/USA 2020 Annual Report*，2021.

的大量民间机构和私人资本全过程参与行动，充分体现了该机构在美国的影响力和动员能力。特别是通过与美国各类企业和所有社会经济阶层及不同宗教团体、社团的广泛合作，使该机构成了全球人道主义领域参与“零饥饿”目标倡议运动的最重要领导者之一。除了嘉吉，世粮署美国局的核心国际合作伙伴还包括UPS、ADM、AGCO Agriculture Foundation、Amazon、Bank of America、Michael Kors等多个国际商业巨头、金融机构和基金会等。此外，世粮署美国局每年还发布专业的年度报告，全面介绍世界各地的饥饿状况，该报告具有较强的指导性，能够为美国甚至其他国家和地区的国际人道主义行动提供参考或指导。借助上述角色和职能，该机构在全球范围内的更多领域也产生了相当大的影响力①。

（二）美国的难民准入政策

1. 历史变革

美国是世界上最早开展难民救助和安置的国家之一，时至今日仍然是全球重要的国际人道主义行动参与国和难民接收国家之一。1975年以来，美国已经安置了300多万名难民，其中55%来自亚洲，28%来自欧洲，来自非洲和拉丁美洲的分别占13%和4%。2002—2019年，到美国的难民有基督徒46.4万人，穆斯林31万人②。目前进入美国的难民被安置在美国全境约190个社区中，2016年加利福尼亚州、得克萨斯州的难民安置人数最多，占当年难民总数的1/4，目前美国只有特拉华州和夏威夷州2个州未接纳难民③。

随着冷战结束后国际局势的更加复杂多变，单极化的世界政治格局向着多极化演变，气候变化加剧，伴随着地域政治格局的不断演变导致地区灾害以及冲突更加多发，由此导致的难民数量呈倍数增加。由于美国开放的难民政策，进入美国的难民无论是数量还是来源地都呈现不断增长和多样化的趋势。例如，1991年苏联解体后进入美国的苏联难民人数剧增，1999年科索沃难民的大规模进入，2004年索马里、古巴与老挝等地的难民潮，2008年缅甸与不丹难民的涌入，2019年刚果难民的大规模进入（2019年也使刚果成为该年度进入美

① Ethan Safran，www.borgenproject.org.
② ShareAmerica，2020.3.18
③ 美国外交关系协会，2017年。

国的难民人数最多的国家），以及2023年5月美墨边境出现的“突击”偷渡浪潮[①]。从上述难民来源的变化可以明显看到这些难民与其所处的特定政治事件和历史时期紧密相连。进入美国的难民潮主要来自冷战结束、伊拉克战争、东南亚动荡、索马里内战、阿富汗战争等历次重要历史事件。

对美国的难民接收历史及其国际人道主义行动的系统研究，有助于深刻理解当今政治、经济和社会条件下开展人道主义活动对于推进地缘政治格局演变、改善区域战略与合作关系、加快优势资源的流动与重组等重要的现实意义。美国本身为传统意义上的移民国家，对于移民在理念上本身具有很大的开放性，在接收难民方面有悠久的历史，从建国初期至19世纪末期，实行的是“自由”移民政策，对于各类移民一概接收。美国的难民政策是在不断的实践中逐步完善的，美国在第二次世界大战之后颁布了一系列难民法案和政策，例如《1948年战争难民法》《1950年战争难民法修正案》《1953年难民救济法》《1959年难民亲属法》和《1980年难民法》等有关难民接收安置的法律，这些为美国形成完善的难民安置体系并使其成为世界上最大的难民接收国和避难接收国打下了良好的基础。从1946年到1994年，美国共接纳了近250万难民。特别是冷战的开始和结束，美国的难民政策经历了巨大的变化，由于政治的需要，近年在难民接收方面呈现出越来越强烈的选择性。总体上看，美国的难民政策及其对难民的接纳，能够体现一定的人道主义精神，但最终服从于美国国内利益与对外战略需要。在上述法律中，美国的《1980年难民法》（Refugee Act of 1980）是美国历史上最为全面和系统的难民立法，也是明确确定了美国与联合国人道主义机构相互间权利和义务的一部较为全面的难民管理法律。该法律接受了联合国关于难民的定义并确定了美国接收难民的范围，还明确了美国对于难民接纳人数和入境优先权的分配。法案规定美国每年接纳5万名难民。此外还明确了美国国会是美国难民的最高决策和执行机构。该部法律对美国与联合国人道主义机构开展难民合作发挥了重要指导作用[②]。

---

① 即2023年5月11日美国《第42条法案》失效之日前，每天都有大量非法难民涌向边境，美边境移民部门每天处理超过1万件移民申请，规模超过以往历次。该法令是特朗普时期的一项针对非法难民进行驱逐的法令，法令可追溯至1944年的《公共卫生法》（Public Health Act），据美海关及边境管理局（US Customs and Border Protection）统计，自法令实施以来，美国已累计驱逐280万难民。

② 张红菊，2016年。

2. 管理机构

美国是联合国人道主义组织的重要合作伙伴，对来自境外的流入难民的重新安置是美国政府机构与联合国人道主义机构以及各非政府组织等合作开展的一项非常复杂的综合性的协调活动。它包括各种具体行动，从识别需要在实地重新安置的难民到筛选、处理和接收并在美国安置难民。在美国，有很多州一级的政府层面和民间层面的合作机构和组织参与难民的管理工作。

美国的难民管理和安置工作目前主要由多个国内难民安置机构负责。除了政府机构以外，美国大部分难民的具体管理与安置工作被委托给了许多宗教组织，如美国教会世界理事会（Church World Service）、美国天主教主教会（United States Conference of Catholic Bishops/USCCB）等民间和宗教机构，这些在下文将详细介绍。这些宗教组织协助政府出面对进入美国的难民进行面试和审查，并对如何安置以及安置在何处提出建议。在此过程中，这些组织还会根据美国联邦法律的要求，与美国的难民安置机构与地方执法、紧急服务和教育等部门进行进一步的协商。

在国家和州政府层面，参与难民安置的联邦政府机构主要有3个，分别是国务院（Department of State）、国土安全部（Department of Homeland Security/DHS）和卫生与公众服务部（Department of Health and Human Services/DHHS）。国务院人口、难民和移民局（Bureau of Population，Refugees and Migration/PRM）是美国政府接收难民的第一道"关卡"，并指导和协调所有其他美国联邦及地方机构安排其难民重新定居。而国土安全部（DHS）和隶属于该部的公民和移民服务分支机构（United States Citizen and Immigration Services/USCIS）则是负责难民申请人安全审查的主要机构。公民和移民服务分支机构负责最后决定是否批准移民安置申请。其通过多种政府渠道审查难民的申请资格，包括国家反恐中心、联邦调查局（FBI）、国防部和多个美国情报机构的资源和数据库。

在与联合国的难民事务合作方面，联合国难民署（UNHCR）、国际移民组织（IOM）以及世界粮食计划署（WFP）等政府间组织也在不同方面与美国的难民管理工作上发挥着关键作用。上述联合国机构主要负责将符合难民条件的申请人信息移交给美国政府，而国际移民组织则协调从原籍国到美国的难民交通问题，联合国难民署则提供一些难民的信息，而世界粮食计划署则参与难民入境前的食物援助和生计能力提升等工作。

美国与联合国开展合作的机构主要是美国国务院（Department of State）人口、难民和移民局（Bureau of Population，Refugees and Migration/PRM）。美国人口、难民和移民局通过遣返、当地融合和在美国重新安置，为世界各地的难民、冲突受害者和无国籍人士提供援助与可持续解决方案，该机构是一个对难民的“准入”机构，是对进入美国的难民的顶层管理机构。此外，该机构还是一个重要的政策和决策的参谋机构，能够对美国的人口和移民政策提出自己的意见。

另外，与联合国合作的一个重要部门是美国难民重新安置办公室（Office of Refugee Resettlement/ORR），是对拟进入美国的难民进行具体管理的机构，其主要职责是对已经获得准入的难民进行分类和评估，为以难民形式进入美国的人口提供在美国继续发挥其价值的机会。该机构通过协调美国政府的各类相关资源为上述“新移民”提供帮助，推动他们成为能够融入美国社会的成员。难民重新安置办公室的具体服务对象是为在美国境内寻求避难的难民，特别是儿童及其家庭，这些难民的种类很多，来源包括人口贩卖、政治庇护、战争与酷刑、流离失所儿童等。难民安置办公室归属美国卫生与公众服务部下属的儿童和家庭管理局，该办公室随1980年美国《难民法》的通过而设立。自1980年《难民法》颁布以来，美国每年接纳的难民人数从最初的27 100人增加到207 116人[①]。2019年，该机构用于难民和重新安置援助的经费达19.05亿美元，其中13.03亿美元被指定用于收容儿童移民的无人陪伴外籍儿童计划。

为更有效地对入境难民进行甄别、管理和监管，该办公室与多个美国联邦机构合作，包括卫生与公众服务部（Department of Health and Human Services/DHHS）、国土安全部（Department of Homeland Security）、司法部（Department of Justice）和国务院（Department of State）。特别是在与美国卫生和公共服务部（DHHS）的合作中，重点与民权办公室（Office for Civil Rights）、疾病控制中心（Center for Disease Control）等合作。在与美国国土安全部的合作中，主要与美国海关和边境保护局（Customs and Border Protection）、美国移民和海关执法局（U.S. Immigration and Customs Enforcement）以及美国公民和移民服务局（U.S. Citizenship and Immigration Services）合作，以便更高效地对难民进行监管和控制。在与美国司法部的合

① https://www.acf.hhs.gov/orr/about/what-we-do.

作中，主要与移民审查执行办公室（Executive Office of Immigration Review）合作，加强对难民的各种措施管理。此外还与美国国务院人口、难民和移民局（PRM）就难民的政策制定与调整等开展合作。

美国公民及移民服务局（United States Citizen and Immigration Services/USCIS）是难民的监督机构，负责全程监督和管理来到美国的合法移民。该机构隶属美国国土安全部（DHS），该机构的员工有1.9万名正式雇员和聘用人员，在全球有200多个办事处。美国公民及移民服务局每年处理数百万个移民和入籍申请，2018年接受了50多种不同类型，共计800余万份申请。其职能是发放绿卡，审核申请入籍成为美国公民的移民以及其他类型外国人的入境。美国公民及移民服务局有100多年的移民和归化管理历史，其对移民的管理始于1891年。1906年，在其职责中增加了对入籍的监督。1933年，将联邦移民和归化职能并入移民归化局（INS）。移民归化局监督移民、执法和边境巡逻活动，直到2002年《国土安全法》的出台。2003年，美国公民及移民服务局（USCIS）承担了联邦政府的移民服务职能。该局的成立旨在通过专注于福利申请的管理来提高国家移民服务的安全性和效率。《国土安全法》设立了移民和海关执法局（ICE）以及海关和边境保护局（CBP）来监督移民执法和边境安全。

该机构的具体工作包括对难民申请人的身份和入籍的申请与审核，对于通过的申请安排参加宣誓仪式。此外，还为难民家庭成员获得美国公民相关资格身份确定并提供美国公民身份证明文件。该机构还允许难民以家庭形式进入美国。对于以就业为目的进入美国的移民，该机构还提供相关在美国合法获取工作和取得永久居留权的流程服务。该机构还为美国公民收养难民儿童提供指导服务。在履行国际人道主义义务方面，该机构还负责管理美国联邦政府的多项人道主义工作计划，并通过这些计划向海外难民和在美国的庇护者提供保护，以便更好地维护、履行美国法律的权威和相关国际义务。

顺便提及一下该机构在一般性工作方面，还承担普通的以工作、学习、商务、娱乐和文化交流等为目的的进入美国的临时签证服务工作。该机构还承担有关来美国工作的雇员的资格及合法性的电子验证管理工作（E-Verify）。另外，为了确保移民管理系统的安全，还负责审查有关个人或组织是否对美国的国家安全、公共安全或移民系统构成威胁，特别对与执法部门等合作骗取移民福利的欺诈行为进行识别、调查和解决，以确保真正合法的移民融入美国社会。

美国卫生与公众服务部（Department of Health and Human Services/DHHS）。

美国卫生与公众服务部是难民的服务机构，主要对已经获得合法身份且拥有绿卡的“新移民”提供一系列确保其能够在美国健康生活及配套的服务。该部门在行政上属于美国联邦政府的内阁级行政部门，其上级主管部门为白宫。核心工作就像它的座右铭——“改善美国的健康、安全和福祉”一样保护所有美国人的健康并提供基本的医疗服务。

该机构有22个下属管理机构，分别是儿童和家庭管理局（Administration for Children and Families），艾滋病（HIV）局，CDC全国性传播疾病热线［CDC National Sexually Transmitted Diseases（STDs）Hotline］，疾病预防与控制中心（Centers for Disease Control and Prevention），儿童福利信息端口（Child Welfare Information Gateway），老年社区护理机构（Eldercare Locator），食品和药物管理局（Food and Drug Administration），HHS-TIPS欺诈热线，国家卫生信息中心（National Health Information Center），国家过敏和传染病研究所（National Institute of Allergy and Infectious Diseases），美国国立卫生研究院（National Institutes of Health），全国青少年预防犯罪安全保障机构（National Runaway Safeline），医疗保健研究和质量局（Agency for Healthcare Research and Quality），医疗保险和医疗补助服务中心（Centers for Medicare and Medicaid Services），卫生资源和服务管理局（Health Resources and Services Administration），美洲印第安人和阿拉斯加原住民医疗服务机构（Indian Health Service），药物滥用和心理健康服务管理局（Substance Abuse and Mental Health Services Administration），社区生活管理机构（Administration for Community Living），少数民族卫生办公室（Office of Minority Health），国家癌症研究所（National Cancer Institute），总统健身、运动和营养委员会（President's Council on Fitness，Sports and Nutrition），卫生与公众服务部民权办公室（Office for Civil Rights，Department of Health and Human Services）。

在上述机构中，对于2019年的COVID-19和2022年猴痘暴发，疾病预防与控制中心（CDC）主要负责的就是密切跟踪在美国发现的COVID-19及猴痘病例，并提供疫苗接种工作。

在地方一级的政府机构，美国还有很多机构参与到难民的日常管理与服务当中，例如州难民协调员（State Refugee Coordinators）、州卫生协调员（State Health Coordinators）等。

在非政府合作伙伴和难民倡导组织层面，主要有以下机构与联合国人道主义机构共同合作开展难民的管理工作。其中美国难民委员会（Refugee Council USA/RCUSA）是一个致力于欢迎和保护难民的民间组织联盟。国际互助（InterAction）是美国最大的国际非政府组织（NGO）联盟。难民国际（Refugees International/RI）则是为流离失所者提供拯救生命的援助和保护，并推动社会解决难民流离失所危机的民间机构。文化取向资源交流（Cultural Orientation Resource Exchange）及文化定向资源交换（CORE）是美国的民间技术援助计划，旨在帮助难民解决在美国重新定居前及抵达后有关文化取向方面遇到的困难。

此外，美国还有一系列民间的移民机构与联合国难民与人道主义机构共同参与难民有关流入管理和安置的工作。分别是美国教会世界理事会（Church World Service/CWS）、埃塞俄比亚社区发展委员会（Ethiopian Community Development Council/ECDC）、主教移民部（Episcopal Migration Ministries/EMM）、希伯来移民援助协会（Hebrew Immigrant Aid Society/HIAS）、国际救援委员会（International Rescue Committee/IRC）、美国难民和移民委员会（US Committee for Refugees and Immigrants/USCRI）、路德会移民和难民服务（Lutheran Immigration and Refugee Services/LIRS）、美国天主教主教会议（United States Conference of Catholic Bishops/USCCB）、世界救济（World Relief Corporation/WR）①。

在上述民间机构中，世界救济（WR）是一个福音派基督教②人道主义非政府组织，是美国全国福音派协会的人道主义机构和难民安置机构。该机构包括了众多组织、学校、教会及个人，代表了美国4.5万所当地教会、40个派别，有数百万支持民众。由于宗教以及宗教团体向来对美国政治具有较大影响，这种影响不仅会延伸到美国外交政策领域，更会对美国的难民及移民政策产生重要的影响。例如苏丹达尔富尔难民问题已成为美国宗教保守派政治动员的重大议题，而该议题的出现也是基督教全球化并对美国外交与国际人道主义

① 1942年成立于密苏里州（Missouri）圣路易斯（St. Louis），总部在美国首都华盛顿（Washington）。行政总部位于马里兰州巴尔的摩（Baltimore，Maryland）。在美国有17个地区办事处和9个国际办事处。

② 福音派（Evangelical）是基督教新教的一个新兴派别，而非一个教派。在20世纪70年代末，福音派成为美国社会的主流教派，逐渐参与主流政治，相比于其他信众减少的主流教派，福音派在世界各地呈日益增长的趋势。

政策产生影响的一个主要标志。2006年，号称代表至少5 000万福音派信徒的24位基督教自由和保守派领袖联名要求时任总统布什立即采取行动制止在达尔富尔的“种族灭绝”，这充分体现了美国的宗教势力动员草根阶层的能力。目前没有任何团体或组织可与拥有广泛社会网络、国际联系和庞大媒体员工群的基督教福音派相匹敌[①]。在过去的多年里，美国基督教福音派已积累并构建了大量的社会资本和网络，通过意识形态方面的影响，他们在美国的人道主义难民与移民的政策制定和管理工作中发挥了越来越重要的作用。

此外，除了上述宗教机构以外，值得一提的是世界宣明会（World Vision International）[②]。仅在2018年，其在全球筹募所得的善款及物资总值多达27.5亿美元，总受益人数超过1亿，其中240万人是儿童。世界宣明会同时还是世界粮食计划署目前最大的非政府合作伙伴之一，双方的合作历史已经近20年。2019年，世界宣明会和世界粮食计划署联合向全球1 070万人提供了应急食品和营养的援助服务，其中53%的受益人是儿童，援助价值达5.25亿美元[③]。世界宣明会还与世界粮食计划署携手合作，为5.4万名罗兴亚难民（Rohingya refugee）家庭提供粮食援助。

国际移民组织（International Organization for Migration/IOM）也是与美国开展难民及移民合作的重要国际组织，国际移民组织主要协助确保对移民进行基于人道主义的有序管理，促进在移民问题上的国际合作，协助寻找移民问题的切实解决方案，并向有需要的移民提供人道主义援助，包括难民和国内流离失所者。

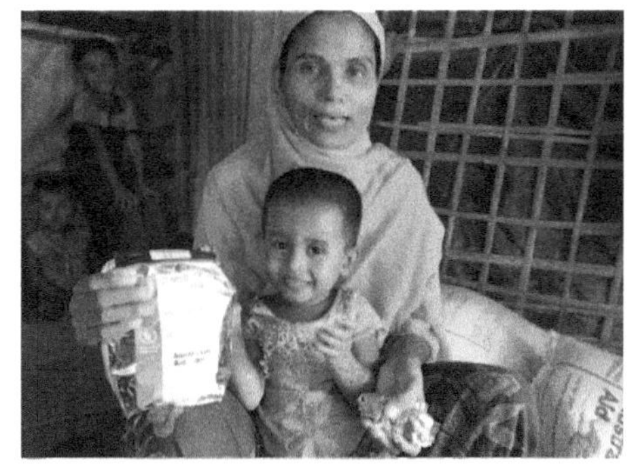

世界宣明会为难民家庭提供粮食援助

来源：©2020 World Vision International.

3. 美国难民接收计划

根据美国《移民和国籍法》（INA），难民通常是指因种族、宗教、国籍、特定社会群体成员身份或政治原因而遭受过迫害或有充分理由担心受到迫

① 徐以骅，2008年。

② 总部位于美国的国际重要救灾、扶贫及发展的基督教民间机构，业务覆盖全球约100个国家或地区。

③ Steve Reynolds，World Vision International，2020.10.15.

害的外国人。符合此定义的个人如果在美国境外，可以根据INA第207条考虑获得难民身份，如果他们已在美国，则可以根据INA第208条考虑庇护身份。

根据INA第207条寻求作为难民入境的美国境外个人通过美国难民入境计划（USRAP）进行处理，该计划由国务院与国土安全部（DHS）和美国国务院健康与人类服务（HHS）共同管理。根据INA规定，被接纳为难民的人有资格获得美国政府资助的重新安置援助。

对于大多数寻求难民身份的人来说，第一步是向联合国难民署（UNHCR）进行登记获得难民确认。难民署负责评估确定是否有资格成为难民，并根据评估结果在返回本国、当地融合或在第三国永久重新安置3种方案中帮助这些人寻求最佳的解决方案。

如果获得了上述难民的认定资格，如前往美国就可以参与美国难民接收计划（U.S. Refugee Admissions Program/USRAP）。根据USRAP的规定，需要经过多轮背景调查、面试、健康检查等程序才能正式获得美国的难民资格。这其中包括多达11个步骤（略）。

具体对于美国难民接收计划的难民认定而言，在2020年美国难民接收计划访问类别（FY 2020 U.S. Refugee Admissions Program Access Categories）中有明确分类。美国INA第207（a）（3）条规定，美国难民接收计划（USRAP）应根据总统做出的决定，对美国特殊关注的人道主义难民按照优先次序进行分配接纳。以下为USRAP的3类“优先类别”难民。

优先级1：由美国指定的实体机构确定的明显需要重新安置的个人。

优先级2：国务院指定的明显需要重新安置的特别关注群体。

优先级3：来自指定国籍并获准与已在美国的家庭成员团聚的个别案例。

在2022年2月俄乌冲突爆发之后，美国政府对来自乌克兰的难民根据美国《移民和国籍法》进行了调整。5月，美国总统拜登签署了《2022年乌克兰补充拨款法案》（PL 117-128），该法案第401条规定，在2022年2月24日至2023年9月30日离开乌克兰的该国国民有资格获得美国“重新安置援助、权利计划（包括SNAP）”的支持。根据《移民和国籍法》第207条，接纳的乌克兰难民还可获得其他福利：这些个人无须等待期，只要满足所有其他SNAP财务和非财务资格要求即可立即获得福利。他们一旦符合移民身份条件，就有资格在美国获得居留权。即使在2023年9月30日之后离开乌克兰，只要符合所有SNAP有关收入和其他资格要求，这些人的配偶和子女以及父母、法定监护人等也有资格获得SNAP相应福利①。

4. 未来趋势

2022年，美国政府制定的难民安置目标是接纳12.5万人以上。自从美国1980年设立难民项目以来，美国历年来每年重新安置的难民人数曾居全世界之首，但近年由于世界政治形势巨变，加之全球气候问题日益突出，美国的难民政策也在面临着前所未有的挑战，并随之不断调整和变化。美国的移民政策制定者和民间社会在近年也不断提出需要重新对美国的难民政策进行评估和修改。对此，美国公民和移民服务局（USCIS）在2000年提出了《2019—2021年战略计划》，以便更加有效地通过顶层设计实现该计划提出的扩大对难民管理的权力、完善美国的难民管理体系、提升难民政策的权威、提高难民管理流程效率四大战略目标，这些目标是美国未来移民管理的优先事项。上述四大战略目标还通过设定14个子目标支持战略总目标的推动实现，在这些子目标中，数字化发展、信息共享、风险感知与管理及能力建设等作为了重点发展方向，这体现了美国未来对移民管理的政策发展方向。虽然从目前的外在表现看，在当前全球多发性挑战不断凸显的冲击下，美国正在收紧对移民的管理，但是从未来发展方向看，依然是逐步扩大的趋势，特别是向高素质人群扩大开放，这是和美国本身作为一个移民国家对“新鲜血液”无限需求的方向是一致的。

当然该战略计划也是在不断地进行调整，此后根据2010年美国《政府绩效和结果现代化法案》的要求，该战略计划进行了更新。尽管如此，美国一些人士及国际组织依然认为美国的移民政策过于保守。2022年8月，在美国的非营利人道组织难民倡导实验室（Refugee Advocacy Lab）与全球组织难民国际（Refugees International）联合呼吁美国在乌克兰、阿富汗等国的战争冲突导致的全球难民危机达到前所未有的程度情况下，应提出更加大胆和创新性的解决方案。

二、欧盟

（一）欧盟对世界粮食计划署的支持

1. 对世界粮食计划署运营的支持

欧洲国家特别是欧盟国家一直以来都是世界粮食计划署最重要的支持者和

---

① USDA，2022.

合作伙伴之一。欧盟国家作为世界粮食计划署常年最重要成员国集团，对于该机构的内部运营管理改良、业务规模扩展、人道主义紧急应对行动的实施等关键领域，发挥着重要的作用。欧盟国家以及欧盟委员会在世界粮食计划署的捐资是分开进行的，除了欧盟委员会以欧盟名义向该机构捐资外，欧盟成员国还可以本国的名义单独向该机构捐资，捐资金额和额度与欧盟委员会并不直接挂钩，这是由欧盟委员的机构特征所决定的。

在资金与项目支持方面，欧盟成员国及欧盟委员会在2020年向世界粮食计划署供资总额已经达到19.4亿欧元。其中欧盟成员国捐款14.7亿欧元，欧盟委员会捐资4.66亿欧元，是世界粮食计划署的所有成员国中的第四大捐助者。在过去的5年里，欧盟委员会向世界粮食计划署捐资额一直保持在高位，在2018年为9.36亿欧元，2019年为6.3亿欧元，2020年为4.66亿欧元，2021年为4.98亿欧元。

2. 民事保护和人道主义援助行动机制

该机制全称欧盟委员会民事保护和人道主义援助行动（European Commission's Civil Protection and Humanitarian Aid Operations/ECHO），由欧盟委员会总司（European Commission's Directorate-General）[①]负责实施。其前身为欧洲共同体人道主义援助办公室，是欧盟委员会负责海外人道主义援助和民事保护的部门。其业务涵盖范围主要为针对自然灾害的爆发而实施的人道主义救助活动。该机制成立于2001年，在欧洲有34个国家是该机制的成员，其中有27个欧盟成员国。其在全球范围内还有大约200个各种类型的合作伙伴或资助方，例如各类非政府组织（NGOs），一些联合国机构以及国际红十字会（International Committee of the Red Cross/ICRC）与红新月运动（International Red Cross and Red Crescent Movement/IRCRCM）等国际组织。另外，在40个国家/地区还拥有500多个实地办事处的网络，为该机制不断提供对特定国家或地区的分析和预测，从而帮助制定更加契合当地实际的战略和干预政策，为欧盟资助的业务提供技术支持和实施效果评估及干预措施的监测，另外还有与各类实地捐资或捐助者的协调工作等。

根据欧盟“2021—2027年多年度财务框架（MFF）”的规划，该援助机制在欧盟内部的预算在2021—2027年总计为97.6亿欧元。2021年，欧盟委员会通

① 欧盟委员会下设的政策部门，负责协助欧盟委员会总干事制定、实施和管理欧盟政策、法律和资助计划。

过了对该机构14亿欧元的初始年度人道主义活动项目预算。除了上述为全球的人道主义援助活动提供资金及支持外，该机制还负责相关欧盟民事保护机制下的灾害应对工作以及协调欧洲及其他地区的灾害应对工作等。

3. 国际伙伴关系

该机制全称欧盟委员会总司国际伙伴关系（European Commission's Directorate-General for International Partnerships/INTPA），与民事保护和人道主义援助行动机制（ECHO）一样，由欧盟委员会总司负责，该机制的主要任务是制定欧盟的国际伙伴关系及其相关发展政策。与世界粮食计划署的合作目标是在全世界减少贫困、确保可持续发展以及促进民主、人权和法治。

该机制的核心工作目标是协调欧盟成员国共同针对粮食安全危机等挑战，共同提出解决饥饿挑战，并在全球范围内提供可持续发展的和长期的解决方案，例如灾害的恢复及能力建设、生计和营养的改善以及学校供餐计划等，以帮助更多的国家摆脱饥饿和贫困威胁。2020年以来，世界粮食计划署与INTPA机制下的欧盟成员国以及其他国家和国际合作伙伴就人道主义援助行动的主题和相关技术支持手段进行了越来越多的交流与合作。这体现了欧盟委员会在世界粮食计划署的全球人道主义行动中的长期重要影响力。

4. 邻里和协商扩展

该机制全称欧盟委员会总司邻里和协商扩展（European Commission's Directorate-General for Neighbourhood and Enlargement Negotiations/NEAR），和上面的两个机制一样，也由欧盟委员会总司负责。世界粮食计划署在该机制中主要扮演的角色是支持对黎巴嫩的国家社会安全网计划建设，黎巴嫩的难民社区及长期向居住在黎巴嫩的叙利亚难民提供现金援助。NEAR在2020年参与支持了绝大部分世界重要粮食安全行动，是该年度世界粮食计划署的最大捐助方之一。

5. 其他人道主义紧急支持项目

除了与欧盟委员会合作在全球范围内消除饥饿之外，世界粮食计划署还与布鲁塞尔的其他欧盟机构，特别是与欧洲议会、欧盟理事会和欧盟对外行动服务局建立了牢固的伙伴关系。

在促进和平与安全、应对气候变化、投资于人人享有可持续发展的世界以及到2030年全面实现关键可持续发展目标等国际倡议中，该机构与欧盟之间发展起了全面和紧密的合作伙伴关系，并于2020年与欧洲议会发展委员会（DEVE）和外交事务委员会（AFET）就人道主义全球行动的可持续发展领域的合作达成了更多共识，特别是确保将粮食安全和人道主义援助始终置于欧盟议程的优先考虑位置。

6. 对于突发性人道主义灾难的紧急支持

在对全球突发性人道主义紧急援助的行动中，欧洲国家扮演了重要的角色。2020年，欧盟通过欧盟委员会（EC）向世界粮食计划署的国家办事处直接提供了大笔资金援助。其中在驻黎巴嫩办事处投入了1.137亿欧元，在也门投入4 750万欧元，在南苏丹投入3 060万欧元，在马拉维投入1 680万欧元，在危地马拉投入1 300万欧元。

仅2021年，包括欧盟在内的捐助者为世界粮食计划署在也门的行动提供了高达14亿美元的人道主义援助。这使该机构能够快速恢复向面临上述严重粮食危机国家的人民提供口粮的行动，并最终防止了大范围的饥荒产生。在2022年，该机构还特别投入500万欧元的额外资金，用于对布基纳法索160万流离失所难民的救济。

由于冲突、气候变化以及COVID-19造成的社会经济影响而导致的基本粮食需求猛增，欧盟通过欧洲民事保护和人道主义援助机制（ECHO）向世界粮食计划署持续提供了大笔资金，以避免该机构由于资金的不足中断向那些深陷灾害和冲突且地处偏远地区的难民提供维持生计的重要粮食援助业务①。

（二）欧盟的难民政策

在全球重大气候灾害与地缘冲突频发的当今，持续不断的移民流和突发性的难民潮呈现了多发性、混合性、不确定性的特点。特别是目的国以欧盟乃至整个欧洲地区的国际移民越来越呈现出持续强度大、来源地更加多样、移民类型更加复杂的局面。移民的问题已经成为目前欧洲社会政治中最主要的政治和社会议题之一。

20世纪90年代，进入并居住在当时的欧共体国家的各种类型移民约有1 300万人，占欧共体国家总人口的4%，其中800万人（2.4%）来自欧洲以外的国家和地区。到了2019年，德国和英国成为欧洲国家中接收移民最主要的两个国

① WFP，2022.5.30.

家，意大利列第三位，法国和西班牙在接受移民数量中列第四位和第五位。前往意大利的移民主要来自罗马尼亚、阿尔巴尼亚和摩洛哥等国，由于意大利地处地中海北岸，易接收来自海路抵达的北非、中东及中亚难民。受近年非洲局势及中东和中亚局势的影响，目前在移民人员构成上主要以寻求人道主义援助的难民为主。意大利境内目前共有530万外国移民，占本国人口9%[①]。

随着越来越多且复杂的国际移民特别是难民潮的不断冲击，欧洲国家也在不断开始思考相关政策的制定及调整。第二次世界大战以后西欧国家在移民政策方面开始进行合作，当时欧共体的有关移民机制是西欧国家之间的移民政策能够相互协调并保持基本一致的主要动力。在冷战之后，欧洲国家的移民政策发生了相应的调整，主要目标变成了逐步减少和控制外来移民，形成一种外部严密控制而内部自由流通的“城堡欧洲”。这种情况与前文——“战争难民”的边境政治问题章节部分中提及的“来自欧洲的这种多年以来形成的‘小救生艇政策’”的难民应对和管理政策有一定的相似性。另外，逐步解决第三国公民问题、实现欧洲公民身份、加强欧盟国家社会一体化并通过国际合作途径的经济文化领域的援助以从根源解决发展中国家移民外流等成了当今欧盟对于近年来愈演愈烈的移民特别是难民问题的基本立场。欧盟国家的上述移民政策和一体化的进程不仅给国际社会带来了很多反思，更为未来全球移民的管理以及人道主义援助工作也提供了不少“实战化”的经验。

三、中国

世界粮食计划署在中国的人道主义行动以及双方的合作在本书的姊妹篇《饥饿终结者和他的粮食王国——世界粮食计划署概述篇》中有相关介绍，此外中国国内亦有较多学者长期进行系统跟踪和研究，有较为成熟的研究成果，因此在本书中就不再做系统和详细的介绍，考虑本书结构的完整性，仅做一般性介绍。

（一）中国与世界粮食计划署的合作历史与关系

自1979年世界粮食计划署与联合国开发计划署（UNDP）、联合国儿童基金会（UNICEF）、联合国难民署（UNHCR）和联合国工业发展组织

① 其中新增加难民人数在2021年、2022年、2023年分别为6.7万人、10.38万人和15.57万人。

（UNIDO）等5个联合国机构借助改革开放的机遇进入中国以来，在帮助中国消除贫困、减少饥饿的事业中做出了独特的贡献。此后随着中国经济的持续快速发展，中国与世界粮食计划署的关系也在不断发生着调整和微妙的变化，中国逐渐从一个单纯接受粮食、资金援助的“输血”国家开始逐步探索出一条适合自身发展特点的减贫之路，经过数十年的持续积累，高达9 000万人的集体脱贫推动中国正在转变成为一个有能力根据自身特点谋求快速可持续发展，并且还有能力为其他国家提供脱贫经验和特色援助的“反哺型”国家。不仅如此，中国还参与世界粮食计划署的机构治理，为全球发展中国家谋求更多发展利益和空间方面也开始发挥更多的关键角色作用，在推动更多的国际倡议方面发出更多的“中国声音”，在推动联合国可持续发展目标方面也形成了更多的能够惠及整个世界的“中国主张”，中国在该机构近年快速增长的专业职员和高级管理人才更加充分反映了这种变化趋势。多年来，中国在世界粮食计划署的漫长但是积极的发展历程也推动世界粮食计划署反过来重新认识中国在参与世界人道主义事业的角色如何发生着“质”的变化，如何更好地在未来可持续的“反哺”发展的世界、发展的人民（图1-13）。

图1-13　1985年，世界粮食计划署的工作人员在山西乡村道路建设项目点（该项目覆盖了山西的16个县）

来源：世界粮食计划署中国办事处。

1. 世界粮食计划署在华人道主义工作的重点与成功经验

自1979—2005年，世界粮食计划署在中国的投入超过10亿美元，共实施了70个无偿援助项目，直接受益人口为3 000多万人[①]。这些投资对当时经济并不

① 屈四喜，时任WFP驻华代表，2019年。

发达且资金紧缺的中国来说，无疑是一种“雪中送炭”的行为，随着这些珍贵的资金被陆续用于中国大陆特别是偏远和贫困地区的扶贫和灾后重建项目，中国人开始认识、了解世界粮食计划署并且越来越多地对其在全球开展的人道主义事业有了更加深刻的理解，这也为中国之后逐步涉足并不断深入参与全球人道主义乃至其他领域的治理行动打下了基础。多年来，世界粮食计划署在中国实施的绝大多数项目都是针对中国农村特别是偏远地区的农村消除饥饿、减贫以及小农生产者的可持续能力建设发展项目，例如在贵州、云南、甘肃、湖北等山区或贫困地区帮助当地贫困农民修建水窖、打井、沼气池等设施，以解决基本的生计和温饱问题。已经具体实施且运行了多年的项目主要有在云贵高原等山区帮助进行坡田改梯田、旱田改水田的建设，提升当地的粮食产出能力；修葺破败的乡村道路，确保小农对接市场的基础设施保障；建设水渠和水库以涵养当地水源；在甘肃等西部省份开展植树绿化提升当地的防风抗旱能力，在缺水山区帮助开凿水井解决人畜饮水及农作物灌溉困难。特别是在1990年启动的“世界粮食计划署中国3355”粮食援助项目在5年间通过“以工代赈”的方式实现粮援目标10万余吨，价值1 367.5万美元，吸引11.55万农民投工投劳，将2.47万公顷荒滩平整成水浇地，援助项目在当地形成了7 673万千克/年的粮食生产能力，特别是干旱山区农民迁入项目区后，每年为国家减少返销粮490万千克，救济补助款71.1万元[①]。项目实施当年，当地即解决了温饱问题。世界粮食计划署在中国的农村可持续发展能力建设方面，不仅显著改善了当地落后的农村面貌，还产生了典型的社会综合效益。

在能力建设方面，世界粮食计划署还在教育水平落后的偏远农村地区开展了文化与生产技能培训，提升当地农民生存能力。上述这些扶贫与发展行动在当时都是中国广大农村地区普遍缺乏和急需的，不仅有效解决了当地的“燃眉之急”，更给当地百姓留下了深刻印象，世界粮食计划署在一些农村地区长期实施的项目至今依然在发挥着作用，甚至被当地农民津津乐道，应该说这些项目对中国农村贫困地区的消除饥饿与脱贫起了重要作用。

除了早期在帮助中国减贫事业方面开展了大量卓有成效的合作之外，世界粮食计划署还积极参与了中国的多次灾害救助和灾后援建工作，该机构在救灾抗灾领域的成熟经验和先进理念也给中国的灾害救助与管理工作提供了重要的

---

① 《审计文摘》，2003年11月。

参考。1998年长江流域暴发特大洪灾时，世界粮食计划署向中国提供8 000万美元的无偿援助。2008年和2010年，世界粮食计划署也积极参与汶川大地震和青海玉树地震的紧急援助，为中国政府提供了重要的灾害救助经验。

在粮食直接援助方面，世界粮食计划署在20世纪70年代末进入中国以来，曾对中国开展过一定规模的粮食直接援助。随着中国经济的不断发展，特别是改革开放以来经济的快速提升，世界粮食计划署在对中国评估之后于2005年正式宣布停止粮食援助，而代之以在中国推行以可持续发展能力建设为目标的具有合作性质的发展援助行动。

由于中国在南南合作，尤其在农业农村的可持续发展领域积累了很多成功经验，成为全球农村减贫与可持续发展事业的主要参与者、推动者和贡献者。2015年，世界粮食计划署执行局通过了南南合作领域政策性文件，将中国列为重要的合作伙伴。世界粮食计划署通过此举表达了希望利用自己的平台优势在中国开展更多创新性南南合作示范项目的愿望，并通过这些项目在中国更多的地区进行复制，最终推广到全球更多的国家和地区，从而将世界粮食计划署的南南合作计划与该机构的战略规划进行充分融合，以实现该机构本身在新的形势下既有工作职能的有效拓展和机构的创新发展，更好地契合联合国17个可持续发展目标特别是发展多样性合作伙伴的第17个目标。

考虑当前全球范围内的南南合作深度与涉及的领域范围越来越广，目前几乎所有的联合国机构高度关注并将南南合作作为其重要的工作内容，加之考虑中国未来在募集资源等方面的潜力越来越大，更多的民间资本也在积极参与联合国可持续发展目标的实现。2016年，世界粮食计划署决定与中国政府进一步加强战略合作伙伴关系的构建，并达成了新的战略伙伴协议。该协议成为双方首个旨在消除中国和其他发展中国家的贫穷和粮食安全危机的国家级战略合作框架。

通过战略合作这种形式，世界粮食计划署将在未来能够更加有效同阿里巴巴等中国民间企业在大数据应用和供应链等方面开展规模化的合作，这种横向合作能够极大地促进世界粮食计划署全球物资采购的便捷化，并能降低成本，还能够确保该机构实施的项目定位更加准确，执行效率更高。

近年来，世界粮食计划署通过在中国的成功“转型”，不但使更多的中国官员、企业，乃至广大农民对世界粮食计划署由认识逐步转为全面了解以及充分接纳，而且使该机构在中国实施的试点项目走出国门，成为国际社区的“品牌项目”，例如在2018年推动的安徽猕猴桃种植项目，帮助当地农户组建贫困农户合作社，与市场更好地进行对接，有效提升了当地种植户的赢利能力。此外，还推动开展了与农村“淘宝”的农村电商合作形式，有效帮助项目区贫困农户实现了农产品的电子商务销售模式，帮助中国农户的农产品直接进入国际市场。另外，在湖南湘西推动的农村学龄前儿童营养项目，有效帮助贫困地区的农村幼儿园在营养午餐、厨房设施、营养教育等领域实现了质的飞跃，该学校营养项目也成了世界粮食计划署在全球的学校供餐项目（School Feeding）的品牌项目。鉴于在湖南的成功经验，农村学龄前儿童营养项目可能会进一步推广到广西。此外，世界粮食计划署2019年在甘肃实施的马铃薯生产与可持续发展项目也获得了成功，在上述这些具有较高社会效应的农村发展项目带动下，世界粮食计划署将推广更多的中国成功项目走向全国，迈向世界。

总之，世界粮食计划署在中国多年实施的援助与可持续发展项目不仅推动了中国政府在未来将会以更积极的姿态、更大的力度支持世界粮食计划署的全球人道主义行动，还将在更深层面帮助世界粮食计划署推行更多的全球治理职能，实现该机构在新形势下的必要职能创新与战略转型。

2. 中国对世界粮食计划署运营的支持

中国作为世界粮食计划署越来越重要的会员国和捐助国，不仅在其核心的管理层——执行局发挥着重要的影响力，而且在实物与资金捐助方面，也呈现出逐年增加的趋势，这一趋势充分体现了中国作为全球最大发展中国家的责任担当，虽然中国每年捐助的幅度增加不大，特别是在总量上甚至不及世界粮食计划署“第一梯队”[①]的捐助大国年度捐资量的“零头”，甚至与处于“第二梯队”的其他中等发达和发展中国家仍有较大差距，中国的年度捐资额甚至远远落后俄罗斯、韩国等处于“第三梯队”的国家。但是考虑中国总体的发展程度仍然处于较低层面，以及巨大的人口基数压力和不少偏远地区仍然存在的贫困现象，特别是广大农村“人多地少”的结构性矛盾难以克服，导致可持续发展的结构性制约使得发展长期乏力；农村产业落后、劳动力大量流失导致生活质量低下，农村发展远远滞后于城市，加之“城乡二元体系”导致了中国很多农村地区依然处于较为封闭和落后的状态[②]，中国政府仍需要将大量的有限资

① “第一梯队”指美国、德国、欧盟等年度平均捐资水平在10亿美元左右的国家（组织），“第二梯队”指年度平均捐资水平在1亿美元以上的国家（组织），“第三梯队”指年度平均捐资水平在5 000万美元以上的国家（组织）。

② 周少来，乡村振兴发展主题的时代转换，人民论坛，2020年4月10日。

金投入到国内的基本民生建设，特别是广大农村地区的减贫和可持续发展工作中。纵观中国历年在世界粮食计划署的捐资变化，我们能够看出中国政府在加大参与国际治理和履行国际义务方面表现出来的积极信号。

目前中国对世界粮食计划署的捐资主要有政府和民间两大渠道。一是来自政府部门的年度固定捐资，这部分捐资构成了中国对该机构的主要捐助。该捐助包括现金捐助和粮食等实物捐助，目前主要通过国家国际发展合作署和农业农村部的认捐。农业农村部是与世界粮食计划署对接的主要部门，主要负责相关政策及管理业务的交流、沟通与协调，各项援助项目的设计、立项与协调。国家国际发展合作署则主要负责一些具体援助项目的资金及技术支持。2016年之前，中国对世界粮食计划署的捐助长期徘徊在500万美元左右的水平，且捐助类型较为单一和固定，一些用于世界粮食计划署内部机构和特定国家的指定用途捐资占据了主要比例，另外实物捐助数量也非常少，特别是一些国家急需的粮食和营养品的捐助还远未形成一种规模化和可持续性的捐助模式，这与中国作为该机构核心的管理层——执行局成员的职责并不匹配。在2017年之后，随着中国援助项目的增多和捐资种类的更加多样化，中国对该机构的捐资水平与过去相比有了很大的增长，捐资总量也突破了1 000万美元，不过与处于“第三梯队”的俄罗斯、韩国等以往常年8 000万美元左右的捐资力度相比，仍然有较大差距。

2022年，中国在世界粮食计划署的年度认捐总额为1 196.02[①]万美元，位列所有捐资国家第45位，占当年该机构全部会员国认捐总额141.91亿美元的0.08%。美国当年认捐总额为72.40亿美元，日本为2.65亿美元，韩国为1.15亿美元，俄罗斯为3 056万美元，印度为2 074.85万美元。国际机构认捐方面，世界银行为1.26亿美元，非洲发展银行为7 614.82万美元。私人捐资总额为5.4亿美元。除了以上固定形式的认捐外，世界粮食计划署还接受会员国及国际机构、私营企业等的非固定形式和时间的自愿捐资，当年该机构全部会员国自愿捐资总额为12.69亿美元，美国为4.29亿美元，日本为3 810.99万美元，韩国为764.98万美元，俄罗斯为649万美元，印度为27.45万美元，中国未参与自愿捐资。私人捐资总额为2 633.53万美元[②]。虽然新冠疫情给世界粮食计划署的

① 精确至小数点后2位，以下同。

② https://www.wfp.org/funding/2022，2023.2.14.

全球人道主义工作带来了困难，也影响了会员国向该机构的捐资，一些会员国的捐资明显减少，但是在2022年全年度的捐资依然实现了新的突破，达到了近150亿美元的新高度，这说明国际社会对世界粮食计划署在帮助国际社会有效应对气候变化、战争冲突、突发灾害等方面所发挥的独特作用始终持高度认可的态度，对该机构在未来推动参与更多国际治理、调和地区难题与冲突、实现联合国可持续发展目标方面给予了强烈的期待。

随着中国民间参与世界慈善以及人道主义事业越来越普遍，中国的民间力量，特别是企业近年来越来越深入地参与了世界粮食计划署在华乃至在全球的各类援助和发展业务，企业广泛参与联合国机构的合作不仅符合联合国可持续发展目标的要求，更能体现国际社区在解决国际难题中发挥多样性的功能，更是一个国际性发展趋势，对于企业来说，也是一个双赢的选择。随着中国在世界上的影响力越来越大，许多中国企业也开始意识到“中国影响”给中国企业带来的巨大“品牌效应”，同时也越来越重视企业的国际责任感，他们也越来越愿意充分借助联合国这样的平台展现企业的市场价值和品牌影响力。2010年，世界粮食计划署发布了中国区企业合作战略，同年还成立了有关中国企业合作部门。2011年，香港RS集团、腾讯基金会等知名企业先后与世界粮食计划署开展正式合作。同年，世界粮食计划署还与中国扶贫基金会签署了战略合作协议，正式建立民间合作伙伴关系[①]。另外，美团、阿里巴巴等中国知名民间企业也纷纷通过与世界粮食计划署建立多种战略合作伙伴关系，也同时将自己的品牌更广泛地展现给全世界。在上述民间力量的共同支持下，中国已成为世界粮食计划署全球第二大在线筹款市场，仅次于美国。

（二）中国与世界粮食计划署的合作展望

中国与世界粮食计划署在未来的合作充满期待和希望。中国正在以更加开放和务实的姿态不断深度参与国际合作和地区治理，特别是在与世界粮食计划署的合作中高度重视能够产生实效的务实合作，例如积极支持世界粮食计划署在华设立全球人道主义应急仓库和枢纽，鼓励其拓展与政府科研机构、企业、公共与私营部门、智库及电商等合作，加强南南合作的政策倡导与知识共享[②]。此外还积极通过南南合作等重要国际合作平台，与世界粮食计划署及其相关粮

① 世界粮食计划署中国企业合作回顾与展望，2012年。
② 赵兵，WFP驻华代表，2024年。

农机构合作实施了40多个南南合作项目。另外，中国还利用同很多发展中国家合作建立的农业合作伙伴关系，推动与世界粮食计划署等联合国机构以三方及多方合作模式展开横向合作，这些行动不仅带动了合作项目区农作物平均增产30%～60%（超过150万户小农从中受益），还推动了这些项目借助世界粮食计划署的渠道向全球更多的国家进行推广。例如中国杂交水稻已在亚洲、非洲、美洲的数十个国家和地区推广种植，年种植面积达800万公顷，平均每公顷产量比当地优良品种高出2吨左右。针对当地小农的水稻生产、储存等能力建设项目也通过世界粮食计划署在其他国家如东帝汶等地的小农产业者中得到推广。不仅如此，中国还直接向有需要的发展中国家提供了大量包括水稻在内的人道主义粮援，得到国际社会普遍赞誉。特别是自2018年以来双方共同在乌干达实施的紧急粮援等多种合作项目。2024年6月，双方又合作对乌干达315所学校16.5万名儿童实施学校供餐项目，下一步还有可能将学校供餐和当地粮食产业联系起来，推动本地直接采购并激励农民生产，提升社区能力建设。

为了进一步推动中国与世界粮食计划署的战略合作形成机制，发挥规模效应，2016年起，世界粮食计划署中国办公室，同时也作为近年新建立的“农村发展卓越中心”，加大了对南南合作和三方合作的支持力度，并通过政策交流、技术培训和实地示范，推动了亚洲、非洲和拉丁美洲90多个国家的交流和经验分享。此外还启动了南南合作知识分享平台，让包括中国在内的各利益相关方更方便地了解合作国的需求，分享以可持续发展目标为核心的解决方案[①]。这些项目都是以需求为导向，通过政府和技术部门层面，深入基层农村，推动和放大了中国粮食安全、营养以及减贫方面的成功经验的全球范围分享，也为实现联合国可持续发展目标提供了重要的样板和参考。

在国家战略合作层面，中国政府还在更多的国际机制与平台中，积极倡议与世界粮食计划署共同参与未来的全球治理。中国在2022年二十国集团外长会上提出关于国际粮食安全合作的8点倡议，为解决当前世界粮食问题贡献中国智慧。倡议包括了支持联合国中心协调作用，不对世界粮食计划署开展的人道主义粮食采购实施出口限制措施，这可以看作对世界粮食计划署在缓解地域危机与冲突方面所发挥作用的认可和对与其开展更高层面的战略合作发出的积极信号。

作为政策回应，2022年世界粮食计划署通过了最新的“中国国别战略计划

① 屈四喜，CGTN《决策者》，2023年7月3日。

（2022—2025）（China CSP）”。对于中国来说，这一重要的国别战略计划在上一个五年国别战略计划（2017—2021）的基础上实现了更多的创新，也标志着中国与世界粮食计划署的未来合作将迈上一个新的台阶。在该国别战略计划中，中国国家层面的发展重心与联合国可持续发展合作框架契合度更高，与世界粮食计划署的发展战略和2030可持续发展议程一致性更强，也为世界粮食计划署继续作为多边平台分享在应对粮食安全和营养挑战方面的经验和良好实践提供了清晰的战略框架。世界粮食计划署将继续在政府部门和企业伙伴的支持下，实施创新项目，积极发挥合作平台作用，支持中国乡村振兴。世界粮食计划署通过支持富锌马铃薯和农民收入保险等试点项目，提高小农的生产力、恢复力、市场准入和可持续性，以改善农村和欠发达地区小农的生计。同时重点关注生活在农村和欠发达地区的儿童营养健康，继续开展针对3～5岁儿童的营养改善项目，鼓励以女性为主导的小农家庭参与本土学校供餐计划，以促进妇女赋能[①]。

在2017—2021年的“中国国别战略计划”中，世界粮食计划署为中国的营养和农村发展目标做出了有意义的贡献。该国别战略计划推动了世界粮食计划署和中国密切合作采用创新方法改善学龄前儿童的营养并解决目标地区的农村脆弱性问题的项目的实施。该项目增强了世界粮食计划署与中国的伙伴关系，并显著提升了世界粮食计划署在中国的知名度，并为更多的公共私营部门所接受与认可，这为未来中国的民间投资者投资世界粮食计划署打下了良好的基础。

该国家战略计划的实施过程得到了中国政府和广大私营部门共同支持。该计划以先前的“中国国别战略计划（2017—2021）”为基础，并与中国政府的“第十四个五年计划（2021—2025年）”、2030年可持续发展议程、联合国可持续发展合作框架均保持一致，特别是与“世界粮食计划署2022—2025年战略计划”保持了较高的一致性。这使得该国家战略计划具有较高的可操作性。

在预算和资金支持方面，中国国别战略计划和世界粮食计划署在其他国家实施的国家战略计划一样，是以国家组合预算形式进行资金筹措、管理和分配的。具体的使用模式一般都是沿用之前国家战略计划经验实施。根据预算，该项目在2022—2025年将筹措1 565万美元以上的资金，其中每年的资金分配见表1-7。

① *China country strategic plan（2022—2025）*，Executive Board，Annual session，2022.

表1-7 “中国国别战略计划（2022—2025）”
（China CSP（2022—2025））年度预算拆分

国家战略组合预算（美元）						
战略产出目标	分项目标	2022年	2023年	2024年	2025年	总计
1	1	958 180	1 947 447	2 113 902	2 043 674	7 063 204
	2	887 726	1 795 200	1 938 349	1 863 546	6 484 820
	3	269 942	566 392	634 806	633 761	2 104 901
合计		2 115 848	4 309 039	4 687 057	4 540 981	15 652 925

来源：WFP management plan（2023—2025）.

根据中国与世界粮食计划署2016年签署的谅解备忘录，农业农村部将每年提供150万美元用于其中国国家办事处的业务。此后在2017—2020年将赠款提高到每年约230万美元。除了不断推动政府部门的认捐积极性外，该机构还在中国通过与私营部门及企业的伙伴关系共建，为国家战略计划的实施筹措更多资金。在上述1 565万美元的预算资金来源方面，通过现金转移方式筹措的资金总额为1 192万美元，直接支持费用为278万美元，间接支持费用为95万美元。

“众人拾柴火焰高”。这不仅是世界粮食计划署在中国开展各类人道主义援助与发展行动，还是在广大农村地区开展农业可持续发展扶持行动的准则。世界粮食计划署还有一句座右铭：以一己之力，您也能有所作为。珍惜每一滴资源，珍爱每一份力量——这就是世界粮食计划署能够在世界任何偏远社区都能与当地“打成一片”的秘诀。世界粮食计划署在实现2030年可持续发展目标的道路上始终将与所有合作伙伴结伴同行、守望相助作为最基本的工作原则，共同应对人道主义危机、气候变化以及粮食安全挑战。

第四节　世界粮食计划署主要援助项目

一、常规项目

世界粮食计划署在日常最主要和实施最多的项目就是常规项目，这些项目在该机构都是公开的项目，可以在该机构的网站按国家、项目类型或项目ID号分类查询到详细内容。例如，CSP代表国家战略计划项目，EMOP代表紧急行动项目，PRRO代表救援和恢复行动项目，DEV代表发展行动项目，SO代表特殊行动（通常涉及物流）项目。在上述项目中，国家战略计划往往涉及面广、资金充足、周期长，是在发展中国家中影响力最大的项目。

（一）国家战略计划

国家战略计划（Country Strategic Plan），简称CSP项目，这是世界粮食计划署常年在多个国家持续开展的项目，一般为多年连续项目，由于项目的可持续性和涉及的援助与发展金额较大，援助项目的涉及面广，能够为受益国家带来持续性效益，因此也是受援国家普遍较为看重的项目，该项目目前在执行的共有84项①。世界粮食计划署还在与之开展合作的超过82个国家中开展了新国家战略规划框架的过渡工作。在上述国家战略计划中，有超过35个国家在其中的“零饥饿”战略审查已经完成或正在进行中，这显示了该机构的上述国家战略计划项目推行的效率和受重视程度。

这些国家战略计划的核心内容都有一个普遍性，世界粮食计划署通过参与可持续发展目标的实施，向世人展示国际社会决心到2030年将需要接受援助和帮助的人群的生活改变并提升到一个前所未有的程度。这一承诺覆盖SDG 2的目标中就实现零饥饿目标的达成和SDG 17的目标中有关伙伴关系的达成。这些目标需要非常高水平的技术专长和业务能力才能实现。虽然消除饥饿和营养不良的责任在于各国政府，但世界粮食计划署通过包括国家战略计划在内的多种手段承诺该机构在朝着实现上述这些目标与各成员国积极合作。

然而由于各国所处的不同的发展阶段和所拥有的资源差异很大，特别是在不同的经济制度、社会和人口概况、贫困水平、农业和特别是对粮食分配的能力等方面差异更大。当前一些国家处于和平状态，经济与社会持续稳定发展，然而另外一些国家则长期处于战争或分裂状态，例如叙利亚、阿富汗、也门等国家。还有一些国家则处于难以预见的突发性的大规模冲突或灾害的威胁中，例如在2022年分别在乌克兰及巴基斯坦爆发的战争冲突和大规模洪涝灾害。所有这些都能够对这些国家乃至地区的粮食安全产生极大的威胁。

上述这些国家面临的严重挑战所带来的直接问题就是大规模的人口流离失所造成的当地巨大的粮食供给困难，这种粮食供给困难所造成的连锁反应就是

① *WFP Management report 2022*，以下其他项目同。

当地的营养状况和可持续发展的“继发性难题”。随着这些国家由于上述冲突和灾害导致的境内人口减少，自然而然地引发了邻国的人口增加和原有粮食供给平衡的打破。虽然上述种种问题之间都具有千丝万缕的相互关系，但是在同样的冲突和灾害重压下，每个国家所实际发生的情况却都是不尽相同甚至是非常独特的。这就是为什么世界粮食计划署在帮助这些国家制定国家战略的过程中不仅需要从根本上重新考虑如何消除这些国家的饥饿和营养不良的状况，更要通过积极调整和区分这些国家战略所涉及的危机解决方法和实施方案的不同乃至细微差异，以满足不同国家的实际需要。尽管世界粮食计划署包括国家战略在内的各类方案始终都具有包容性的特征，但是为了适应当今不断发展的国际形势和日益复杂的国际政治形态，该机构也正在积极考虑，特别是作为推动者，要更多地将受援助国家的各利益攸关方系统考虑进去并置于主导地位。为了能够更多和更加准确地达到这个目的，该机构也逐步提出了一个明确的目标，即积极确保任何国家的国家战略计划的所有方案编制工作都能够与这些国家的政策制定者在战略上实现协调和一致，以真正帮助这些国家实现零饥饿的远景目标。这也就是世界粮食计划署国家战略计划的“本地化”理念。

由于这种在重大国家战略计划中植入的理念或者说在近年开始实施的这一新方法，使得世界粮食计划署在众多受援助国家实施的项目综合性和多样性特征更加显著。另外还有一个特征就是这些项目还把世界粮食计划署国家办事处的很多地方人道主义和发展项目根据当地的实际需要纳入其中，甚至还根据评估与相应的预期将具体方案和项目纳入原先制定的战略计划中，并明确设定了相应的战略成果。这种做法不仅使得很多国家战略计划的内容显得更加丰满和具有可操作性，更重要的是还能够吸引更多的非政府机构特别是私营部门甚至是私人的介入和投资，从而使得这些地方发展项目不仅与国家战略计划实现了完美的融合，还与更多的投资方建立起了良好的合作关系。

另外，在国家战略计划中由一些国家牵头实施的《零饥饿战略审查》工作，可以利用上述做法将这些国家以及地方政府的实际情况与诉求与所有利益攸关方，包括该机构的价值主张进行对接或融合。在进行对接有效性的评估之后即可以确定有关优先实施事项，在这种事前安排的机制下，无论是政府、国际人道主义和发展机构、非政府部门，还是公共私营部门、民间社会、私人基金等，都可以灵活地对其所关心的或计划推动的项目进行全面的投资预算，特别是任何紧急干预的预算也能够与上述国家战略计划进行无缝整合。

一般来说，世界粮食计划署的所有《国家战略计划》最长为5年，这种周期的设计能够使该机构避免战略计划出现方案分散、内部协调差距和高交易成本等的遗留问题，另外这种设计同时能够进一步推动该机构与其联合国的姐妹机构，即粮农组织（FAO）、国际农业发展基金（IFAD）、联合国儿童基金会（UNICEF）等在粮食安全与农业可持续发展等领域的其他干预措施保持高度一致。

（二）发展行动项目

发展行动项目（Development Operation），简称DEV项目，该项目目前在执行的项目共67项。世界粮食计划署的发展行动项目存在于该机构的发展政策总体框架中。世界粮食计划署的发展援助政策是针对那些处于最贫穷状态的人群，并通过相应的发展援助行动满足他们完成一种基于长期的人力与资源的能力建设，同时也能满足他们任何时候的短期粮食需求，这种方式被称为“促进发展”（Enabling Development）。世界粮食计划署在实施此类发展行动项目的前提是受援助地区必须能够有产出持久的实物资产或人力资本的潜力，并且这些地区对这些资产和食物所产生的消费效应能够使那些贫困的和处于粮食危机挑战下的家庭和社区获得实际收益，该项目才能够启动，相应的粮食援助才能够发出。

世界粮食计划署的发展行动项目是在共同国家评估（the Common Country Assessment /CCA）[①]、联合国发展援助框架（United Nations Development Assistance Framework/UNDAF）[②]及国家减贫战略（Poverty Reduction Strategy/PRS）[③]的基础上制定的，通常实施周期不超过5年，该项目通常仅限于单一实施的开发活动，是一种基于多项目标并结合了多项发展活动的国家级计划。

投入超过300万美元的发展行动项目（包括国家计划和开发项目）必须由世界粮食计划署执行局批准，而低于300万美元的发展项目和预算增加项目则可以由世界粮食计划署执行干事直接批准[④]。

---

① 是联合国一个基于国家层面的发展框架，用于审查和分析项目实施国家的发展状况并明确实施发展援助的关键问题，并作为联合国下一步开展宣传、政策对话和制定各类发展援助框架的基础。

② 是联合国一个战略性的中期结果框架，描述了联合国系统在规范性规划原则的基础上对国家发展优先事项和结果的集体愿景和反应。

③ 是国际货币基金组织（IMF）和世界银行（WB）根据重债穷国（HIPC）的情况共同倡议的一个减免国家债务的文件。

④ *WFP Programme Categories*，Executive board，WFP，2022.

（三）紧急行动项目

紧急行动项目（Emergency Operation），简称EMOP项目，该项目目前在执行的项目共119项，是世界粮食计划署所有项目中对于援助时效要求最高的项目之一。该项目运行周期一般为危机爆发后一年的时间。该项目实施的前提是必须在突发灾害、冲突等事件下对受灾地区开展基于挽救生命和保护生计的紧急救济需求，同时还需要尽快启动基于恢复生计和粮食供应系统的恢复性援助行动①。

紧急行动项目一般不需要世界粮食计划署执行局特别批准，仅需要知悉即可，此外根据执行局有关规则，如果涉及援助的粮食价值不超过300万美元，则执行干事（ED）可以直接批准该项目。如果价值超过300万美元，则需要由执行干事与粮农组织总干事共同批准才能够实施。

（四）长期救济和恢复行动项目

长期救济和恢复行动项目（Protracted Relief and Recovery Operation），简称PRRO项目，该项目目前在执行的项目共75项。长期救济和恢复行动是世界粮食计划署在长期需要此类援助的情况下响应长期救济和恢复需求的手段。重点是在情况允许的情况下帮助重建和稳定生计和粮食安全，同时在必要时提供持续救济。该项目最长持续3年，一般是紧随紧急行动（Emergency Operation）开展之后进行跟进。该项目的特点是辅助性支持那些较为复杂的紧急突发情况和长期干旱等灾害的人道主义行动。项目重点帮助受灾当地的重建、生计稳定和粮食安全，且在行动实施过程中会根据当地的形势变化进行灵活调整，以确保项目在当地的救助与生产恢复之间保持各类资源的投入平衡②。

超过2 000万美元的长期救济和恢复行动项目（包括预算和修订项目）必须由世界粮食计划署执行局审查并批准。低于2 000万美元则可由世界粮食计划署执行干事单独批准。

（五）特别行动项目

特别行动项目（Special Operation），简称SO项目，该项目目前在执行的

① *WFP Programme Categories*，Executive board，WFP，2022.
② *WFP Programme Categories*，Executive board，WFP，2022.

项目共81项。特别行动项目的目标是恢复和加强运输和物流基础设施，以便及时有效地为受灾地区及时提供粮食援助，特别是确保能够同时满足当地紧急和长期的救济需求。此外该项目还通过提供特定的共同服务模式，加强联合国系统内部以及与其他合作伙伴横向协调与合作①。

（六）临时国家战略计划项目

临时国家战略计划（Interim Country Strategic Plan），简称ICSP项目，该项目目前在执行的项目共22项。

（七）有限紧急行动项目

有限紧急行动项目（Limited Emergency Operation），简称LEO项目，该项目目前在执行的项目共8项。

（八）过渡性临时国家战略计划项目

过渡性临时国家战略计划项目（Transitional Interim Country Strategic Plan/T-ICSP），该项目目前在执行的项目共41项。

二、紧急项目

世界粮食计划署除了在上文中提及的紧急援助项目之外，还有很多针对一些特殊国家以及特殊突发状况的紧急援助项目。在2022年，该机构共有17个较为特殊的国家或其他重大突发事件紧急援助项目。分别是2019年冠状病毒病（COVID-19）和全球粮食危机紧急情况应对行动以及阿富汗、刚果民主共和国、埃塞俄比亚、海地、缅甸、尼日利亚东北部、莫桑比克北部、萨赫勒地区、马达加斯加南部、南苏丹、苏丹、叙利亚、乌克兰、也门等国家和地区的紧急应对行动。

三、其他特色项目

采购促进步（Purchase for Progress/P4P）项目是世界粮食计划署主要在非洲以及部分美洲国家开展的特色可持续发展项目，也是世界粮食计划署在全球特别是中部非洲地区开展的针对小农能力建设的发展项目。该项目于2008年9

① *WFP Programme Categories*，Executive board，WFP，2022.

月由世界粮食计划署发起，重点围绕地方的小农可持续发展、农村市场开发和粮食援助等领域，与当地及国际合作机构开展伙伴关系合作，并依托世界粮食计划署的粮食需求与管理平台建立密切的合作伙伴关系。该项目试点实施3年后，在21个试点国家总体运行顺畅并建立起了一个具备多样性特征的能力建设与知识管理体系①。21个试点国家分别是阿富汗、刚果民主共和国、萨尔瓦多、埃塞俄比亚、洪都拉斯、加纳、危地马拉、肯尼亚、老挝、尼加拉瓜、布基纳法索、利比里亚、马里、马拉维、莫桑比克、卢旺达、塞拉利昂、苏丹、坦桑尼亚、乌干达和赞比亚。

阿富汗是唯一在亚洲实施的P4P项目国家，这是由于阿富汗是亚洲地区长期处于战乱最严重的国家之一，数十年的冲突以及反复发生的自然灾害严重破坏了该国的农业生产体系和农民的生计，特别是阻碍了该国的可持续发展能力。该国有1/3的人口面临粮食危机，除此之外，该国人民因为长期严重缺粮导致的营养不良现象非常严重。另外，大多数阿富汗人都是小农，他们无法获得资金、农业技术和市场的资源，因此需要通过一种外来的帮助购买的方式带动该国的小农产业形成②。世界粮食计划署在阿富汗实施的P4P项目主要涵盖3个关键领域：从当地小农和合作社采购粮食、与中等规模农户共同在本地生产粮食以及结合当地的粮食安全开展能力建设合作。

P4P项目是世界粮食计划署为期5年的试点项目，它改变了这些试点国家小农的生活和生计。随着2008年项目启动，世界粮食计划署开始探索基于可持续发展理念且比直接粮食援助更有效的援助方法。该项目的最大特点是能够直接激活当地的粮食市场并促进小农产业的良性流通与改善。在很多非洲国家，P4P项目将世界粮食计划署的技术专长、合作资源与当地特有的谷物和豆类等主粮的生产和产业化紧密联系起来③。1981—1983年，世界粮食计划署在津巴布韦首先推行了粮食的本地化购买模式并在当地购买了超过25万吨（Mt）的玉米，并以津巴布韦为中心分发给撒哈拉以南的15个非洲国家，这种做法为世界粮食计划署之后正式提出P4P项目积累了经验。1990年，世界粮食计划署开始尝试引入私营部门参与的手段提升在这些受援国家的强化混合食

---

① Josette Sheeran，former Executive Director，WFP，2012.

② *Purchase for Progress-P4P*，*Afghanistan*，WFP，2014.

③ *P4P Purchase for Progress Connecting farmers to markets An Overview*，WFP，2015.

品（Fortified blended foods）[1]的生产能力，有效缓解了对于突发灾难的人道主义应急食品的需求。至2000年，由于国际环境的变化，联合国成员国的人道主义援助行为更多地转向现金直接援助，粮食直接援助量减少，世界粮食计划署得以获得更多的资金支配权并在实地大幅开展本地和区域性采购。到了2006年，随着本地采购模式的成熟，更推出了“发展中国家粮食采购”（Food Procurement in Developing Countries）的政策，并以正式文件的形式在成员国中得到认可，推动了世界粮食计划署的本地化粮食采购及市场开发在全球范围的实地化推广应用并得到了国际合作伙伴的认可与协同。2007年，世界粮食计划署在获得了比尔及梅琳达·盖茨基金会（Bill & Melinda Gates Foundation）[2]和霍华德·G·巴菲特基金会（Howard G. Buffett Foundation）[3]的重要支持之后三方共同正式提出并发布了“P4P项目试点概念”（Concept for the P4P Pilot）并于一年之后在联合国大会上正式启动。经过5年试点运行，P4P项目中有关小农的支持行动在试点国家取得了进展并被证明了较强的可操作性，因此在2013年被进一步纳入了世界粮食计划署《2014—2017年战略计划》，这标志着世界粮食计划署已将该项目视为本组织战略计划的一部分。自此P4P项目不仅得到了国际社会的一致认可，还在2015年之后由世界粮食计划署提出了将进一步扩大在更多国家和区域的实施，推动在全球范围推广世界粮食计划署小农能力和市场发展倡议的理念，最终进一步强化世界粮食计划署包括联合国体系在内的国际社会在可持续发展领域中的“领头羊”地位[4]。

在试点期间，世界粮食计划署直接从试点国家的小农购买了价值1.48亿美元的粮食，并通过当地农民组织/合作社及一些中小型贸易商、交易机构进行了系统地营销，所有这些行动有效促进了小农户参与市场的积极性，也显著刺激了本地市场的活跃，使其进入了良性循环。

对于世界粮食计划署来说，P4P的故事只是一个人道主义壮丽事业“漫长旅程”的开始。P4P作为一种创新的可持续发展援助工具，促进了现实世界中“苦难人民”生计的显著变化，成功地推动了无数贫困和弱势的农民与市场紧

---

① 是世界粮食计划署专门为灾区生产的一种高能量的营养应急食品，但不适合长期食用。

② 是由Bill Gates和Melinda French Gates创立的美国私人基金会。

③ 霍华德·G·巴菲特（1954—），出生于美国，曾担任世界粮食计划署形象大使。基金会投资于三个主要领域：食品安全、冲突缓解和公共安全。促进转型变革以提高生活水平和生活质量，尤其是针对世界上最贫困和边缘化的人群。

④ *P4P Purchase for Progress Connecting farmers to markets An Overview*，WFP，2015.

密联系起来，有效呼应了联合国“养活世界”（Feed the World）的口号。

第五节　全球气候变化下的历史使命

一、粮食计划署如何支持全球气候行动

“气候危机即粮食安全危机[①]。”

当今，全球的气候多变性和不断出现的极端天气是造成全球饥饿问题愈演愈烈的主要因素。2017年，全球饥饿人数连续第四年上升，达到8.21亿人。这种饥饿人数大幅上升的势头使得国际社会与饥饿的斗争成果倒退了十多年。如果全球气温继续上升2℃，那么将会造成全球另外1.89亿人面临粮食安全的威胁。2021年，在短短的又一个4年之后，全球接连出现了前所未有的气候灾害，自2021年开始，全球开启了一个气候灾害之年模式，这个灾害之年也是国际社会应对气候变化的行动之年模式的开启。

国际社会在全球气候行动达成的一致目标对于指导世界粮食计划署参与全球气候行动具有重要的意义。世界粮食计划署在参与全球气候行动中更为关注的是在不断变暖的生存环境中如何保护脆弱地区人民的粮食安全和营养，以及指导他们如何提升自身对环境的应对能力和对灾害的复原力。根据联合国应对饥饿和气候变化的全球政策及有关路线图，世界粮食计划署不仅积极参与全球范围内的气候变化议程，还将支持和帮助各国政府履行全球气候变化的国际承诺，并为在更加不确定和危险的环境中保护本国脆弱地区的人民和粮食系统做出更多积极的努力。

作为一个从事世界人道主义援助行动的国际组织，世界粮食计划署高度关注和积极参与联合国相关全球气候变化框架和议程的制订和实施。考虑全球气候变化及其相关议程，《联合国气候变化框架公约》（UNFCCC）以及相关的《巴黎协定》[②]等是目前全球在气候变化议程中最重要的共识。世界粮食计划

① 大卫·比斯利（David M. Beasley），“COP27”，时任WFP执行干事，2022年。

② 《巴黎协定》（The Paris Agreement），是由全世界178个缔约方共同签署的气候变化协定，是对2020年后全球应对气候变化的行动作出的统一安排。《巴黎协定》的长期目标是将全球平均气温较前工业化时期上升幅度控制在2℃以内，并努力将温度上升幅度限制在1.5℃以内。

署不仅积极参与《联合国气候变化框架公约》，并且深度参与了《巴黎协定》的有关倡议。

《联合国气候变化框架公约》内的《巴黎协定》旨在加强全球应对气候变化对人类和生态系统的不利影响。这包括限制全球平均水平的增长温度低于工业化前水平2℃。此外，不断提高公共和私营部门机构参与度，推动这些部门在适应环境变化和减缓污染排放等方面发挥更大的作用。《巴黎协定》的最大成果便是由186个国家与地区参与，其中110个国家做出了在21世纪中叶实现“碳中和”的承诺。然而由于气候变化导致的脆弱国家与已经遭受了重大的生命、生计、作物和基础设施的严重损失破坏的当地社区，目前在上述联合国气候框架中却没有相应的支持措施特别是融资机制来保护。因此气候融资在近年特别是COP27期间更广泛地受到各国的关注，各国认为利用气候融资等手段对气候变化进行更加有效的规划可能也是一个关键方面。

世界粮食计划署不仅积极参与联合国气候变化框架下的所有倡议行动，还通过参与全球二氧化碳气体减排以及气候融资等方面的行动积极推进粮食安全与营养改善。

2015年，世界粮食计划署通过从联合国气候变化框架公约（UNFCCC）的适应基金购买高质量碳信用额的方式深度参与了国际社会在抵消全球温室气体排放负面影响的国际行动。虽然这项行动是一项临时性措施，但是随着全球在减缓气候变化影响技术进步舆论的不断推动下，特别是运输工具等零排放在未来成为可能的情况下，对于世界粮食计划署这样一个专业运输大户同时也是碳排放大户方面来说意义非常重大。由于世界粮食计划署本身的工作职能特点和其业务专长，未来世界粮食计划署的工作重点将不局限于人道主义行动领域内的可持续发展议题，还将在绝对减排（Absolute emission reductions）目标[①]领域投入更多的资源与力量[②]。

由于全球气候危机直接产生的一个社会问题是造成了全球发展的极度不公

① 衡量温室气体减排量的常用方法有两种：排放强度和绝对排放量。绝对减排量是加拿大国内气候目标中使用的温室气体减排的基本单位，“The Business Council of Alberta”，2021年6月17日；欧盟一直坚持新兴经济体应该承诺绝对减排，中外对话（China Dialogue Trust），chinadialogue.net。

② *WFP Environmental Policy*，2017.

平状况。特别是全球变暖导致的极端天气事件对那些地处险境但同时温室气体排放却较小的国家来说造成了严重的不公平和多重打击，且在承受气候变化冲击的同时由于没有资金支持导致其灾害恢复能力越来越弱。2009年，历史上排放量最多的高收入国家承诺到2020年每年向发展中国家提供1 000亿美元的气候融资，但这一气候融资目标到2021年都没有实现。在2022年的COP27大会上，与会者对在2022年实现承诺持怀疑态度。

联合国秘书长安东尼奥·古特雷斯（António Guterres）呼吁将50%的气候资金用于适应气候变化。世界粮食计划署也支持气候融资手段，特别是通过气候风险保险和预期行动为最脆弱的群体提供保护。据统计，世界粮食计划署约40%的全球人道主义活动与减少灾害风险、建立复原力和帮助人们适应气候变化的活动有关。仅在2006—2016年十年间，世界粮食计划署47%的业务就覆盖了应对气候变化和减缓相关灾害的行动，该机构在这些行动中的总投入已经累计达230亿美元[①]。2022年，世界粮食计划署将继续扩大其气候变化行动，并计划到2025年将基于气候变化的人道主义行动惠及至900万人以上。

此外，世界粮食计划署始终站在抗击饥饿和气候变化的全球第一线，帮助弱势社区和脆弱人群以最大的可能适应这场气候危机。世界粮食计划署除在领导和参与上述与气候密切相关的人道主义行动以外，还积极探索气候变化危害对人类生存环境的影响和相应的预警机制建设，包括通过使用预警系统触发该机构的预防性人道主义行动，确保世界粮食计划署能够在气候威胁演变成真正的灾难之前进行准确预测和行动，同时通过该机构的“安全网”（Safty net）[②]和保险计划给全球最脆弱的群体提供最大化的保护力度[③]。

二、世界粮食计划署的气候金融项目

《巴黎协定》提出全球各国在2020年每年至少共同筹措1 000亿美元的气候融资，以缓解气候变化和进行相关的气候适应行动。通过帮助各国政府获得气候融资和扩大一系列创新风险融资计划，世界粮食计划署正在支持各国在《联合国气候变化框架公约》范围内实施关于气候变化的《巴黎协定》的承诺，自身也根据本组织的相应特点制定了相应的气候变化政策。

① https://www.greenclimate.fund/ae/wfp.
② 世界粮食计划署于2004年推出的一项社会保障体系倡议。
③ Chris Kaye，WFP’s Country Director in Pakistan，2022.

世界粮食计划署的气候变化政策阐明了该机构在国家层面乃至全球范围在减少气候变化对饥饿的影响方面做出的贡献，特别是在加强脆弱地区人民对气候以及灾害冲击的复原力方面所发挥的重要作用。世界粮食计划署作为一个有影响力的多边国际组织，在协调国际气候融资方面有很强的能力和优势资源，特别是在帮助各国政府从绿色气候基金（GCF）和适应基金（AF）等多边筹资机制获得气候资金方面有非常丰富的经验和实际运作能力。

自世界粮食计划署气候变化政策制定以来，该机构已协助全球4个国家政府（吉尔吉斯斯坦、塔吉克斯坦、塞内加尔和津巴布韦）批准了绿色气候基金项目，总金额达3 680万美元。还牵头组织批准了9个适应基金项目，这些项目在厄瓜多尔、埃及、莱索托、马拉维、毛里塔尼亚、尼泊尔、刚果共和国、斯里兰卡、哥伦比亚和厄瓜多尔倡议实施，总金额为8 370万美元。

世界粮食计划署参与实施上述气候变化政策项目的创新之处在于其是一个非常可行的试点项目。为了将试点项目进一步推广，该机构正在世界各地的脆弱国家扩大一系列创新风险融资计划。为支持实现G7国家的"InsuResilience"倡议目标，加强发展中国家对气候风险的抵御能力，该机构筹集7 470万美元实施气候风险保险倡议，目前在6个国家对这些国家的小农户提供了小额保险（R4 Rural Resilience）项目，并在4个国家推行了主权保险（ARC Replica）[①]。此外该机构还评估了如何在私营部门的支持下更有效地提供人道主义援助。在基于预测的融资领域（Forecast-based financing），该机构正在11个国家试行早期试点行动计划，帮助这些国家更好地应对周期性和重复性的灾害冲击，特别是通过预先设定的应急计划为应对当地政府和社区的紧急事件提供更加优化的方案支持[②]。

在基于预测领域的气候融资方面，世界粮食计划署还推出了应用于天气预测领域的融资项目，该项目借助使用灾害天气预报和早期预警系统，帮助地方和社区能够提前至少15天获得该地区的有关气候变化信息以及灾害天气的跟踪和提醒，并启动相关系统或采取必要的预防措施，将受到灾害影响的程度降到最低。

---

① 是ARC Ltd向WFP和其他人道主义合作伙伴提供的一种创新保险产品，该产品将气候风险保险覆盖范围扩大到更易受气候风险影响的非洲脆弱国家，以保证所实施的紧急人道主义措施的有效性。

② How WFP is supporting global climate action，WFP，2020.10.

在实际应用领域，世界粮食计划署还针对一些农村偏远地区的实际特点，推出了如气候智能型能源解决方案等农村可持续发展项目。为确保人们能够安全地烹饪和用餐，还为当地人提供了燃气灶、迷你气化炉或电压力锅等现代烹饪方案。另外该机构还以可持续的方式传播用于生产的能源设备和服务，赋能小农户，以促进农业市场的发展。

世界粮食计划署为当地人提供的现代烹饪器具

在农业领域应对气候变化方面，世界粮食计划署还参与了联合国气候变化框架公约科罗尼维亚农业联合工作机构（The Koronivia Joint Work on Agriculture，KJWA）[①]。根据其有关议程，各国应在2020年制定和实施新的农业部门适应和减缓气候变化的战略计划，重点是减少温室气体排放，增强抵御气候变化影响的能力。在这方面，世界粮食计划署利用其特有的优势特别是在以农业人口为主的国家灾害复原力能力建设方面，进一步帮助农业部门在气候变化的背景下对社会经济（Socioeconomic）和粮食安全（Food Security）方面的影响力进行评估。

第六节　粮食、人道主义和全球化——全球粮食安全危机下的历史使命

一、全球粮食安全危机对世界粮食计划署的影响

20世纪本应是全人类迎来和平共同发展的一个世纪，然而刚刚摆脱战争蹂

① 该机构于2017年成立，旨在增强国际社会对农业和粮食安全对气候变化的影响方面的重视，并协调各有关机构制定具体的气候行动来解决这些气候变化中涉及农业领域的问题。

蹒的世界，却历经了多次粮食安全危机，这几次危机直接导致了全球粮食价格多次剧烈波动和随之而来的一波又一波的难民潮及猛增的饥饿人口。在20世纪70年代初期由于众所周知的石油危机引发了一场全球性粮食安全危机，从1971—1974年，世界粮食价格上涨了153%，全球至少有5亿人口受到饥饿威胁并导致一些发展中国家陷入发展停滞或跌入贫穷国家行列。非洲今日饥饿人口的地区分布大部分就是在此时逐渐形成的。21世纪初，全球又爆发了一场由伊拉克战争引发的粮食危机。据统计，从2000—2004年，世界粮食价格涨幅高达75%，世界出现了约8.5亿饥饿人口。2010年前后，世界又遭受一次因极端天气造成农业大幅减产带来的粮食危机，粮价涨幅达到73%，全球近10亿人挨饿。时至今日，全球面临的挑战更加复杂严峻，俄乌冲突和已进入第4年的新冠疫情（COVID-19）的持续发酵，加之气候的剧烈变化导致了全球生存环境的日益脆弱和对全球人民的持续伤害。粮食价格大幅上涨和供应短缺正在增加全球人民的生存压力，并已使数百万人深陷粮食安全危机。全球粮食价格每上涨一个百分点，世界上就会有1 000万人陷入极端贫困之中[①]。特别是随着俄乌冲突的拖延，使本已处于严重不稳定的全球粮食安全危机更加恶化。在世界粮食计划署日常开展援助工作的全球81个国家中，急性饥饿人口将再增加4 700万人，即从2.76亿人增至3.23亿人，这将创造惊人的17%增幅，而这些增幅的人口大部分来自非洲撒哈拉地区（Saharan region）[②]。

在20世纪60年代，非洲每年出口价值13亿美元的粮食。而40年后，非洲国家所需粮食中的25%必须依赖进口。非洲的粮食生产原本以小农经济的分散耕种为主，大量的农业人口自给自足。后来，不同地区甚至不同国家逐渐在产业上有了分工，产生了国际粮食贸易。进入20世纪，非洲开始出现了集约化经营农场的形式，一些非洲国家通过发展特色农业、兴建大型农业基础设施以及实施农业补贴促进农业生产等手段成为粮食出口国家，而另外一些非洲国家则成为严重依赖粮食进口的国家。第二次世界大战后，非洲许多摆脱了殖民统治或刚刚获得独立的国家都有着迫切的工业化要求。非洲的工业化至今仍是一些国家的重要国策。然而，工业化、城市化必然会大幅减少耕地和农业人口，长期以来，非洲的粮食安全状况越来越严重，今天的非洲粮食安全问题，用“罗马

① 世界银行集团、国际货币基金组织、世界粮食计划署和世贸组织呼吁就粮食安全采取紧急协调行动的联合声明，2022年4月13日。

② 阿里夫·侯赛因（Arif Husain），世界粮食计划署首席经济学家，2022年5月16日。

不是一天建成的”形容最恰当不过。

然而在全球粮食安全危机的当下，国际人道主义援助的需求大大超过了以往任何时候，也大大超出了世界粮食计划署目前自身可以调用的资源范畴。与2019年相比，商品价格上涨和供应链中断使世界粮食计划署的粮食采购成本增加了36%。

世界粮食计划署在2021年为全球约1.28亿饥饿与贫困人口提供了用于拯救生命和恢复生计的粮食、食品及营养援助。该机构曾提出需要214亿美元人道主义援助资金用以援助全球1.47亿弱势人口，预计将面临超过50%的资金缺口，是该机构多年来出现的最大程度资金缺口。2022年，该机构实际获得了141亿美元捐资，比2021年高出近50%，达到计划需求的214亿美元的2/3①。著者在2013—2017年任中国常驻世界粮食计划署代表期间，该机构平均每年的资金缺口也仅为目前的一半左右，也就是说近10年，该机构的资金缺口大约翻了一番。世界粮食计划署捐资的大幅提高反映了全球对人道主义行动需求的更加强烈和国际社会的更高期待。当然，这也与该机构不断增加的预算支出和全球通胀等多重因素相关。

与2019年暴发的新冠疫情（COVID-19）之前的平均每月成本相比，世界粮食计划署的粮食采购和运输成本每月增加约7 100万美元，成本增加高达44%。这样的支出增加量足以为全球380万饥饿人口提供30天的配给食物（每日1份）。这对于一个完全由自愿捐款资助的联合国机构来说，这样的支出上涨不得不迫使该机构甚至在严重粮食不安全国家大幅削减口粮供应②。

二、世界粮食计划署的应对手段

在积极应对全球粮食安全危机方面，世界粮食计划署通过创新筹款方式与渠道，积极扩充全球捐助者范围，并加大与国际金融机构的伙伴关系构建，在2021年筹措到了96亿美元捐款，其中私营部门的捐资获得了大幅增加。2021年，通过实施了多达19项2级和3级紧急行动为数百万面临粮食安全危机的弱势人群提供了帮助。通过不断改善自身能力建设，推动了该机构以更大的社会凝聚力和执行力完成了更具挑战性的任务。通过共同后勤服务，对救援物资加

① *Annual performance report for 2022*，Executive Board Annual session，2023.
② 阿里夫·侯赛因（Arif Husain），世界粮食计划署首席经济学家，2022年5月16日。

快了预先部署和调度，为更广泛的人道主义响应奠定了基础，2021年，该机构公共航空运输和应急仓库共完成了运送超过32.5万人，4.1万立方米救援物资的任务。同年还完成了全球760万女童学生和790万男童学生的营养餐、日粮等配给。推动与近60个国家政府和国际组织建立伙伴关系，并启动了全球学校供餐联盟，并将学校供餐计划覆盖到全球7 300万最需要扶助的脆弱地区的学童。世界粮食计划署开展了对全球弱势家庭和社区的生计援助工作，帮助这些家庭和社区提升了应对粮食安全冲击的能力。在过去3年，实施了萨赫勒地区（Sahel region）5个国家的综合韧性提升项目，对10.9万公顷土地实施了改造，改善了250万人的生存环境。积极参与全球气候改善行动，特别是全球大气减碳行动。此外还采用数字化手段帮助全球弱势群体掌握并获得基于生计保障的基本金融服务。在过去5年里，世界粮食计划署通过数字方式对全球的扶助对象进行注册和管理，使受益人数增加了9倍，通过数字方式分配的援助资金量增加了3倍，这些大幅提升了该机构在全球实施援助的效率。积极开展与全球战略伙伴的共同协作，特别是与一些国际金融机构扩大合作范围，对其社会安全网（Safety net）计划进行全面提升，以惠及更多的弱势群体[①]。

值得一提的是，世界粮食计划署还积极开发并使用了先进的信息分析系统，有效提高了该机构在应用信息技术和大数据平台方面提升其在全球人道主义援助及粮食安全风险应对方面的手段和能力。

为应对因全球粮食危机而引发的国际粮食投机现象，以及由此引起的粮食价格上涨，为了将该机构的全球人道主义粮食全球采购及援助的风险降至最低，该机构还开发了旨在提高粮食市场透明度的有效系统工具，即农业市场信息管理系统（AMIS）。最初，AMIS是专门为应对2007—2008年以及2010—2011年的全球粮食价格上涨而开发的，当时开发的最初目的是为在全球粮食安全高度不确定性期间为国际粮食市场的政策协调提供一个国际交流协作的平台。但是随着俄乌冲突的爆发和持续，全球粮食和能源市场陷入空前的动荡和不确定性。对此，考虑非洲国家在此轮全球粮食安全危机下的高度脆弱性，七国集团（G7）各成员国首先提出了加强非盟粮食安全信息系统的战略合作倡议，AMIS在这方面可以发挥更加广泛的作用[②]。

---

① 《WFP2021年度绩效报告》，2022年6月15日。

② 阿里夫·侯赛因（Arif Husain），世界粮食计划署首席经济学家，《乌克兰战争正在加深全球粮食不安全——我们能做些什么？》，美国和平研究学会，2022年5月16日。

三、粮食、人道主义和全球化

粮食、人道主义和全球化是当今国际社会在气候变化、粮食危机、战争冲突、疫情灾害乃至人口爆炸等多重挑战与危机下共同面对的问题和解决之道，它们体现出的是全人类在这个世界的高度不确定性加剧下的核心关注、优先任务及未来发展的必由之路，也是全人类为实现人类命运共同体而奋斗的三大主题。对于世界粮食计划署而言，这3个主题不是简单的3个单词的叠加，它们对于世界粮食计划署有着特殊的意义，分别体现出的是世界粮食计划署的三段辉煌和可期的历史与展望，它们既相互独立，又拥有自身的叙事逻辑，更相互交融不可分割。通过对世界粮食计划署的研究，甚至可以看清人类自身在多重挑战及任务下的行动与发展轨迹和未来的发展目标。

粮食、人道主义和全球化不仅是世界粮食计划署永恒的“关键词”，更是整个人类推动人类命运共同体发展过程中永恒的“关键词”，甚至是解开未来人类发展困局的“密码”。

首先，粮食是这个“密码”的代码。这是因为粮食是人类能够实现可持续发展的基本元素构成与能量源泉。毫无疑问，粮食已成为当今世界最重要的战略物资之一，其重要性毫不亚于石油、天然气、黄金等硬通货。特别是在当今的地域政治博弈中，还具备了“武器”的特征与功能。例如俄乌冲突期间，冲突双方对粮食贸易的争夺始终是战场之外的另一个焦点。由俄乌冲突引发的全球粮食安全危机不是凭空发生的，在新冠疫情流行已4年、全球通胀持续的情况下，全球粮价不仅持续高企，粮食资源更趋于高度集中化。此外从技术上讲，粮食危机不仅能够引发通货膨胀，还会引发国家的主权债务危机和系统性风险，最终引发社会动荡、冲突乃至旧有社会体系的崩塌。在这种情况下，多数对粮食高度依赖的国家不仅难以避免“粮食主权”的丧失，更将深陷债务陷阱，使国家沦为强权国家、国际垄断资本和跨国集团斗争的牺牲品和交易砝码，国际粮食市场在“无形的手”拨动下，随时可以将这些国家和无数的弱势人群在动荡甚至崩溃的边缘往复“驱赶”。

人类对粮食安全危机的恐惧，自古以来就远远高于其他资源。“人相食”的悲剧在世界各地的历史上曾经不断上演，如果未来的“人相食”再度发生，可绝不是简简单单的个体之间的“相食”，而可能是群体乃至国家之间的“相噬”。

其次，人道主义还可以看作这个“密码”的算法。这是因为人道主义是人类能够实现共同的可持续发展的基本准则。人道主义不是简简单单的“救援”和“援助”的概念，不是富国对穷国的“施舍”，而是一个存在于人类发展两极的共有普世观念。无论是发达国家、发展中国家还是不发达国家，都需要不同的人道主义规则去定义他们的权利与义务。处于不同发展阶段的国家，需要通过不同的人道主义规则去履行其人道主义义务或享受人道主义待遇。事实上，这就是一个“共同的带有区别的”人道主义国际行动准则的概念。只有遵循这个规则，才能解开这“密码”，共同解开未来人类发展困局。

最后，全球化可以看作这个“密码”的密钥。全球化是不同国家的政府、机构、组织、团体以及社区和人民之间互动和整合的过程，这个过程就是对全人类所处的环境、文化、政治、经济与社会的发展和繁荣以及人类自身的整合与刷新。由于全球化的实质上是生产力发展到一定程度而自发推动的，因此对于人道主义事业来说，全球化则实际上意味着对全人类基本福祉的重新整合与分配的一个关键阶段。面对多变和不确定性，甚至全球化本身都在受到挑战的这个时代，人道主义事业必将因全球化的到来而再次迎来新的变革，这个变革将如何进行？将从哪里推进？答案就是全球化的共同发展模式，这个能够被大多数人接受的模式不仅可以解决人类可持续发展问题，更将是打开未来全球人道主义事业新篇章的“密钥”。

然而，全球化之路始终都不会是一帆风顺的，阻碍全球化的因素固然主要来自意识形态领域的巨大差异和认知，但是更多的可控因素却来自与人道主义行动密切相关的环境因素所导致的逆全球化因子，例如，权力威胁、垄断利益，当然还有导致了全球经济危机与粮食安全危机的元凶之一——新冠疫情。在那些千差万别的意识形态暂时难以调和的时代，人类对于环境因素威胁与挑战的应对与消除，却是有可能推动和实现的。

由于气候变化、新冠疫情、俄乌冲突等多种因素叠加，世界粮食安全状况一度令人担忧，一些发展中国家粮食短缺问题显著加剧，贫穷和冲突国家的弱势群体甚至面临生存危机，世界粮食安全挑战的复杂性从未像今天这样向人类“摊牌”。面临如此错综复杂的局面和严峻挑战，联合国粮农组织（FAO）等5个联合国组织在2021年共同发布全球粮食安全报告称，全球受饥饿影响的人数已达8.28亿人，较2020年增加约4 600万人，自新冠疫情以来累计增加1.5亿人。全球消除饥饿和营养不良的进展甚至在“开倒车”，无法确保在2030年完成第二个可持续发展目标，即消除饥饿、粮食不安全和一切形式的营养不良。

在2023年，世界粮食计划署作为牵头人之一，联合多个国际机构共同发布的《全球粮食危机报告》（图1–14）（The Global Report on Food Crises 2023/GRFC）[①]中提出，2022年在全球58个粮食危机国家/地区，有超过1/4约10亿人严重粮食不安全并需要紧急粮食援助，其中2.58亿人处于危机或更严重的严重粮食不安全（IPC/CH[②]第3阶段或以上水平），该数字远远高于2021年53个国家/地区1.93亿人的水平。41个国家/地区2.53亿人处于较严重的粮食不安全（IPC/CH第2阶段）。另在2022年由于COVID-19、乌克兰战争连锁反应及干旱等极端天气更导致了上述国家/地区粮食安全问题更加恶化。

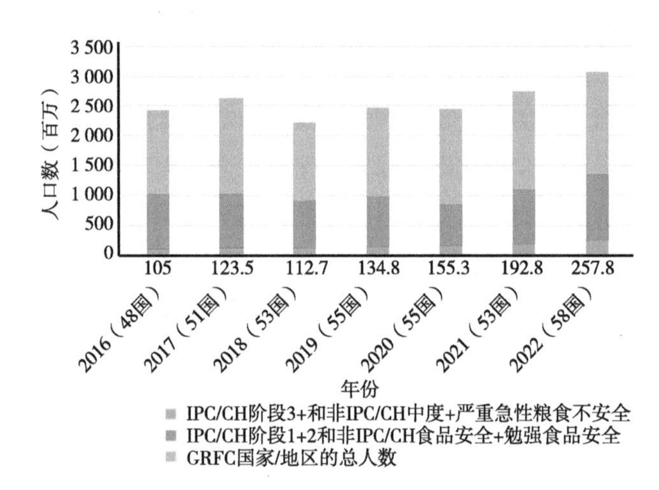

图1–14 《全球粮食危机报告》（GRFC）2016—2022年国家/地区面临严重粮食不安全的人数

来源：FSIN and Global Network Against Food Crises. 2023.GRFC 2023. Rome.

根据世界粮食计划署的数据，由于粮食冲击的影响无处不在，严重的粮食安全危机目前已使3.45亿人的生命和生计受到直接威胁，其中48个国家的情况最为严重，他们多数高度依赖从乌克兰和俄罗斯进口粮食，且是低收入国家。

---

① FSIN and Global Network Against Food Crises. 2023.GRFC 2023. Rome.

② 粮食安全阶段综合分类（IPC）或Cadre Harmonisé（CH），粮食安全信息网络（FSIN）所采用的一种统计指标。Cadre Harmonisé是一个对当前粮食安全和营养状况进行统计和预测的综合工具，自1999年以来，萨赫勒地区国家间抗旱常设委员会（Comité permanent Inter-Etats de Lutte contre la Sécheresse dans le Sahel，CILSS）与西非经共体、西非经济联盟以及世界粮食计划署等联合国机构一直在参与Cadre Harmonisé的开发和实施，用以分析和确定萨赫勒和西非风险地区粮食安全和营养不安全。

在这些国家中，约有一半由于严重的经济挑战、薄弱的体制等问题而尤其脆弱，这些国家如果不尽快改善本国的粮食安全状况，有可能重新掉入饥饿的“陷阱”，成为全球人道主义工作新的“拖累”。

2022—2023年，对于这些存在严重粮食安全问题的国家而言，除了本国粮食不足的巨大压力以外，粮食和化肥的进口成本增加将导致其国际收支压力增加90亿美元。这将侵蚀他们有限的国际储备，进一步削弱其经济韧性和对灾害的复原力。如何有效应对上述粮食危机，只有一条途径，即抓住粮食这个根本，扮演好自身的人道主义角色，以全球化的视野，支持民众的多样化生产需求、促进产出、开放贸易、重组资源、加大投资，才能真正形成对人道主义事业的良性循环，才能真正减轻饥饿民众的痛苦，才能真正实现粮食、人道主义和全球化的完美结合[①]。

第一，国际人道主义机构的领导与组织是粮食安全得以保证的有效抓手。通过世界粮食计划署等组织的人道主义援助并在相关国家有效的财政措施保障和支持下，能够迅速有效地为受粮食安全威胁严重的弱势人群提供帮助。国际人道主义援助应侧重于向最需要得到援助的人提供紧急粮食救济或现金转移支付等帮助，或者加大补贴等临时性的救济措施。

第二，粮食的流动性是粮食安全得到保证的重要指标。借助人道主义措施，可以有效推动粮食贸易的开放和渠道畅通，从而使粮食从有盈余的地区流向有需要的地区。例如世界贸易组织（WTO）第12届部长级会议（MC12）在粮食自由贸易方面所取得的进展，以及俄乌冲突期间形成的《黑海谷物外运倡议》，这些都是有利于粮食流动的有力措施。根据世界银行的数据，保护主义措施只会加剧粮食危机，全球小麦价格涨幅的9%都是由于保护主义措施造成。

第三，重要资源的公平重组与分配是粮食安全得到保证的先决条件。借助人道主义机构的协调和对国际人道主义准则的尊重，粮食生产与出口大国应该在共同遵循的国际准则基础上增加粮食生产和改善粮食分配，确保有需求国家能够获得足够的化肥和实现作物多样化，同时增加贸易融资和加强供应链的能力建设，这些都是所有粮食大国共同的责任。此外，全球主要的国际金融机构同样具有相应的国际义务，例如世界银行和其他多边开发银行在增加对农产品和其他粮食产品的贸易融资、支持各国升级关键物流和基础设施方面发挥着关

---

① Kristalina Georgieva，Sebastián Sosa，Björn Rother，2022.

键作用，他们同时也对维护全球的粮食安全负有重要的责任。

第四，基于气候变化、灾害适应力以及能力建设领域的投资是实现粮食安全的重要源泉。鉴于未来更加不确定性的全球气候变化对粮食安全的冲击，投资于更加适应气候变化的农业，对于未来增加全球粮食产出至关重要。国际社会需要关注的是那些低收入国家，特别是撒哈拉以南非洲的低收入国家，这些国家几乎没有应对气候变化的能力，是未来最有可能在下一轮“饥荒”中“暴雷”的国家。因此应根据这些国家的实际国情制定解决办法，重点放在低成本、高效率的援助措施上，如投资新作物品种、改善水资源管理和能力建设。

这个世界在不断变化着，而这个世界上的国家则更以前所未有的速度发生着深刻的演变，无论是令古埃及法老王朝兴起的绿洲经济，还是令中国隋唐国运昌盛的运河经济，无论是令古希腊、迦太基和古罗马盛极一时的内海经济，还是令欧洲复兴和非洲觉醒的跨界江河经济，无论是令近代美国称霸全球的海洋经济，还是令中国实现民族复兴的路桥经济，无论是令全球化惠及四方的数字经济，还是令人类未来实现大同的共享经济，可以说地球上只要有绿洲、海洋、江河、陆地的地方，只要有人类社区的地方，都不可能不参与到这次“百年未有”的全球资源、人力和市场的重新大配置，而全球化将是最佳选择，在这个意义上，人道主义事业的全球化或将带来公平的资源配置，甚至有可能在未来或将出现的“后全球化”（Post-globalization）时代[①]，能够有效修正、消弭“单极”或“多极”时代带来的负面影响。

“国家”在人道主义全球化过程中将扮演一个决定性的“角色”。一个国家在这个全球体系中的地位将更多地取决于本国人民的幸福程度和经济行为。而人道主义工作就是提升幸福程度和改善经济水平的一项事业。无论人道主义发展到什么阶段，我们都能清晰地看到上述各种人道主义行动中“国家”的角色，也能看到在众多的人道主义行动中，国家与资本的“完美结合”。

“政治家应当以宁静接受那些不能改变的，以勇气改变那些能改变的，用智慧分清其中的区别[②]。”而世界粮食计划署在一定程度上也是帮助和协调全人类共同发展，实现“零饥饿”目标事业的“政治家”，对此世界粮食计划署

① 一种学术观点，还存在“再全球化”（Reglobalization）、“去全球化”（De-globalization）等多种学术观点。

② 德国前总理施密特（Helmut Schmidt），2007年。

必须深刻理解“改变”这个词对该机构生命力和发展潜力所具有的深刻内涵。

在当今国家的角色在人道主义工作中发挥着越来越重要的作用之时，世界粮食计划署也在不断面临着整合甚至改革的考验和挑战。为了更加适应新形势下多任务、多角色的要求，世界粮食计划署在2024年初提出并实施了机构设置改革，变化与历年相比非常显著，体现了该机构在精简管理、整合资源、强化实地等领域的重大改革举措。在此次机构改革中，全部核心及挑战性的工作特别是应急响应等部门进行了深度优化和强化，并由副执行干事直接进行监督。管理层级进一步简化，高级管理岗位精简，机构的管理经费和人员大幅压缩，执行干事和副执行干事的权力和监管范围显著扩大，特别是压缩了助理执行干事的数量和职权范围，提升了副执行干事的权限和对业务部门的垂直领导。该组织对实地的监督也通过部门的调整更加系统化，区域办公室的地位也得到加强①。

在世界粮食计划署未来的发展之路上，他们的“政治家”们只有坚持追求多边利益的最大公约数理念，以开放心态面对和接受这个巨变的时代，走人道主义务实合作路线，在发展上既不自我设限，也不好高骛远，才能够真正推动实现人道主义事业的永续和可持续发展，甚至在参与或引导一些人道主义以外的全球重大议程，将独具历史机遇，成为推动人类实现命运共同体的最佳“推手”。

第七节　小　结

本书第一章将世界粮食计划署置于“百年变局下”，意为不基于常规对该机构研究。此部分内容时效性不强，且在本书姊妹篇《饥饿终结者和他的粮食王国——世界粮食计划署概述篇》中已经详细介绍。本章着重时效性考量，聚焦于当今气候巨变、人道主义灾难频发及由此引发的粮食问题日益严峻的时代，结合该机构特点和在应对上述危机中将能够发挥重要作用的职能和机制特点进行重点介绍，主要包括基本职责、融资机制、工作重点领域、主要国家伙

① C. McCain. Executive Director of WFP，Opening remarks on the first regular session of the Executive Board，2024.2.26-2024.2.28.

伴、主要援助项目、历史使命（气候变化及粮食危机条件下）。

在本章中，特别对该机构当前在应对上述挑战中正在和将要面临的困境与挑战进行了关注，并将面临的困境分为内部与外部两种来源，其中对外部困境的研究中创新提出了“部落难民”“饥饿难民”“战争难民”“气候难民”“疫情难民”的分类模式，借以更加有指向性地对当今全球流离群体的变化趋势进行更加精准的描述。采用上述新的分类模式皆因上述不同群体在新的世界人道主义事务新的形势下更加鲜明地对应着不同的社会形态、价值观念、利益纠葛和冲突矛盾，特别是市场与经济、跨境迁徙、地理政治以及全球治理与安全等关乎可持续发展乃至生死存亡等严峻和敏感的问题。

在对该机构内部困境描述方面，结合著者多年在联合国粮农机构的工作经验，主要关注的是联合国多边机构普遍存在的一些共性问题以及或将影响其可持续发展的一些“羁绊”乃至“藩篱”。例如机构科学化治理、人力资源管理、能力建设、风险应对和管理特别是未来能够参与更多国际治理等面临的问题，这些问题能否得到解决，都将成为联合国系统乃至联合国本身在“百年变革”之下是否需要或者说是否有能力进行转型乃至变革的依据。

为了确保包括世界粮食计划署在内的联合国机构能够实现真正意义上的可持续发展，本书提出了“融资”这一最核心的解决路径。对于一个神经遍布全球的物流与人道主义行动的“超级机器”，创新的融资形式是维持这台机器持续高速运转的“燃料”。没有燃料，再庞大强悍的机器都与乌克兰战区遍地的坦克及火炮残骸无异。对此著者专门将此内容作为一个优先于该机构其他核心工作的内容而提出。

世界粮食计划署的融资机制与其他联合国多边机构相比，因该机构的工作特殊性和机构的复杂性，从而显得更加灵活和“富有生机”，例如该机构采用了一些较具商业化特色的创新融资机制，不仅有效激发了该机构的巨大融资潜力，也有效带动了利益相关者的发展，同时还能够利用一些平台的系统性、开放性特点及合作伙伴的优势，确保其巨大的机构资源得到充分利用并有效规避风险。

在世界粮食计划署的工作重点领域这一常规研究部分，由于篇幅所限，仅列举世界粮食计划署美国局（WFP/USA）、欧盟及中国3个案例。美国与欧盟在该机构的影响力无须赘言，中国作为全球最大的发展中国家，在该机构的影响力和发言权始终被众所期待，特别是代表发展中国家和更多的不发达国家方面，著者多年在此参会感受颇深。加之本书在中国境内出版，考虑帮助中国读者在阅读了本书的姊妹篇并对该机构有所初步了解基础上，能够尽可能深层面地理解该机构的核心工作与机构文化内涵。

最后，除了按照一般模式对世界粮食计划署主要常规和临时性援助项目进行介绍外，特别在本章的结尾部分，提出了全球气候变化以及全球粮食安全危机下该机构的历史使命这两个目前社会还较少进行关注和研究的领域。著者借助一些重要范例尝试展现世界粮食计划署在全球气候变化、粮食安全危机两大当今全人类面临的最大威胁面前的应对手段和积极参与其中的意志。上述对该机构的一些“创新”研究，希望能够对其他领域的研究产生有益的启发。

第二章

饥饿终结者和她的“努特之翼”

“努特”（Nut）是埃及天空之神，在埃及的神话传说中，努特之神掌管着日月星辰，守护着埃及农作物的四季运行节律，在她的羽翼呵护下，埃及人在富饶的土地上得以生生不息。埃及长期以来作为地区有影响力的大国和世界贸易“十字路口”国家，更坐拥苏伊士运河“黄金水道”全球12%的贸易量，自身发生的任何粮食安全危机或人道主义动荡可能会引发“多米诺骨牌”效应，不仅威胁整个地区的粮食安全，还将扰动北非乃至整个中东地区并打破上述地区业已形成的政治、经济等多种生态格局。埃及在2008年全球金融危机以及随后引发的粮食危机中，曾经因为粮价上涨太多，人民买不起粮食，引起了全国动荡。2022年的俄乌冲突导致的全球经济动荡对埃及更产生了深远的影响，2023年的“加沙”冲突更彻底打碎了埃及“明哲保身”的发展奢望，“唇亡齿寒”再次“拥抱”埃及。不断的地域政治格局的陡变给埃及的粮食安全政策带来了深刻的教训，也强烈震动了埃及高层并推动埃及政府反思本国粮食安全和人道主义工作。埃及未来的粮食安全之路无法仅仅依靠自身解决，与联合国多边国际机构的粮食安全特别是在更高层面的人道主义领域的合作，或将左右埃及未来的战略布局和发展方向。对于埃及来说，必须充分认识到这一点并吸取经验教训，积极探索并寻找一条可持续发展的多边共同合作之路。

天空之神——努特

第一节　世界粮食计划署在埃及合作概况

世界粮食计划署在埃及开罗同时设有远东及北非地区事务区域办公室和国家办公室，足见其对与埃及开展合作的重视。该机构自1968年起就开始了在埃及的人道主义援助和发展计划，并实施了多年的消除贫困、提升营养和小农扶助项目，其中效果最好且最重要的多年合作项目是“WFP埃及国家战略计划（Egypt-CSP）”。该项目从2018年7月至2023年6月底，重点内容是加强埃及应对气候变化的能力，提升弱势人群的粮食安全水平和对营养不良的改善能力，同时满足人道主义需求。此外，还通过南南合作等手段积极促进实现粮食安全和营养提升的知识共享和实践交流。目前该机构在埃及资助的农业类发展项目价值已达5.86亿美元。目前第一阶段的目标是在埃及5个省份的63个村庄实施农业和农村发展的项目。

第二节　世界粮食计划署在埃及的主要项目

根据世界粮食计划署在埃及实施的多年合作项目“WFP埃及国家战略计划（Egypt-CSP）2018—2023”（表2-1），在2019年，该机构在埃及筹措了1.01亿美元的援助与发展资金，制订了5.55亿美元的合作项目计划。这些项目资金将重点用于对埃及高达21.4%营养不良人群的扶助及可持续发展能力建设。至2022年7月，该国的国家战略计划进行了更新，筹措资金已经达2.75亿美元。

表2-1　WFP埃及国家战略（2018—2023）总目标在2019年及2022年的变化

埃及国家战略（2018—2023），2019年发布	
全部需求（亿美元）	已确定的捐资（亿美元）
5.55	1.01
2020年预计全部需求（亿美元）	6个月资金需求（亿美元）
1.15	0.484

（续表）

埃及国家战略（2018—2023年）	全部需求（亿美元）	已确定的捐资（亿美元）	预计全部需求（亿美元）	6个月资金需求（亿美元）
2019年发布	5.55	1.01	1.15（2020年）	0.484
2021年发布	5.86	2.75	1.18（2022年）	0.29

来源：Egypt country strategic plan（2018-2023），WFP，2019.

2022年，世界粮食计划署在埃及的国家项目实现了进一步拓展，不仅捐资水平获得了显著提升，随着该机构在埃及和北非及中东地区的业务扩展，该机构的投资预算也进一步得到了扩充。当年在该地区确认的捐资已经达到2.75亿美元，年度预算资金也上涨至5.86亿美元（表2-1）。另外，在该国家项目预算中，包括粮食和现金转移方式（CBT）在内的全部投入已达2.85亿美元（表2-2），粮食援助达6.66万吨。

表2-2　食品/现金转移需求总额和价值

食品/现金转移需求总额和价值		
食品类型/CBT	总量（吨）	总量（美元）
谷物	29 600	13 027 582
豆类	—	—
油脂	2 716	3 445 545
混合食品	34 272	69 296 840
其他	—	—
总计（食品）	66 588	85 769 967
CBT	—	198 934 320
总计（食品和CBT价值）	66 588	284 704 287

来源：Egypt country strategic plan（2018-2023），Executive Board，Annual session，18-22 June 2018.

2023年7月，世界粮食计划署又批准了投资额达4.31亿美元的2023—2028年国家战略计划，在埃及的援助合作扩展到小农、妇女赋权、农村融资甚至境内新难民救助等领域，其中粮食和现金转移方式（CBT）在内的全部投入预算将达到2.6亿美元，与2018—2023年度战略计划持平[①]。该新战略计划更加贴合了联合国旨在实现消除饥饿的可持续发展目标（SDG）2和重振全球伙伴关系

① Draft Egypt country strategic plan（2023-2028），Executive Board，Annual session，2023.

以加强项目实施的可持续发展目标17的各项指标（表2-3）。

表2-3　WFP埃及国家战略（2023—2028）按国家战略计划（CSP）成果划分的指示性成本明细（美元）

项目	SDG目标2.1 WFP战略目标产出1	SDG目标2.4 WFP战略目标产出3	SDG目标17.9 WFP战略目标产出4	全部
	CSP目标产出1	CSP目标产出2	CSP目标产出3	
聚焦领域	危机应对	灾后应对能力建设	基本生计	
转移支出	215 685 358	71 427 681	81 178 264	368 291 303
执行支出	9 778 264	3 954 164	3 444 808	17 177 236
直接支持费用调整	11 557 174	3 792 651	4 159 447	19 509 272
小计	237 020 796	79 174 496	88 782 519	404 977 811
直接支持费用（6.5%）	15 407 002	5 146 342	5 770 864	26 324 208
总计	252 427 798	84 320 838	94 553 383	431 302 019

来源：Egypt country strategic plan（2012—2028），WFP，2023.

由于埃及80%的小麦需求来自乌克兰和俄罗斯，随着俄乌冲突的持续，埃及已经出现了持续的经济衰退和严重通货膨胀，埃及农村地区的贫困人口受到的影响越来越明显。对此世界粮食计划署正在根据上述国家战略计划的目标扩大与埃及政府和更广泛的捐助机构合作，以减轻这种外来风险对埃及农业经济影响和粮食安全的影响，特别是对埃及最脆弱的农村地区的影响。

鉴于全球粮食危机的影响导致了对农业投入资金需求的增加，世界粮食计划署正在埃及扩大捐助者的范围，以获取更多的资源维持对埃及农村弱势群体的粮食和营养援助，这其中的重点人群包括孕妇和哺乳期妇女、老年以及儿童。世界粮食计划署在其国家战略计划中还提出了额外的2 900万美元以维持到2023年1月的粮食援助需求，这些粮食援助将覆盖27万在埃及的贫困和流离失所者。

Egypt-CSP还参与在埃及实施现代农业和灌溉系统、农村妇女实物援助及贷款、妇女赋权，社区学校的智能化改造等项目，将推动在2023年之前惠及一百万小农的目标。到2020年10月，该项目已惠及卢克索（Luxor）64个村庄28万小农以及上埃及其他四省。此外，还帮助10.2万妇女提升了创业能力，其中3.3万名妇女还获得了小额贷款以创办自己的企业。

埃及在2018年联合国发展计划署（UNDP）人类发展指数（HDI）中的189个国家中排名115，自2014年起至今排名上升了5位。贫困率从2015年的27.8%升至2018年32.5%。

在性别平等方面，2020年全球性别差距指数（GGI）的排名中，埃及在153个国家中排名134位。据世界银行统计，埃及人接受教育、就业或培训的青年比例在2017年约占26.9%。埃及妇女和儿童较低的受教育率及由此产生的较高贫困率和营养不良状况导致埃及特别是农村妇女儿童越来越成为弱势群体，且一些地区针对妇女的偏见，农村女童得到教育的机会越来越少。为解决上述问题，埃及实施了广泛的社会保障体系，以帮助为数众多的弱势群体。而世界粮食计划署则通过自身社会安全网计划并以多种组合手段在帮助埃及克服上述问题中发挥了重要作用。

在解决生计方面，2018年，该机构在埃及开展了粮食援助，并投入了278万美元，两年使近12万贫困人口受益。同年还与埃及供应部签署了5年期协议，以帮助埃社会保障体系满足社会底层民众的食品和营养需求。根据该协议，该机构将帮助改善埃及食品供应链相关环节，以降低食品补贴执行成本并改善食品营养状况，此外还将帮助改善埃及政府信息技术手段和情报管理系统以提高数据质量，并对埃及食品补贴制度进行监督和评估。

在改善营养方面，还通过与企业、私营部门、非政府组织等共同开展在埃及的粮食安全与营养合作，例如与百事可乐通过学校供餐和有条件现金转移，协助明亚（Minya）、吉萨（Giza）和阿斯尤特（Assiut）的3 518个社区学校的学生家庭改善其生活状况。

在改善农村教育方面，与埃及教育部一起在6个省社区中心开展了一系列能力建设活动，在明亚举行了急救和应急准备培训，还对马特鲁（Matrouh）7所社区学校进行了改造，并将其升级为“社区中心”，与联合国儿童基金会（UNICEF）合作翻新了933所社区学校。

在帮助难民、妇女和儿童等弱势群体方面，根据世界粮食计划署的“一个难民政策”，该机构还通过一般粮食援助为在埃及的9.5万名不同国籍的难民提供帮助，包括为难民和收容社区提供生计培训，以及为叙利亚难民孕妇和哺乳期妇女提供营养支持。还在卢克索的社区中心推行了数字营养模块，有效推动了数字工具在援助和发展工作中的应用。通过对上埃及数千小农户的扶助，帮助他们改善对土地的管理能力，引入作物新品种，并增加了他们在畜牧和农业生产领域的收益。为了更进一步帮助小农户的生计多样化，还培训了大批农民饲养鸭、山羊和蜜蜂，并为他们提供小额贷款，有效地扩大了上述小农生计项目。此外，由于埃及农村妇女约占埃及农村劳动力的40%，是埃及农业部门的骨干力量，还推出了为埃及妇女量身定制的扶贫及能力提升项目——“She Can”，该项目计划帮助增强妇女赋权，通过培训和小额贷款帮助启动和管理她们自己的小企业。

巴格达迪村的晾晒番茄现场

位于埃及卢克索（Luxor）的巴格达迪村（El Boghdadi）是世界粮食计划署和埃及政府实施的农村发展计划支持的123个社区之一。在这里，双方对当地的农产品加工和灌溉技术设施进行了改造升级，这些干预措施使小农户的收入增加了30%，并大大减少了农作物损失，节约用水量超过25%。在2020年9月的联合国大会期间，世界粮食计划署还与埃及国际合作部对巴格达迪村的晾晒番茄基地项目进行了评估。该项目通过推进性别平等，提升了埃及农村地区妇女的能力建设水平，并帮助提高了农作物的市场价值，对创建可持续发展的农村社区发挥了重要作用。项目通过为当地妇女提供200个季节性工作机会以提升妇女在农业生产中的作用。近年来由于欧洲对干制农产品的需求量很大，该项目将通过干制新鲜番茄等农产品，显著减少农产品产后损失，并增加农民收入30%以上，而成本却降低15%。上述项目正在改变当地农民的观念，并帮助他们走向世界市场，这对于保护埃及粮食安全、提高农产品出口市场价值等方面具有非常重要的意义。

第三节 世界粮食计划署参与埃及粮食安全与可持续发展

世界粮食计划署与埃及在上述领域共同实施的项目体现了其在国际发展援助领域的伙伴关系构建，以及在实现可持续发展目标方面的成就。此外，这些项目还对性别平等和增强妇女赋权方面有突出贡献，推动了农村社区转型，使每个家庭成员都受益于这些项目。基于这些项目的成功经验，该机构未来将继续推动此项目实施，并把埃及农民特别是妇女的成功经验和技能分享给整个非洲地区。对此埃及国际合作部还进一步参与了对这些项目的扩展和更新，并计划到2023年将这些项目覆盖500个村庄和100万当地农民，从而使埃及小农抗灾能力显著提升。为了感谢世界粮食计划署的卓越贡献，在庆祝联合国成立75周年之际，埃及国际合作部还专门制作发行了“超越粮食”（Beyond Food）视频，展示双方在消除饥饿和改造农村社区方面的紧密伙伴关系。

为进一步强化埃及粮食安全与营养水平，世界粮食计划署在埃及国家战略计划中还明确设定了一系列战略成果目标及优先扶持领域。

第一，关注对埃及妇女儿童营养的改善。特别是对哺乳期妇女提供的营养援助和及时的医疗服务。该项援助措施在埃及农村广受欢迎，在很大程度上帮助贫困农村受助妇女改善了自身健康与卫生状况及子女的医疗条件。埃及受助妇女普遍建议扩大援助范围，并提供更多服务，例如分娩费用、药物以及血液和尿液检查费用等。

第二，为进一步改善埃及农村的可持续发展能力，世界粮食计划署为埃及提供了改变农村社区的生活整体发展一揽子规划发展方案，与埃及农业和土地改良部合作在上埃及推广普及农村管理技术，通过推进一系列整体发展的干预措施，改变上埃及农村社区的落后生活状态，例如，开展面向政府官员、非政府组织、学术界和广大农民的培训班。培训的内容涉及广泛，包括加强南南合作、增强妇女和青年赋权、增强小农危机的抵御能力建设，以及建立气候研究中心，探索减轻气候变化的影响的最佳途径。

第三，为推动粮食安全体系建设，通过其电子金融部门向埃及小农推出“Agri Misr”平台。其驻埃及区域办事处在卢克索启动了“WFP-埃及合作伙伴社区发展协会（CDA）”培训平台。通过其E-Finance平台专门为埃及打造的“Agri Misr”为埃及广大农村和农民提供了现代农业产业系统管理手段。利用这个在线的市场交易平台，小农及企业均可在线购买和交换各种农产品。未来该机构还计划将这一平台纳入至埃及的国家战略计划，为更多小农进入全球市场和获得金融支持提供帮助。世界粮食计划署独一无二的全球资源动员及物流能力，激发了埃及政府与其开展深度合作的强烈愿望。为进一步应对埃及未来不确定的粮食安全问题，埃及供应和内部贸易部甚至考虑与其合作在埃及建立国际小麦物流中心并启动埃及政府的小麦强化计划。

第四，为支持埃及的女性能力建设，其驻埃及区域办公室还推出了具针对性的“She Can”计划并获得了美国国际发展署（USAID）的资金持续支持，以推动该倡议有效增强埃及的妇女能力建设。

在上述的战略目标支持下，埃及的人道主义状况近年来得到了很大的改善，粮食安全和农民的营养水平也得到显著的提升。当然，这也得益于埃及积极与世界范围内的政府、机构开展各种各样的合作与交流，共同实施针对埃及农业农村发展瓶颈而“量身定做”的项目。

为进一步加强与世界粮食计划署这样的全球性国际组织在提升本国农民能力建设、改善农业可持续发展、提升粮食安全等方面的长期战略合作，2020年7月，埃及内阁批准了在卢克索设立一个创新中心，以增强埃及应对人道主义问题的灵活性和创新性，并在上埃及传播相关农民可持续发展的知识与技能。这个中心是根据埃及农业与土地改良部和世界粮食计划署签署的一份谅解备忘录设立的，中心将以实现国家可持续发展战略（埃及2030年远景规划）为目标，解决埃及贫穷、缺乏社会平等和粮食安全状况脆弱等问题。中心还将通过搭建一个覆盖全埃及的创新和传播知识平台，在农业可持续发展领域鼓励小农发展低污染的绿色经济，更加适应气候变化带来的影响。

2020年10月9日，挪威诺贝尔委员会宣布将该年度诺贝尔和平奖授予世界粮食计划署，以表彰其“消除饥饿的努力”和“为改善受冲突影响地区的和平状况做出的贡献”。这项荣誉有很大一部分应归功于该机构在20世纪中叶在北非及中东地区发生的影响了世界进程的持续冲突中，为拯救冲突地区人民生计所做出的重要贡献，其中包括自1968年在埃及实施人道主义工作以来，在帮助解决该国粮食安全问题和营养不良等领域挑战发挥的巨大作用。如今在埃及推行的《2018—2023年埃及国家战略计划》更加强化了与世界粮食计划署的伙伴关系，并在农民的能力建设和抵御力强化、妇女赋权等领域开展了卓有成效的工作，将显著改变数百万埃及人的生活。世界粮食计划署多年来在埃及的人道主义及可持续发展领域的援助与合作也从这一方面体现了其获此殊荣的必然性。

由于高度看好与世界粮食计划署的合作，埃及近年来逐渐加大了与其战略合作力度。2021年1月，总统塞西亲自发布了一项总统令，批准埃及农业和土地改良部与该机构合作实施埃及国家战略计划。4月，世界粮食计划署审查了埃及促进妇女的经济赋权、农村发展和教育项目，高度评价了疫情下的埃及经受住了疫情的考验并实现了可持续发展目标。埃及在该机构的帮助下通过对小农的家庭赋权干预措施使埃及的农村家庭及其社区在农业、营养、粮食安全和教育方面实现持久的积极变化。考虑到双方合作不断实现的显著成果，8月，埃及国际合作部提出了将此前建成的卢克索创新和知识共享中心升级转变为在区域层面加强粮食安全的“卓越中心”的计划，这个计划一旦实现，“卢克索卓越中心”将成为世界粮食计划署在非洲的首个“卓越中心”[①]。该机构驻埃及国家办公室也提出与埃及进一步扩大在粮食安全、社会保护和私营部门参与方面的伙伴关系。

埃及下一步将计划推广巴格达迪村等成功的农村发展模式，并将受益小农户增加至100万。目前世界粮食计划署和埃及农业与土地改良部正在合作将该模式扩展到埃及的6个省的90个村庄，预计将耗资约760万美元（1.2亿埃镑）。双方目前已经建立起非常坚实的发展工作基础，事实证明该项目在埃及脆弱的农村社区推动经济和社会发展是有效和可持续的[②]。

2022年7月，埃及社会团结部与世界粮食计划署驻埃及国家办公室还就进一步促进双边合作的重点和方式达成了新的一致。埃及当前与该机构的合作重点是通过在农业、畜牧业和手工业领域帮助埃及的农村社区建立小微企业，提升农民的能力建设，协助他们更好地进入市场，同时雇用更多的本地劳动力。此外在农村为学龄儿童以及妇女提供更多的经济赋权，以帮助他们改善生活条件，更好地与市场对接。近年来埃及在农村孕期妇女的卫生保健服务方面持续投入并收到了良好成效。农村女性与市场对接的能力显著增强，特别是妇女能够使用电子手段参与更多经济活动，更广泛使用电子支付手段，并受到埃及普惠金融方面的更多支持，目前埃及已经有较高比例的妇女开立了自己的银行账户和使用埃及米萨支付卡（Meeza）[③]进行商业支付。

第四节　世界粮食计划署地方机构在埃及的工作重点

2022年全球新的19个饥饿热点国家和地区被确定，标志着未来全球粮食安全面临的严峻挑战更加具体化。世界粮食安全状况较之以往“更差”，甚至比

① 埃及金字塔在线，2021年8月18日。
② Menghestab Haile，世界粮食计划署埃及国家主任，2021年。
③ 埃及政府正在推行的新支付方案和钱包网络，以推动数字化和普惠金融。该国共发行银行卡2 500万张，其中75%为借记卡，20%为信用卡，以及5%的预付卡。

十年前的“阿拉伯之春”期间的粮食安全危机更加严重[①]。粮农组织的世界粮食指数仍高于在2011年“阿拉伯之春”中引发整个中东社会动荡并推翻政府的水平。世界各地的粮食和营养需求甚至有可能很快超过世界粮食计划署或任何其他组织的应对能力[②]。另外更多的北非以及中东国家的粮食安全问题如今也受到国际社会越来越多的重视，这些国家在地理位置上与埃及非常接近，例如埃塞俄比亚、南苏丹、索马里等被列为面临灾难性饥饿的最危险的国家。在这种区域性粮食安全危机的困扰下，世界粮食计划署的区域办公室扮演了重要的角色。

世界粮食计划署北非、中东、中亚和东欧地区区域办公室（North Africa, Middle East，Central Asia and Eastern Europe Region Bureau），简称区域办，负责协调该机构在上述地区人道主义援助与可持续发展工作，其在埃及近年开展的工作重点是围绕埃及和周边中东地区的气候变化问题，通过推动实施气候适应基金项目等，帮助埃及建立对气候更加有应对效能的粮食安全系统，进一步强化埃及农村社区对气候变化及灾害等的适应能力，造福埃及的贫困和脆弱地区，特别是上埃及广大农村地区。另外一个职能是帮助埃及在国家、区域和地方各级的政府机构增强能力建设，这也是有效提升埃及参与地区治理能力的一条重要途径。由于区域办的上述工作体现了埃及应对气候变化的重要诉求，现已反映在埃及的国家气候适应战略计划中。

由于埃及多年来一直是一个对环境极度敏感并且在抗御灾害方面极度脆弱的国家，区域办在对埃及的气候适应和风险管理计划进行规划中，考虑了埃及的生态环境、生存环境趋于恶化的状况，特别是在埃及的所有与气候有关的灾害和风险都会对埃及粮食安全和人民的生计构成重大威胁，尤其是那些生活在绿洲边缘地带、沙漠腹地、盐碱地和低洼地等极易受灾害冲击的地区的人民，他们的粮食安全长期处于极度不安全状况，并且很难有足够的额外资源来应对以及缓解任何一种外来冲击所给他们带来的伤害。因此在埃及实施有关气候适应项目时更倾向于在埃及社会的多个层面同时实施，并与埃及自身的国家气候适应计划和国家优先发展事项保持高度的一致性。这些项目中有关气候适应和风险管理的行动能够有效促进埃及农村的家庭、社区对灾害的抗性和复原力建设。

---

① David M. Beasley，世界粮食计划署时任执行干事，2022。
② Chiaru Pallange，世界粮食计划署分析和预警司高级分析师，2022。

除气候变化应对领域以外，数字农业也是区域办在埃及开展的一项重要工作职能。为了进一步推进国际社会对北非及中东地区粮食安全的关注，缓解和消除未来在这里的任何不稳定因素，继国际农发基金（IFAD）于2022年5月在埃及举办首届旨在帮助埃及加强数字农业基础设施建设，协调埃及和阿拉伯世界更好应对未来的粮食安全挑战的“AgriTech”数字农业技术转移大会之后，区域办于9月在埃及举办了第一届主题为农业数字化、金融包容性和社会保护的世界粮食安全会议。会议的讨论核心是应对气候变化、粮食短缺以及供应链中断等全球挑战的最重要经验和解决方案。

随着埃及的粮食安全在整个中东和北非地区的影响力迅速增强，越来越多的国家认识到与世界粮食计划署在中东和北非地区开展合作，不仅有利于这个对全球气候变化和地区冲突高度敏感地区灾难复原力的建设，更有利于充分利用该机构无与伦比的资源动员力量与能力建设优势，实现“三方”乃至多方共赢的合作局面。

考虑到气候变化及俄乌冲突对埃及的粮食安全构成的威胁，区域办在2022年10月与德国联邦经济合作与发展部开展合作，通过德国开发银行和德国国际合作署（GIZ）等执行机构共同在埃及实施“一个没有饥饿的世界”（One World Free of Hunger）倡议，该倡议针对埃及当前面临的粮食安全挑战，将向埃及农村地区提供2 000万欧元金融支持。目前德国在该倡议框架的捐资总额达到了1.1亿欧元，成为在埃及的双边领域向世界粮食计划署驻埃及办公室最大的捐助者。这笔款项的覆盖对象将是埃及的贫困人口，用于提高他们应对粮食安全挑战以及应对当前经济危机的能力。

第三章

饥饿终结者和她的“芬奇之轮”

在意大利佛罗伦萨西南部托斯卡纳迷人的“丘陵海洋”深处有一个小镇芬奇市，这是达·芬奇（Leonardo da Vinci）的故乡。走进这座令人流连忘返的古镇，给你带来惊喜的不仅是这里的美酒、比萨饼和意大利面，更有一座小巧却令人惊叹的达·芬奇博物馆，等待着你尽情回味意大利人血液里流淌着的机械与工程学领域的精髓与创意。欧洲中世纪物流体系的核心思想与现代物流系统的理念基本一致，即系统化与集成理念的高度融合，这也是为什么意大利的现代物流体系近百年来一直能够经久不衰的原因。世界粮食计划署将其物流枢纽核心设置在意大利境内，虽然历史等原因是一些因素，但是意大利作为老牌资本主义工业国家，其发达的物流体系恐怕是非常重要的一个考虑因素。世界粮食计划署这个“粮食帝国”的座右铭——“你若托付，使命必达”，也应该是意大利人引以为自豪的座右铭，在意大利人浪漫天性浸润下的达·芬奇式的“天工造物”，恐怕也只有他们能够像达·芬奇制造出来的拥有

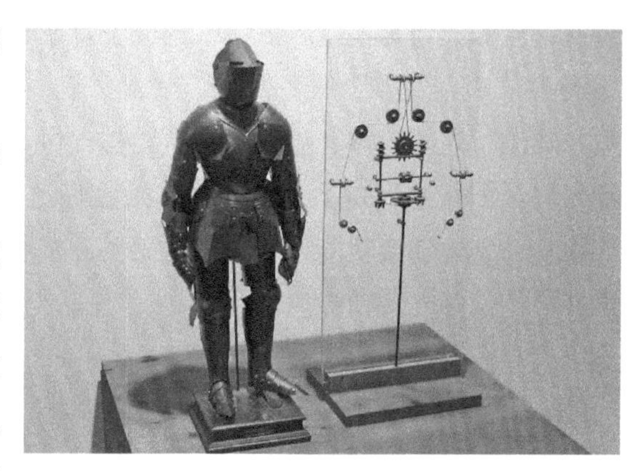

位于芬奇市的达·芬奇博物馆展示的机器人[1]

（摄影：丁麟）

---

① 莱昂纳多·达·芬奇（Leonardo da Vinci）在1495年设计的机械骑士，首次在米兰统治者卢多维科·斯福尔扎（Ludovico Sforza）的宫廷展示并引起轰动。这是世界第一台利用解剖学原理制造的机器人。

无穷力量的机器人那样从不知疲倦地在巨大的人道主义压力挑战之下不断实现着令世人称道的一个又一个物流奇迹。

第一节　世界粮食计划署的物流能力①

建立在完整、高效供应链基础上的卓越物流能力是世界粮食计划署全球所有人道主义行动得以顺利实施的基础，物流系统的正常运转使其能够始终站在全球抗击饥饿的第一线并领导多种合作伙伴共同实施人道主义行动。世界粮食计划署全球运作的物流服务体系主要服务人道主义应急响应、能力建设、学校供餐、营养计划等项目。该体系集成了复杂和现代化的系统管理模块，这些系统涵盖了“点到点”服务规划、食品采购、商品和服务采购、食品安全和质量、物流、内部运输、航空和现金转移支付等。参与物流供应体系的世界粮食计划署员工高达4 000人，他们大多数在偏远和挑战性的实地环境中工作②。世界粮食计划署物流功能大致可分为三类：核心运营功能、核心支持功能和人道主义合作伙伴支持功能。

一、核心运营功能

该运营功能是指世界粮食计划署的各类物资与服务采购职能。2018年，其商品和服务采购部门从152个国家购买了7.63亿美元的商品和服务。食品采购部门从93个国家采购了360万吨食品，价值16亿美元，其中79%来自发展中国家。他们在区域和本地的规模化采购有助于促进当地的经济发展。

为了使世界粮食计划署的全球采购业务始终保持平稳运行，实施规模化的商品和服务至关重要。航空燃料、卡车及移动存储设施、软件服务、IT和卫星通信设备等服务会短时间占用大量资金和资源，这些经常集中爆发的需求对于任何机构来说都是巨大的挑战。世界粮食计划署商品和服务采购部门能够在多达260种不同的项目服务中，以最佳的成本效益提供最透明的项目采购方式。

粮食直接采购方面，他们主要通过其独有的规模化内部运输服务及航空服

---

① “世界粮食计划署供应链概况介绍”（Supply Chain Factsheet/WFP-0000110736），2019年11月。

② www.wfp.org，Supply Chain Factsheets，2019.11.23.

务无缝接力交付给在世界各地的受益人。根据具体情况，该机构的所有物流节点中的卡车、火车、飞机、直升机、轮船、驳船、仓库、港口和枢纽都在物资从来源地到发放地的过程中发挥着各自的作用。其中轮船运输的特点是可以短时间内大量地一次性发送货物，例如从乌克兰黑海港口一次性可以装载数万吨粮食。而地面运输的优势是可以到达最偏远和交通最不方便的地方。当陆路运输被气候、冲突和其他因素阻断时，航空空运和空投物资将会把物资直接送达。此外，他们还通过现金转移支付手段与全球15个国家开展了合作，使受益者和当地民众能够选择更多的食品、更低的价格和更好的服务。

二、核心支持功能

该支持功能指的是世界粮食计划署的海运、空运两大物流运营途径。2018年，他们通过海运、空运共完成近300万吨人道主义救援物资运输任务，向19个国家运送14 912吨货物，空投60 667吨，向包括南苏丹在内的81个冲突国家和地区运送食物。

通常在复杂和旷日持久的紧急情况下，有效地向全世界数百万弱势群体提供援助，取决于从规划到保险的重要支持功能。其计划部门使用高级分析来确定最佳运营解决方案，而食品安全和质量保证部门则确保供应链每个阶段的食品安全和质量。此外其供应链活动还处在一个全面和严格的保险、风险管理和合规框架范围内。除利用培训工具以帮助员工提高技能外，其业务支持部门还通过技术创新解决方案进一步提高物流运营效率。

三、人道主义合作伙伴支持功能

该支持功能指的是世界粮食计划署下属的多个专业物流机构。2018年，该机构通过本机构的联合国人道主义应急仓库（UNHRD）向全球93个国家运送了567批次价值5 800万美元的人道主义救济物资。同年通过本机构的联合国人道主义空运处（UNHAS）①向16个国家运送了38.6万人次和3 656吨物资。该年度还通过其物流集群机构（The Logistics Cluster）与全球606个合作伙伴在13个国家全面开展物流业务合作。由于其全球独一无二的输送能力和影响力，该机构能够在全球范围更广泛地领导各个人道主义社区开展行动。加之该机构

① 即United Nations Humanitarian Air Service，由世界粮食计划署管理的联合国人道主义空运处提供的专业的空运服务，包括提供往返危机和干预地区的轻型货物运输。

拥有的上述联合国人道主义空运处、联合国人道主义应急仓库和物流集群等独一无二的协同分支机构，使得其全球响应速度、运营效率达到了空前的规模。

联合国人道主义空运处、联合国人道主义应急仓库和物流集群等机构在世界粮食计划署的物流全球响应行动中呈现的是一种“接力”式的工作流。其供应链指挥中枢根据在罗马总部的物流状态，下达不同级别的响应指令（从最低L1至最紧急的L3级别不等）。首先通过联合国人道主义应急仓库内部调配系统对距离服务对象最近的仓库现有库存物资进行盘点，同时根据不同响应级别或预先安排调配，或立即快速调整和配置最佳的救援救济物资组合，然后通过联合国人道主义空运处根据实际库存和预计需求量，从周边邻近的仓库调配、补充人员与物资，然后集中送达世界粮食计划署在服务对象地点的物资集中转运点（在战乱地区多为当地政府授权的并提供保护与协助的临时物资集散点），最后由当地的物流集群机构实施人员将人道主义工作者、救援物资和行动设备通过各种方式直接运送到突发紧急情况的现场，完成其“最后一公里”也是最有实际意义的行动。

此外，世界粮食计划署除完成在当地的人道主义援助工作以外，还可以借助其一流的供应链体系和强大的实地存在，为联合国其他援助与发展行动，以及当地政府提供各种特殊的物流服务。例如协助世界卫生组织（WHO）开展应对埃博拉病毒的拯救行动，联合国粮农组织（FAO）在非洲地区实施的小农、营养等项目人员、设备与服务的实地推送，以及也门的燃料援助行动等。

第二节　世界粮食计划署的物流特点

一、物流信息的数字化

世界粮食计划署的物流信息数据化体系经过多年实践检验被证明是非常成熟和高效的一套物流数据体系。该系统具有数据可靠性高、工作量指标清晰、日期与时间控制精准、对物流处理的预判准确度高、具备全球预警功能等特点。

1. 无缝链接的物流执行支持系统

世界粮食计划署的物流供应链体系由其物流执行支持系统（LESS）全面

支持，并实现无缝连接功能，作为一个基于企业商品管理平台的实时跟踪系统，管理者可随时捕获任何“端”到“端”的数据。该系统每天实时管理全球700个物资存储基地，其中包括450个由该署直接管理的物流仓库，每天使用5 000多辆卡车将粮食运送到近7 000个最终的物资分发地点。此外，在全球范围内，还有近1 200名专家组成的跟踪网络，负责对发出物资的跟踪与使用评估。这些物资的使用情况在每个月都会由这些专家完成数千份报告，这些海量数据最终汇聚到该机构的物流供应链体系数据库中，之后由数据库部门专家进行评估，通过数据分析进一步优化该机构的物流体系。

世界粮食计划署数据库部门通过其分布在全球的办事处来监督数据的可靠性、质量和完整性。数据库部门由3个团队组成，每个团队负责该数据库部门的一个工作流程。工作流的第一个部分是物资审计审核流程。物资审计团队确保在供应链的每个阶段（从采购到交付）能够全程跟踪该机构发出的所有物资，并建立关键绩效指标（KPI）以监测物资的质量安全。工作流的第二个部分是预算规划和资金管理流程。预算规划和资金管理小组通过区域局向国家办事处提供指导和监督，并与资源管理司就该机构的总体预算计划进行协调。工作流程的第三个部分是数据库的系统技术支持工作流程。

2. 区域局对国家办事处的增强支持

世界粮食计划署数据库部门通过培训和任务加强区域联络点的能力，以提高他们在外勤支持、信息管理、数据分析和后勤数据治理与合规领域的技能。他们还提供工具、程序和指南，以确保整个国家办事处的流程标准化。

3. 企业化的报告和数据分析支持

通过企业级的专业化报告和海量数据分析，向总部各部门提供报告，如财务结算、年度亏损报告、库存状况和各种绩效监测报告。这些报告使该机构能够就援助的提供方式和资源使用做出更好的业务和战略决策。

4. 创新工具和框架的实施

该机构的数据库部门还通过采取一系列创新型信息工具和决策框架将现有的系统、工具和框架进行进一步增强，以完善其功能并优化该机构的物流运营结构。

（1）实施“最后一公里”解决方案

“最后一公里”（Last Mile）解决方案实际是一个移动应用程序

（App），它以数字方式动态获得向合作伙伴交付的各类物品状态信息，这种对物品的全方位监控可以大幅提升该机构数据库的可靠性并强化对该部门的监管和问责。另外，通过与该机构的其他物流合作伙伴在物流仓库的合作，还能够进一步提升对入库货物的快速标记、归类与管理。该解决方案目前已经在该机构大多数实地国家/地区应用，并将运单输入时间缩短了80%以上。

（2）走廊资金管理解决方案

数据库部门还与该机构的资源管理司合作，向位于内罗毕的区域办事处推出了基于资金管理的技术解决方案，该解决方案能够覆盖世界粮食计划署横跨东非的8条主要物流供应链走廊内物资运输的信息化管理。由于该机构有大量的援助粮食和物资要通过这些供应链走廊转运至其他地区，因此对这些地区的物资动态掌握与控制非常重要。为进一步提升这些物资的运行效率，数据库部门还计划提供增强的数据库支持系统以便更加透明和高效地管理物流运输成本并分摊预算，该解决方案在2020年得到推广并扩展到了多个地区。

（3）关键绩效指标（KPI）

事实证明，数据库部门制定和实施供应链关键绩效指标（KPI）是一项非常成功的尝试。该机构位于内罗毕的区域办事处已对该项目进行了试点，对改善世界粮食计划署供应链运营绩效产生了重大影响。这个对物流绩效进行专业跟踪和评估的项目同时也在全球范围内的联合国机构及国际组织内引起了较大的反响，很多国际组织纷纷进行效仿。目前该项目已经扩展到了该机构的5个区域办事处。位于全球范围内的KPI项目参与者均可通过该机构的工作平台直接获得相关内部报告和分析、评价结果。

二、物流效果的“经济特征”

长期以来，世界粮食计划署的物流后勤部门有一句口号：“推动世界（Moving the world）”。这是因为该机构在全球的物流和供应链团队规模极其庞大，这不仅体现在其所拥有的物流运输交通工具和粮食、药品等人道主义援助物资仓库的数量和种类上均在全球处于首屈一指的地位，还体现在他们随时在全球任何地点调动所需要资源的能力也是其他机构难以比拟的。鉴于他们对这种资源的近乎“垄断性”的拥有及“超级”动员能力，自然也成了联合国整个物流集群机制的领军者。在这种能力背景下，该机构在全球的冲突及灾害地区的社会恢复特别是经济重建方面，扮演了不可替代的角色，能够通过其专业的物流工作加快当地的经济要素流动，在当地社会体现出显著的“存在感”和特有的经济特征。特别是在大的突发性灾害或冲突中需要大规模实施粮食等物资援助且涉及许多国际、地方组织参与时更能体现出对当地经济的影响。例如在非洲一些国家经历了连续多年的严重干旱之后，当地社会面和国家层面已经完全耗尽粮食储备，经济也将面临崩溃。这个时候的粮食大规模援助介入会直接打破该国固有的粮食市场秩序与规则，同时很容易形成一个新的市场运行“规则”，从而左右该国未来的经济发展走向和运行机制，或者使该国对世界粮食计划署产生严重的经济依赖。此外，随着该机构介入的粮食援助行动所带来的粮食供应链的特有配置方式还可以显著影响冲突地区各方之间的关系，世界粮食计划署的粮食援助既可以迅速恢复冲突各方之间原本的相互信任或依赖关系，也可以立刻打破他们之间的平衡关系，使冲突升级或推动一方获胜，这取决于该机构的协调方式，该类情况已属于“政治”属性，将在下一节展开论述。

世界粮食计划署粮食供应链设计和运作模式确实可显著影响地方经济结构和促进当地经济恢复及发展，从另一个方面来讲，当然也有能力促进当地的和平进程或者激化冲突。从本质上看，世界粮食计划署所产生的经济乃至政治影响力已经远远超出了满足饥饿人群的口粮等基本生存需求的范围①。在20世纪90年代的巴尔干地区冲突的和平恢复与重建过程中，该机构参与了这个地区的社会经济重建过程，有效帮助冲突各方创建或恢复了原先的物流贸易，形成了快速的和平恢复协调机制，改善了物流与当地各行业之间的相互依存关系②。

对于世界粮食计划署而言，改善与促进当地的经济当然是再好不过的，但是在实际情况极其复杂的实地，最棘手的问题往往是事情不能够朝着人们期望的方向发展。例如，在上文提及的一些冲突地区，一些势力通过各种途径操纵粮食援助并有意将口粮危机升级为饥荒，以求获得更大份额的粮食援助，获得更高的国际关注度以及实现对更大范围的地区乃至整个国家的经济控制力。不仅如此，他们还能够将已经分发的援助粮食进行“二次征收”并通过征税等形式，获得更多的资金，这种“无本万利”的做法能够快速提高他们在当地的政治地位以及获得超出人们想象的经济收益。在这种情况下，也就很好理解在叙利亚和苏丹的一些地方政府越来越多地拒绝在反对派控制区大规模分发援助粮食的原因。

① Susanne Jaspars，2020.

② Gibbs，2009.

另外，在人道主义灾难频繁发生的索马里，世界粮食计划署在那里多年开展的粮食援助行动已经促成当地形成了一个庞大的产业链。一些在当地活跃的企业及相关项目的承包商、分包商充当着当地的主要经济角色。在某些情况下，减少或断绝在当地的粮食援助会使这些企业、贸易商及承包商受益，他们可以借此机会在当地抬高粮食价格，从而获得更大的利润。冲突的不断加剧还会那些陷入流离失所境地的弱势人群更多地沦为这些利益“既得者”的廉价劳动力，从而使他们借助人道主义灾难的机会获得“双重收益”。

在这种复杂的实地环境下，国际社会对世界粮食计划署在当地扮演的“经济”角色出现争议也就不足为奇了。这也导致了该机构在人道主义紧急救助行动中投入了大量的资源和精力的同时，还要不断地做出在道义和利益之间的艰难权衡。当然这种权衡并不是随意做出的，要根据该机构的相关政策依据以及风险偏好等因素综合考量。而且在一些特殊情况下，该机构还不得不做出部分可能不利于公众利益但确保该机构重大利益的决定，而这种决定还往往不便全部公之于众。例如，该机构在某些地区遭遇重大冲突或灾害时，可能会因为经费预算、人力资源短缺等原因暂时关闭其他地区的援助行动，以调配更多资源应对这些地区的危机，或者为了避免大规模粮食流入当地市场并对当地的经济造成冲击而对援助行动的规模设置更多的限制。该机构关闭运营的决定当然也可能是为了回应本机构的相关利益攸关者（Stakeholders）、捐助者（Donors）对当地援助资金、粮食和物资流动以及员工可能的腐败行为的担忧。例如，在2010年发生在也门的疑似对人道主义援助受益人认定不力及私人信息泄露事件。

然而这些“技术性”的应急和调整行为往往会引起一些持不同观点甚至不同立场的人的质疑，当然这些质疑声音是不会解释其观点和立场的。此外，由于该机构在实施人道主义援助过程中往往掌握着巨大数量的粮食与其他援助物资，加之经手的环节和人员众多且复杂，因此会在物流供应链运行过程中面临各种腐败风险。物流腐败行为一般是隐蔽且多样性的，且会对当地的经济产生非常恶劣的负面影响。例如，在2000年发生在索马里的近一半人道主义粮食援助丢失一度成为关注焦点，尽管该事件未得到进一步证实。此外，还有该机构在朝鲜开展的饥荒紧急粮食援助行动的实际效果也曾一度受到质疑，这些质疑声音即包含了前文提及的不同观点和立场。当然他们也一直在与各种腐败行为做坚决斗争，该机构对发生在各种场合特别是物流链路中的腐败行为一直持

“零容忍”态度，本书著者在多年参与该机构的年会、例会中也一直能够看到其详尽的反腐败、反欺诈报告。尽管如此，该机构仍然会随时受到来自国际社会的监督甚至质疑[①]。

最后，该机构还可能由于他们极其特殊和艰苦的实地工作环境而发生另外一些与腐败无关但仍然会对当地经济秩序产生扰乱的个体“行为不端”现象，如种族或性别歧视、滥用权力、性骚扰、性剥削和报复等多种社会丑恶现象。例如其在乌干达北部的粮食援助过程中曾出现了对其实地员工性行为不端指控的报道[②]。

三、物流效果的“政治特征”

2020年诺贝尔和平奖之所以授予世界粮食计划署，不仅由于其在消除全球饥饿方面所做出的卓越努力，更是为了感谢其在受冲突及灾害影响的地区不断改善弱势群体的生存条件及推动地区和平所做出的突出贡献，特别是在防止一些地方势力利用饥饿甚至粮食援助作为武器去影响和控制冲突及战争方面做出的贡献。该奖首次被授予了一个国际人道主义组织而非个人，这在该年度复杂的国际政治、经济环境特别是多发的国际冲突与灾害并存的环境下非常引人瞩目。该表彰辞的原文是“……与饥饿作斗争的努力，皆基于其在改善受冲突影响地区的和平状况的贡献，以及成为防止将饥饿用作战争和冲突的武器的重要推动力量”[③]，这也是诺贝尔和平奖首次以这种方式将粮食安全与世界和平联系起来并以“政治”的方式去评价一个联合国组织。这也自然引起了国际社会的广泛关注，并引发了人们对世界粮食计划署更加多样性的评价，甚至还有一些担心和质疑。

世界粮食计划署虽然获得了诺贝尔和平奖，并在过去的岁月里在人道主义援助与发展行动方面付出了巨大的努力，做出了举世公认的成绩，但是这些并未彻底改变当前全球范围内仍然普遍存在的饥饿现象，且饥饿与和平之间目前艰难的关系也未得到根本缓解。在全球粮食安全危机、气候变化挑战等多重影

---

① Kristin Bergtora Sandvik，Larissa Fast，Adèle Garnier，Katja Lindskov Jacobsen & Maria Gabrielsen Jumbert，2020.

② 同上。

③ 原文：...efforts to combat hunger，for its contribution to bettering conditions for peace in conflict-affected areas and for acting as a driving force in efforts to prevent the use of hunger as a weapon of war and conflict.

响下，全球的饥饿状况非但未出现显著好转，局部地区形势反而日渐严峻，而这些地方的和平形势出现了更多的不确定因素。对此，国际社会亦出现了一些不同的声音：他们应该在高度不确定性的今天扮演什么样的一个角色，能够发挥多大的作用？

在人道主义行动越来越难以脱离政治属性的今天，作为一个人道主义领军组织，世界粮食计划署是否有必要或者是否应该更多地展现其政治属性？是否有必要或者是否应该更好地体现和传承诺贝尔和平奖的固有价值观？他们如何更有效地推进缓解全球粮食安全危机、气候变化挑战等多重影响，从而更多地平复人们的担心和质疑？

如果确如人们考虑的这样，在诺贝尔和平奖光环笼罩下的世界粮食计划署在未来的人道主义行动中能否将体现出更多基于多边主义的政治性质，并被国际社会大多数成员接受并承认？

如果确如人们考虑的这样，我想也许世界粮食计划署现在正处于其“人生”的“十字路口”，是左转、右转，还是前进、后退，或者是停滞不前？人们是时候反思一下世界粮食计划署在人道主义粮食援助工作中的定位，是时候思索如何更加理性和科学地看待人道主义粮食援助的供应，如何供应，以及供应给谁了[①]。

在协助维护国家主权和支持多边主义领域，世界粮食计划署因其在极端困难甚至危险的条件下在全球开展的人道主义援助行动工作多年以来一直为人称道。特别是在20世纪60年代后期比夫拉（Biafra）[②]和20世纪80年代埃塞俄比亚（Ethiopia）实施的令人感动的饥荒救助行动打动了全球无数电视机前观看直播的观众们的心。

慈善组织乐施会的一篇有关比夫拉人道主义灾难的报道

来源：OXFAM，1966。

① Gyöngyi Kovács，Hanken School of Economics，2020.

② 由于1967年尼日利亚（Nigeria）的比夫拉地区独立而引发的内战导致该国大规模饥荒。

近年来，该机构还因深入叙利亚等地战区和朝鲜等封闭国家实施的特别援助而受到国际社会的广泛赞扬。在2020年蔓延全球的新冠疫情（COVID-19）中，世界粮食计划署甚至还积极参与了受疫情影响较为严重国家的经济和卫生援助与恢复工作。可以说，全球近年来发生的如此众多和复杂的人道主义灾难在给世界粮食计划署带来空前挑战的同时，更给该机构带来前所未有的发展机遇和拓展空间，借助这些更加复杂的传统人道主义援助行动和“跨界”的发展活动以及带有“政治”属性的多边援助行动，该机构的工作职能和覆盖范围在近年获得了前所未有的深入与拓展，更使得国际社会对其工作潜力给予了更多的厚望，这种厚望在某些特定时期和条件下远远超过了对它的担忧和质疑。在确保粮食援助不被特殊利益集团利用并作为一种“武器”用于斗争方面，该机构面临的考验更加严峻，因为这种考验直接影响该机构的国际声誉和在人道主义援助领域的国际威望。

世界粮食计划署的粮食物流供应链与当地的经济与和平恢复重建之间亦存在着微妙的联系。在一些特殊的冲突地区，粮食毫无疑问已被用作控制战争和权力的有效武器。曾有一项关于也门人道主义援助的研究发现，在该国的平民区以及在那里开展的粮食供应正成为一些人蓄意攻击的目标。而他们在阿富汗、也门、索马里、斯里兰卡、叙利亚、苏丹、南苏丹和缅甸等地的援助实践经验也表明，在这些地区的粮食援助行动也经常出现被“工具化”利用的势头[①]。

然而冲突地区的对立双方或多方对待世界粮食计划署的态度也是微妙的，世界粮食计划署还必须在尽可能的情况下向那些被刻意剥夺了口粮的人运送食物，而这些人散布在冲突各方控制的区域，因此该机构的人道主义援助车队必须打通前往所有急需救助地区的安全通道，实际上这是一个几乎不可能完成的使命。对此他们在上述地区的物流安全官员还有一项非常特殊且至关重要的工作是与当地的军阀进行谈判，这项工作非常具有挑战性，不仅需要非常高的谈判技巧，还需要充足的当地人脉等资源，确保在当地行动的公正、公开性及该机构利益最大化的保障。这些地区的物流安全与调度官员非常重要，对其能力要求也非常高，因此上述所需具备的工作技巧、经验和资源经常被作为该机构人道主义后勤人员招募的资格与标准[②]。

① Norah Niland，2020.
② Kovács，Tatham，2010.

第三节　世界粮食计划署物流对全球人道主义行动的支持

一、世界粮食计划署全球主要物流枢纽

1. 布林迪西物流枢纽中心

布林迪西物流枢纽中心

布林迪西（Brindisi）物流枢纽中心的前身是联合国人道主义应急仓库（UNHRD）。该仓库机构是在2000年由联合国人道主义事务协调办公室（OCHA）下属管理的位于意大利比萨（Pisa）的人道主义物资仓库基础上建立的。这个仓库的建立是根据联合国机构间常设委员会（IASC）有关向联合国合作伙伴提供快速、便捷的物流服务任务从人道主义事务协调办公室转移到世界粮食计划署的决定而设立的。不久后，该仓库被移至位于意大利布林迪西的一个军事基地的机库内，该中心位于机场跑道和大海之间，是一座大型的低层建筑。世界粮食计划署在该仓库的基础上建立了一个全新、强大的物流枢纽平台，并将该物流枢纽作为“共享资源”提供给联合国所有合作伙伴。这里的员工只有20%是该机构的国际职员，其余雇员都是当地意大利人。该机构的布林迪西人道主义物资仓库经过短时间运营，依托意大利的先进物流网络，很快建立起四通八达的物流转运网络和自动化的内部物资管理和运营体系，由此形成了世界物流行业的“布林迪西”模式。

2006年，随着全球人道主义业务拓展，根据自身业务需求和合作伙伴的要求，世界粮食计划署在全球对布林迪西模式进行了多次成功复制，在最高风险地区建立了人道主义物流枢纽或转运中心，并在更多实地建立起大量的人道主义应急响应站点。特别在非洲、中东、东南亚和拉丁美洲等冲突和灾难多发地区建立了与物流基地配套的人力资源和服务网络。这些服务设施均选择在当地交通便利的地区，从全球转运至这里的物资和人员可方便地进入所在地的机

场、港口和道路系统，然后通过该机构“物流集群”等实地行动机构使用多种运输方式和工具，在一两天内将物资或人员送达到全球任何角落。

为进一步减少浪费并提高供应时间和效率，近年来世界粮食计划署以布林迪西基地为样板在巴拿马（Panama）、加纳的阿克拉（Accra，Ghana）、迪拜（Dubai）和马来西亚的梳邦（Subang，Malaysia）建立了另外4个分支基地。但布林迪西仍然是这些基地的核心，负责统筹其他基地的财务、行政、人力资源和采购管理等工作。该基地75%的预算来自世界粮食计划署的成员国和其他合作机构的捐助，另外25%来自该基地的运输和仓储收取的费用①。随着越来越多的各类人道主义组织使用布林迪西的服务及设施，2022年6月世界粮食计划署与意大利签署了前瞻性扩建和升级改造合作谅解备忘录，重点扩建其在国际会议、物流能力升级、研究与开发等功能，以进一步适应布林迪西服务全球人道主义行动的新要求。根据此备忘录，设在其军用机场内的储运仓库，包括冷藏、温控及货运中心也将进行改造②。

正是由于布林迪西在亚得里亚海的战略中心位置及对未来该机构进一步集成优化其在全球物流资源调配和战略布局的意义，该机构正在着手将其转变为面向全球所有人道主义组织提供供应链服务的综合性物流与转运中心。由于“布林迪西”模式的成功并在全球范围内得到推广，该物流服务网络所覆盖的服务已发展到全球93个各类合作伙伴合作，包括联合国机构、各国政府和各有关非政府组织等③。

2. 比利时列日物流枢纽中心

列日（Liège）物流枢纽中心是世界粮食计划署设在欧洲腹地的一个重要物流集散地。由于新冠疫情（COVID-19）原因，联合国及国际人道主义机构、组织向非洲的人道主义援助物资空运需求量急剧增加，但商业航空运输几乎完全停滞，在这种紧急情况下，为确保向发展中国家特别是非洲持续运送重要的医疗和人道主义物资，帮助处于战乱、灾害与疫情多重困境之中的非洲避免陷入灾难，2020年5月，该机构在比利时列日机场内启动了一个全球物流配送中心。

---

① Calamità naturali：visita al World Food Programme di Brindisi，Redazione Green Me，2011.12.12.

② UNHRD，2022 in review.

③ https://www.wfp.org/stories/how-one-forward-looking-idea-turned-global-support-network-humanitarians.

在新冠疫情流行期间，世界粮食计划署使用其包租的大型波音757货机通过该中心将医疗和人道主义物资及时运至非洲埃塞俄比亚等冲突频发和急需援助地区，对遏制疫情的蔓延起到了重要作用。此外该机构还联合联合国儿童基金会（UNICEF）和国际组织红十字委员会（ICRC）等利用配送中心的网络共同实施人道主义救援行动。截至2020年11月，列日物流枢纽中心在当年与25个国际人道主义合作伙伴开展合作，共完成了189架次的空运行动，发送了1 449吨人道主义援助物资，行动覆盖了72个国家。在所有从列日物流枢纽中心发出的人道主义援助物资中，通过空中运输途径的占67%，通过海运方式的占19%，通过陆路占14%[①]。

世界粮食计划署还充分利用列日物流枢纽中心欧洲“心脏”的优势地位，向全球扩散并开通了全球航空枢纽辐射系统，特别是在新冠疫情流行期间通过特别优化过的高效集成物流系统，将位于比利时列日、阿联酋迪拜和中国广州的医疗用品生产与集散中心和人道主义应急中心与埃塞俄比亚、加纳、马来西亚、巴拿马和南非的区域枢纽进行相连，确保将重要的医疗和人道主义货物与医护人员在第一时间运送到疫情抗击的第一线。在每一个物流集散点都有一些小型飞机机队随时待命，将货物和人员转移到优先需要得到援助的国家。这样一个通过欧洲辐射至全球高效、发达的全球集成物流网络虽然已经能够自成体系，但仍然还是在该机构设在布林迪西（Brindisi）的联合国人道主义应急枢纽（UNHRD）统一指挥下运作的[②]。

列日物流枢纽中心以其高度敬业的专业团队，快速高效地安排着海量的货物运输，不仅高效完成了自身的人道主义行动，还慷慨地向国际社会开放共享其物流资源与设施，极大程度地帮助了更多的国际组织开展了面向新冠疫情的人道主义援助行动，例如协助亚美尼亚慈善总会（The Armenian General Benevolent Union/AGBU）[③]向遭受疫情严重冲击的亚美尼亚提供紧急医疗援助[④]。此外，世界卫生组织（WHO）还选择使用列日物流枢纽中心作为在欧洲运输关键医疗用品的枢纽，这个物流中心对其在欧洲开展疫情防控方面发挥了

---

① Liege Humanitarian Response Hub，Operational Brief #29，Week 46，13/11/2020，WFP.

② Damian Brett，2020.

③ 是世界上最大的专门致力于维护亚美尼亚教育、文化和人道主义项目的非营利组织。AGBU目前的年度预算超过4 500万美元。总部位于纽约市，在30个国家/地区开展学校教育、童子军、营地、艺术、虚拟网络服务，满足亚美尼亚人的需求。

④ Maria Simonyan，AGBU Europe.

关键作用。在世界卫生组织确定的8个全球物流枢纽中，列日物流枢纽中心及其地勤合作伙伴“Worldwide Flight Services”被认定具备了该机构严苛的代理救援航班的物流能力标准。

为确保全球高效运送物资，世界粮食计划署还在列日部署了8架波音747货机及多架中型客货飞机运送人道主义工作者、技术人员、培训员和其他人员，对此用于支付列日机场的费用高达2.8亿美元，还不包括采购物资等的成本与支出。另外，列日物流中心也是阿里巴巴的菜鸟智慧物流网络在欧洲的物流枢纽，该中心在确保中国的重要医疗物资运送到欧洲方面发挥了至关重要的作用[①]。

新冠疫情以来，世界粮食计划署已向89个国家运送了包括口罩、手套、呼吸机、测试套件和温度计等在内的人道主义医疗物资，有力支持了各国政府和卫生合作伙伴应对疫情。为推动扩大在世界各地开展的疫情人道主义的救助活动，突破因疫情导致的全球客运网络中断带来的人道主义工作的推迟，他们还在积极推动建立区域专门的人道主义客运航空服务，加大在东非和西非运送人道主义志愿者和卫生工作者，确保上述需要得到该机构充沛的人力资源支持，该服务还扩展到了中东、拉丁美洲和亚洲等同样需要获得人力资源支持的地区。

值得一提的是，世界粮食计划署还在亚洲拥有一支不可忽视的空中运输力量。目前仅在亚洲就拥有37架波音747货机执行从中国和马来西亚直达全球130个国家的物流任务。该服务网络一旦满负荷运行，其运力每月可以提升至350架次。

3. 吉布提物流枢纽中心

吉布提（Djibouti）是一个快速崛起的全球重要物流枢纽国家。吉布提港口综合体不仅是国际航运的重要通道，也是该国经济战略的重要组成部分。随着1879—1917年吉布提和亚的斯亚贝巴之间非洲大陆第一条铁路线的建设，使吉布提成为进入埃塞俄比亚及非洲腹地国家

吉布提港口综合体

① Surya Kannot，2020.

的重要口岸国[1]。

世界粮食计划署正是看中了吉布提在非洲开展人道主义行动中其他国家难以比拟的优势，利用这里功能齐备的港口基础设施建设了另一处设施齐备的人道主义后勤与物流转运基地（HLB）。2013年，世界粮食计划署通过由美国、挪威和芬兰提供的资金开始筹建该物流中心，并在2016年1月与吉布提政府宣布正式成立人道主义后勤基地，该基地将通过建立和改善在非洲的救援物资储存及运输条件以支持整个非洲之角的援助行动。新的枢纽将使该机构以及更广泛的人道主义组织能够在该地区更快、更高效、更经济地开展人道主义援助[2]。在这样一个关键时刻建立并开放此设施，使世界粮食计划署利用吉布提的重要地缘优势，在应对非洲之角等地区危机中发挥着关键作用，此外还有效地帮助应对包括南苏丹和也门的冲突以及厄尔尼诺现象加剧导致的埃塞俄比亚的严重旱灾。该机构在全球范围内援助的物资中，约有1/4是通过吉布提物流枢纽中心进行的。2015年，该机构通过吉布提港口运送了约50万吨粮食。这些重要的人道主义援助粮食通过吉布提进入埃塞俄比亚，并转运至南苏丹、也门和索马里紧急援助行动的转运点。

吉布提物流枢纽中心在吉布提港拥有为其定制的保税集装箱堆场，这将为世界粮食计划署每年通过该港口流转的4 000多个集装箱节约大量的费用。另外，该中心2.5万吨吞吐能力的存储仓库还具备了现代化的货物处理能力。随着联合国在非洲人道主义援助工作的力度加大，未来该中心的功能还将得到更大的拓展和提升，下一步该中心还将筹资数百万美元增加4个大型粮食散装货物筒仓的建设，预计每个筒仓能够容纳1万吨粮食，将大幅提升其在非洲的人道主义粮食存储和快速发送能力。为进一步支持这个在非洲重要的人道主义物资转运枢纽的功能拓展，吉布提政府还为该机构另外提供了5万平方米的建设用地。

吉布提物流枢纽中心

① Aboubaker Omar Hadi，吉布提港口和自由区管理局主席，2020年。

② Valerie Guarnieri，WFP’s Regional Director for East and Central Africa，2016.

该基地是由Mulmix[①]负责建造，这是世界粮食计划署在全球的第一个专门用于谷物储存的现代化储运中心。基地设在这里的好处就是物资在这个位置与条件俱佳的港口可以最高效率且安全地抵达“非洲之角”以及转运至中非等人道主义危机频发的地区。这里的谷物筒仓存储容量为4万吨，可以在较长时间有效存储至少4种不同类型的谷物。这里还有自动化的装卸、分类与包装设备，存储在巨大仓筒中的谷物可以迅速进行分装，以世界粮食计划署标准的包装规格与形式通过空运或海运迅速送到需要人道主义支援的地区。Mulmix目前已在吉布提人道主义后勤转运基地（HLB）配备了固定的技术管理人员，负责协调粮食等物资的储存与监督工作，并为中心人员提供技术培训与后勤服务。

吉布提物流枢纽中心不仅得到了世界粮食计划署的大量资源及技术支持，很多国家政府和国际组织也通过各种直接和间接的方式与该基地开展了不同类型的合作，推动该物流基地成为在非洲开展人道主义行动的“桥头堡”。加拿大政府出资1 800万美元筹建该中心，美国、芬兰和挪威分别提供了160万美元、130万美元和30万美元的第一阶段建设资金[②]。2020年，日本政府向该后勤转运基地捐资80万美元。

二、世界粮食计划署物流分支及全球物流伙伴

（一）联合国人道主义应急仓库

联合国人道主义应急仓库（United Nations Humanitarian Response Depot，简称UNHRD）是由世界粮食计划署管理的一个面向全球的物流枢纽网络，枢纽能够预先储存救援物资和相关服务设备，并为人道主义采购、储存和快速运输应急物资。UNHRD向全球所有合作伙伴提供的是“一站式”仓库服务，可以提供全天候直达全球任何地区的集中式物流服务请求。提供采购、免费存储、运输、处理和技术领域的现场团队专业知识。当发生紧急情况时，UNHRD可以根据合作伙伴的要求在48小

联合国人道主义应急仓库标志

① 是一家总部设在意大利的专业谷物仓储、物流及设备公司，成立于1962年。
② Jesse Wood，WFP/Nairobi，2016.

时内发送救援物资。除了对人道主义紧急响应的物流能力外，UNHRD能够为其所有合作伙伴提供更加广泛的其他类别的延伸服务，例如，开展基于实地的粮食等相关市场的监测及研究，本地的物资采购、储存、运输以及相关的设施安装以及管理人员的能力建设。UNHRD还能够提供规模化的仓储与库存服务，以及在紧急情况下的各类交通工具提供服务等。UNHRD目前在全球与90个相关的国际组织、非政府组织及政府机构有长期和固定的合作关系[①]。

UNHRD在全球拥有6个大型多功能综合性仓库基地，这些基地均位于全球灾害与冲突多发和易发地区，且地理位置优越，连接主要道路，能够便捷前往当地机场、海港和其他交通枢纽，以实现快速响应。它们分别位于意大利（布林迪西）、加纳（阿克拉）、马来西亚（梳邦）、巴拿马（巴拿马城）、西班牙（拉斯帕尔马斯）和阿拉伯联合酋长国（迪拜）。此外，UNHRD上述全球基地网络中的4个中心还提供专业的培训设施与服务功能。

UNHRD目前在其全球的六大物流基地中经常性存储的物资大约有400种，主要包括救灾用帐篷、救灾毯子、移动淋浴设备、移动住房、办公设备、医疗用品及药品、粮食、冷藏食品及药品、饼干和营养棒及其他种类的即食食品等。

为提升人道主义援助工作的可持续性，UNHRD还具备了相应人道主义设施与服务的深度研发能力，他们利用优势资源在推动人道主义工作过程中发现和采集各种问题及需要改进的方面，与全球相关领域的大学和有关服务供应商合作，开展基于人道主义供应链创新解决方案的研究和开发工作。该机构设立的开发实验室目前正在开展一些创新项目，包括将太阳能、风能和混合动力解决方案集成到物流移动存储设施单元（MSU）和发电设备，开发更有效的运输和储存解决方案，以便通过冷链运输在更偏远地区顺利开展物流运输工作，同时开发可重复使用和回收的物资包装，以减少人道主义救济物资的浪费[②]。UNHRD主要包含以下核心业务。

1. 物资储备和应急响应

它UNHRD在全球的6个物流枢纽能够免费为其合作伙伴提供仓储、检查、预置和处理救济物品的核心服务。此外，还通过其内部研发机构，即研发实验

① UNHRD Factsheet WFP-0000110530，2019.11.

② UNHRD Factsheet WFP-0000110530，2019.11.

室（UNHRD Lab）提供广泛的相关拓展服务，例如采购、运输、技术援助和技术创新。UNHRD能够为其合作伙伴提供一整套整体物流运输解决方案。

2. 实地业务支持

它是UNHRD核心业务的拓展功能，通过其实地团队为专业后勤服务提供可选择的技术援助。这些团队的技术人员会在出现任何人道主义紧急情况时在第一时间进行部署，因而不会出现任何物流分发与接受的瓶颈现象。其实地团队执行的任务包括安装移动仓库、培训当地工作人员，以及在人道主义紧急情况下对有关设施的抢修和抢运等。

3. 实地设施的维护与升级

通过UNHRD技术实验室，能够为其合作伙伴提供各类人道主义援助研发服务，以帮助实地人员不断提高在紧急情况下的应对能力和工作效率。进行优化后的研发设计产品能够很好地在实地进行测试，以便检验其在人道主义援助的恶劣环境中的使用效能，这些实际效果还可以作为合作伙伴的未来采购标准和目标反馈到UNHRD的全球枢纽网络并进行全球共享。

（二）联合国人道主义空运处

联合国人道主义空运处（UNHAS）为人道主义工作者提供航空运输。UNHAS根据联合国管理问题高级别委员会的授权，于2003年成立。成立的目的是更广泛地向合作伙伴提供更加安全、可靠且更具成本效益的客运和轻型货物运输。他们能够完成世界上最偏远和最具挑战性地点的航空物流运输需求，这些地点通常处于不稳定的安全条件下，也没有安全的地面运输或可行的商业航空选择。例如在也门，由于领空的限制，UNHAS是唯一可以采用的航空服务。

成立20年以来，由世界粮食计划署运营的联合国人道主义空运服务处已取得蓬勃发展，拥有超过130架飞机的空运力量将拯救生命的援助运往遍布三大洲的21个国家，每天大约有60架飞机和直升机在世界各地的天空中穿梭，确保将重要的援助物资送达最需要的社区，他们已经成为“生命线”的代名词。仅在2023年，该空运服务处就运送了来自600个组织的38.5万余名人道主义工作者，以及4 500吨救援物资，飞往商用航班无法抵达的偏远或饱受冲突蹂躏的地区[①]。

① 世界粮食计划署，联合国人道主义空运服务20周年——飞越关山度险阻，拯救生命解危难，2024.3.5，北京。

UNHAS机队包括设备齐全的直升机，用于运送患者、疫苗和生物样本。他们于2019年上半年在刚果民主共和国受埃博拉病毒（Ebola virus）影响的地区运送了18 330名乘客和240吨货物，此外还包括对莫桑比克飓风伊代（Cyclone Idai）的人道主义救援响应。在2019年3—7月UNHAS共向该地区运送了1 600吨救济物品，包括即食食品、健康品、洗涤用品和避难设施。近年来，世界粮食计划署在UNHAS机队中部署了一种更省油的新型飞机，能够在更加恶劣和极短的跑道上着陆。借助该型飞机，UNHAS在莫桑比克的马普托（Maputo）、贝拉（Beira）和希莫尤（Chimoio）之间成功开通了一座空中桥梁，为受飓风影响的灾民提供了关键的食物援助。

（三）后勤集群

“物流集群”（The Logistics Cluster）是一个由联合国紧急救济协调员通过联合国机构间常设委员会（IASC）建立的一个基于全球性物流解决方案的并由相关国际合作伙伴共同运作的社会公益性民间社区组织。根据1991年12月联合国大会第46/182号有关建立国际人道主义协调系统的决议，在2005年的联合国人道主义行动改革中还进行了职能扩充。在扩充的职能中增加了提高人道主义紧急响应能力、对突发事件的预测能力、机构的问责能力、机构的领导力和伙伴关系建设等的新职能要求。

物流集群标志

“物流集群”是联合国在应急响应工作领域的11个协调机构之一。为了推动“物流集群”在全球人道主义行动形成协调一致的工作，集成更广泛的资源优势力量，考虑世界粮食计划署在全球人道主义物援助及其物流领域的领导力和专业性，联合国机构间常设委员会将其作为“物流集群”的牵头领导机构。至此，“物流集群”与世界粮食计划署形成了紧密共生的协作关系。在实地一级，“物流集群”具体协助世界粮食计划署负责人道主义行动响应中的后勤协调和信息管理，并根据需要协调当地的公共物流服务的征集使用，以便最高效化地实施救援物资的运输和储存。“物流集群”在必要时还可以利用世界粮食计划署的全球网络获得物流分享服务，世界粮食计划署罗马总部还对“物流集群”提供专业的人力资源保障和技术支持。当出现阻碍人道主义响应行动的事件发生，“物流集群”凭借其力量无法应对和协调时，世界粮食计划署将对其提供帮助和支持，是其“最后的保障”。总体来说，“物流集群”与世界粮食计划署的关系更类似世界粮食计划署设在世界各地区域（国家）办公室的当地行动执行人的角色。“物流集群”利用在实地与当地合作伙伴的密切关系较好地填补了世界粮食计划署在一些实地的物流投送能力的不足[①]。

（四）世界粮食计划署的海运职能

1. 概况

世界粮食计划署的海运部门是其物流组成中的重要部分，特别是在一些特殊情况下空运能力无法发挥出来的时候，其海运职能以其稳定性和大容量的特点能够发挥出独特的作用，因此同样不可小觑。世界粮食计划署海运部门2018年在全球范围完成了共计75 000个标准集装箱的物资运输，运输总重量超过了280万吨，占世界粮食计划署全年运输重量的绝大部分，其中通过海运的粮食总量占其通过全部运输方式总量的75%以上。该部门自成立以来40多年间通过海上运输线路为人道主义援助行动做出了重要贡献。

世界粮食计划署甚至可以宣称在任何特定时段，世界的公海里随时都会有装载着总计在20万～30万吨粮食的货船航行。海洋运输服务是其物流供应链中不可或缺的一个重要环节。考虑最佳的成本效益，海洋运输服务是其最主要的运输服务类型，这对于世界粮食计划署能够以尽可能低的成本通过海上一次性远距离运输尽可能多的粮食和其他援助物资的意义重大。这也说明了世界粮食计划署为什么通常将其综合性的大型物流枢纽基地一般设在港口或靠近港口的原因。此外，由于世界粮食计划署使用轮船的运输量巨大，因此通常采用租用轮船和搭载定期班轮/集装箱轮船的运输服务方式，这样可以大大节约自建船队的购买、维护、工资等大笔经费。

此外，作为联合国所属机构，世界粮食计划署的海运服务还同时在为其他联合国机构、相关非政府组织及合作伙伴的人道主义行动提供各类运输服务支持，甚至包括在特定和紧急情况下的冲突与灾害地区的人员疏散功能。世界粮食计划署海运部门利用其多年积累的物流运输经验和独一无二的专业技能，为全球人道主义事业随时随地提供最安全的物流服务。此外，该机构亦深入掌握着全球海运市场的最优势资源和信息，与全球各大航运企业有着紧密的伙伴关

① The Logistics Cluster Annual Report 2020 in Review，logcluster.org，2021.10.21.

系，这些都使得世界粮食计划署的海运部门能够完成其他物流机构所无法完成的全天候、全类型、全负荷的物流运输任务。

基于世界粮食计划署的特殊使命，这种需要专业知识和经验的海运能力，加上与实地牢固的关系，确保了其航运服务能够灵活、有效应对各类紧急突发情况，且能够保证在上述危险情况下仍能够在短时间内完成物资的运输、转移或重置等高风险任务，这是一般商业航运机构无法提供的。

2. 伙伴关系与合作

世界粮食计划署的海运服务是依靠其全球伙伴关系及密切的合作来提供上述最高标准的服务。世界粮食计划署的海运部门与其全球合作伙伴、国际航运公司达成的全球合作协议保证了其服务的可持续性，这些特殊的全球协议为该机构提供了特别的合作条款，从而能够确保其获得不同于一般类型合作伙伴的运输待遇。

3. 客运

世界粮食计划署作为常年在全球实施人道主义行动的联合国机构，其长期的海上运输服务同样也包括客运服务，高效的客运服务能够帮助该机构有效应对各类突发的人道主义危机，例如发生在也门的人道主义撤离行动。2018年，世界粮食计划署使用租用的两艘船“VOS Apollo”和“VOS Theia”号完成了数十次客货混装航行，在吉布提和也门之间安全运送了大批量的物资及难民。

第四章

饥饿终结者和她的“萨扎盛宴”

在今天，位于全球各地的世界粮食计划署人道主义援助国家大体有三类：“输血”体质国、“造血”潜力国和“止血”受难国。对此，本书选取了津巴布韦、东帝汶和乌克兰作为世界粮食计划署在全球的3个典型国家，津巴布韦就是第一类——一个靠“输血”度日的国家。

第一节　世界粮食计划署在津巴布韦的简况

一、津巴布韦的现状和资源禀赋

地处南部非洲的津巴布韦（Zimbabwe），也称石塔之国，因世界七大奇迹之一的维多利亚瀑布（Victoria Falls）而闻名。津巴布韦不仅是以原生态风景闻名于世的旅游胜地，其独具特色的美食也令人愉悦。津巴布韦最受欢迎的主食称作“萨扎”（Sadza），也被称为津巴布韦的国菜，即用白玉米

津巴布韦原住民

面加以牛肉、鸡肉、猪肉和蔬菜熬成的糯粥。与世界上很多国家一样，津巴布韦也有着很多独特甚至是具有冒险精神才能享受到的“舌尖上”的美食。此外该国还是一个资源禀赋丰富的国家，不仅矿藏丰富多样，更曾被视为非洲的粮仓，同时，玉米、烟草、棉花、花卉等特色农产品也为该国的粮食安全和经济发展做出了重要贡献。

尽管津巴布韦有着如此丰富的资源和令人着迷的文化，本应令该国人民安居乐业，但是多年以来却由于多种原因一直处于低收入、粮食短缺状态。津巴布韦气候多变，干旱和洪水等灾害频发，由此导致的土地退化、森林锐减以及水资源不足等问题加剧。此外，气候变化加剧更显著影响农业生产以及当地的粮食和营养安全，对妇女和女童的影响尤为严重。该国人民的生计主要依赖于雨养农业，因此该国的农业生产的季节性较强，农作物产量基本“靠天吃饭”，加之农业生产的多样化程度较低，尤其是农村地区在饮食方面普遍缺乏多样性，以玉米为主食的饮食结构使得当地人缺乏必需的营养素，导致了该国民众的营养不良率很高。前文提及的“萨扎”盛宴的主要成分就是该国的主粮玉米，该国普通民众的单一主粮结构不仅导致了该国人民严重的营养不良，而且造成了单一和脆弱的经济结构，这种经济结构直接导致了该国的贫困率长期居高不下。该国现有1 560万人口，2/3生活在农村地区，63%的人生活在贫困线以下，此外还有27%的儿童发育迟缓。2019年，该国人口70.5%的家庭处于贫困状态，2020年极端贫困人口比例从23%上升到49%。该国2019年人类发展指数得分为0.571，189个国家中排名第50位[①]。在2020年，该国由于持续干旱和其他气候灾害导致了大面积的作物减产，有超过770万人的粮食安全得不到保障。在2017年全球饥饿指数排名中，该国在119个粮食安全问题国家中排名第108位，这也说明该国是全球粮食安全问题最严重的国家之一。导致津巴布韦的粮食安全形势恶化到“严重”状态的因素除了单一的经济结构以外还有多方面的因素。多年普遍存在的严重贫困、艾滋病高发、失业率高、难民流动频繁、气候灾害反复以及经济持续动荡等因素在该国叠加，导致了在这个国家持续出现严重的人道主义危机。此外，该国低下的农业生产水平和脆弱的市场能力也严重影响着津巴布韦的粮食安全以及农业可持续发展潜力[②]。总之，该国

① *Zimbabwe country strategic plan*（*2022—2026*），Executive Board，Annual session，2022.
② WFP，2022.

当前的状况几乎完全缺乏实现自主可持续发展的基础条件和能力。

数十年来，饥饿一直是严重困扰津巴布韦人民生计的主要问题，其长期存在的食物短缺问题也使得该国一直是国际社会特别是联合国有关组织高度关注的国家之一。联合国儿童基金会（UHICEF）甚至认为，津巴布韦常年面临的数百万人的饥饿和营养不良问题基本上只有依靠外来援助才能得到最低限度的缓解，该国的饥饿和营养问题将是一个外在气候和内在经济危机共同起作用且长期共存的问题，短期内根本不能依靠发展项目得到根本的缓解与转变，必须经过长期的外来援助行动帮助该国积累足够的资源之后，才能够提升其对于灾害和冲突的适应能力，最终获得全面可持续发展的条件。

津巴布韦从2000年实行激进的土地改革以来，大片农田荒芜，粮食产量急剧下降，从原本的粮食纯出口国变为每年都有几百万人需要接受粮食救济，有些年份甚至出现严重饥荒。尽管津巴布韦存在严重的粮食安全危机，但是津巴布韦近年却由于政策失误、管理不善以及资金缺乏等因素，导致该国在2014年的粮食生产只有2000年的一半，加之该国长期的干旱缺水导致农业生产雪上加霜[①]。

2021年，津巴布韦的玉米产量达到272万吨，但仍然远低于该国人口和牲畜所需的产量。此外，该国还有70万处于严重饥荒状态的人群，对于这些人口的粮食刚性需求，世界粮食计划署每年要提供数千万美元的粮食援助，才能基本满足这些极度缺乏粮食的人口的需要。加之该国近年的气候处于严重干旱状态，特别是其主要的农作物在生长季节缺少足够的雨水，这也导致了该国将有近半数的玉米歉收[②]。世界粮食计划署虽然为该国的粮食援助计划了4 000万美元的预算，但是仍然无法全部覆盖遍布在该国各地的严重饥荒人口，而且随着这个国家的饥饿人口数量的不断上升（特别是在2022年已从290万人激增至380万人），将快速消耗该国有限的粮食库存，会使更多家庭面临饥饿风险[③]。

二、津巴布韦的干旱挑战和应对

导致津巴布韦饥饿问题严峻的另一个因素是持续的干旱。2019年，正处于极端气候控制之下的南部非洲发生了一系列极端天气事件，使得南部非洲处于

① 樊胜根，2014年。

② Katherine Beck，2022.

③ Francesca Erldelmann，WFP country representative in Zimbabwe，2022.

前所未有的气候变化威胁之中，该地区的气温上升速度是全球平均水平的两倍多，而且越来越不稳定的雨季对这个地区曾经处于自给自足的农业以及当地的农民造成了沉重打击。随着这个地区作物歉收范围越来越大，津巴布韦不可避免地卷入到干旱这场灾难之中。位于津巴布韦奇马尼马尼（Chimanimani）还遭遇了飓风伊代（Cyclone Idai）的袭击而导致了更为严重的局部旱灾。

上述气候灾害使得该国很快陷入十多年来最严重的饥饿危机，粮食大幅减产，水源短缺、物价飞涨，整个国家经济一度濒临崩溃边缘。世界粮食计划署驻津巴布韦国家代表埃迪·罗（Eddie Rowe）表示当地许多粮食和食品都买不到，几百万人不仅粮食无法得到保障，甚至一些地方还处于饥荒之中。很多家庭数天吃不上一顿饭，甚至还导致了大规模牲畜死亡。

对此，世界粮食计划署在津巴布韦农村地区开展了规模庞大的人道主义紧急行动，该机构提出了覆盖超过410万人的粮食援助计划。即通过其庞大的后勤物流团队，向这个国家运送超过24万吨粮食。此外该机构还提出了募集2.93亿美元的紧急援助扩大计划，为该国大量5岁以下儿童提供紧急谷物、豆类和植物油等救生口粮以及专门的儿童营养食品。特别在该国首都哈拉雷（Harare）的Epworth郊区，还开展了一项覆盖2万人的特别粮食援助计划，并将继续扩展至更多城市，覆盖人口超过20万人。在应对该国灾害紧急情况的同时，该机构同时还在开展应对气候变化的长期恢复援助行动，并在Chebvute地区实施了农村灾害复原力恢复项目，在当地受到了农民的广泛欢迎。另外，还在当地与联合国儿童基金会和联合国粮农组织等联合国系统的合作伙伴合作，开展了增强灾害抵御力的可持续发展计划，增强该国应对气候变化和对灾害的快速恢复能力[①]。

2020年，由于该国降雨不足，主要粮食玉米的收成减少近一半，产量从上年的272万吨减至156万吨，导致该国供人和牲畜食用的玉米出现了严重缺口，特别是津巴布韦的Mudzi等农村地区还发生了持续的干旱灾害，导致该国出现了严重饥荒。世界粮食计划署在当年10月开始对当地实施了人道主义粮食救济特别行动，行动筹集的粮食能够满足当地70万灾民的日常需求。此外，考虑乌克兰战争的影响已经开始在非洲地区显现，世界粮食计划署未来将与津巴布韦政府合作，在当地实施能够覆盖380万人的粮食援助计划。

① Peyvand Khorsandi，2019.

第二节　世界粮食计划署在津巴布韦开展的援助行动

一、世界粮食计划署在津巴布韦的工作内容

世界粮食计划署在津巴布韦开展了多种类型的人道主义援助及发展行动，这些活动为提升该国对气候变化挑战的能力提供了综合性的解决方案，主要包括人道主义援助、营养改善、小农能力建设、农村抵御气候变化能力建设、社会保护以及供应链建设等行动。特别是对在津巴布韦近年的严重旱灾的救援方面，该机构在当地挽救了大量难民生命的同时还开展了卓有成效的灾后恢复行动，对这个非洲最贫困国家的大规模救助行动在非洲起到了良好的标杆作用，也对世界粮食计划署未来在非洲全面推行可持续发展行动产生了深远的影响。2009年前后津巴布韦发生了持续多达十年的严重旱灾，灾害不仅加剧了该国的粮食安全危机，还引发了经济崩溃和社会动荡。至2019年底，津巴布韦的食品通胀已升至700%以上，该国本币在2022年底甚至贬值549%，居全球首位。该国的农民难以获取必需的农资，导致不能按时耕种作物而引发了大规模的粮荒，这造成了津巴布韦430万人面临严重的急性粮食短缺危机[①]。

世界粮食计划署除在援助方面给予津巴布韦关键性的帮助外，还帮助受灾害影响最严重地区的饥饿难民能够在灾害的季节性冲击下不仅满足他们基本生存口粮的需求，还帮助他们不断满足营养需求，此外还在当地的灾害可能升级到危机水平时及时介入并提供预防性援助。在营养改善方面，世界粮食计划署参与了该国的至2025年实现地区儿童发育迟缓率降低的国家发展目标。他们还在当地广泛开展了改善幼儿饮食的行动，帮助儿童更多获得强化食品的营养补充，大范围减少6个月至2岁儿童的发育迟缓数量和微量营养素缺乏症，这些行动有效地支持了津巴布韦政府的营养改善政策。在支持小农能力建设方面，该机构通过利用自身技术优势，有效帮助当地建立了面向小微农业产业者的高效和盈利营销系统，提高了他们提升参与市场的能力，预计到2030年能够帮助当地更多小农进入一个良性循环的市场环境。在帮助津巴布韦提升农村地区抵御气候变化特别是干旱灾害冲击的能力建设方面，为支持当地处于粮食危机状

① 《2020年全球热点地区报告》（WFP 2020 Global Hotspots Report），世界粮食计划署，2020年。

态的农村家庭实现粮食安全并进一步增强他们对季节性气候灾害的冲击抵御能力，还在当地提供了现金结合粮食等多种形式以满足当地农村家庭对生计改善的需求。在帮助当地构建更加完善的社会保护体系方面，还为津巴布韦构建完整的社会保护体系做出了重要贡献。世界粮食计划署深度参与了津巴布韦的国家治理系统改善，不仅在短期内提高了该机构在当地人道主义响应的效率和质量，还最大限度地帮助该国在未来尽可能地减少对紧急人道主义行动的需求。在帮助当地构建基于粮食安全的供应链解决方案方面，该机构为当地的合作伙伴提供了具有成本效益的高效后勤和采购专业技术与服务支持。

二、津巴布韦国家战略计划项目

世界粮食计划署同样在津巴布韦实施了国家战略计划项目，目前在实施的是《2022—2026年国家战略计划（CSP2022-2026）》，该计划依据联合国2030年可持续发展议程和相关可持续发展目标的规划范围，提出了一个由国家主导的雄心勃勃的集体行动框架，旨在实现可持续发展，包括消除贫困和饥饿。由于该战略计划内容全面，贴合发展实际，津巴布韦同样在本国出台的《2021—2025年国家发展战略》中也明确了相应的可持续发展目标计划并与世界粮食计划署战略目标保持一致。对此世界粮食计划署执行局对津巴布韦国家战略计划（CSP2022-2026）亦筹集了5 935余万美元的配套资金支持。

世界粮食计划署在津巴布韦的干旱灾害期间所开展的人道主义粮食援助行动充分展示了其特有的现金转移和物流管理供应链方面的优势作用，这在其国家战略计划中得到了充分展示。在农村地区，考虑援助地区的季节性特点，世界粮食计划署在其援助工作中将当地政府的粮食救助计划与该机构的现金转移计划进行融合，提高了在更大范围内对粮食等援助物资的确认、登记、发放和监督等过程的效率，同时也确保了该机构的现金转移工作能够更好地促进灾区的食物多样性并引导当地市场的健康有序运转。为确保该机构的物流供应链在灾区的正常运转，世界粮食计划署还通过充分利用其全球商品管理基金（the Global Commodity Management Facility）等内部先进管理工具以确保其位于全球的人道主义物资库存可随时用于其在津巴布韦的人道主义应急响应行动。在津巴布韦的Tongogara难民营，该机构还与联合国难民事务高级专员办事处合作，向当地难民家庭提供应急食品和现金，甚至还采用了水培蔬菜等快速生产模式满足灾民的营养需求。世界粮食计划署不仅与政府合作开展援助行动，还与在当地的各民间社会团体合作，利用其与合作伙伴间的物流设施及技术管理经验，全面提升该国在危机应对期间的国家能力建设。

三、世界粮食计划署在津巴布韦开展的其他特色项目

针对津巴布韦小农的现状和特点，世界粮食计划署还在当地推动了一批富有特色的地区发展项目，例如，2016—2018年总投入为344.846 8万美元的小农户抗旱谷物和豆类的销售扶助项目，其中有关能力开发建设方面的投资为274.2万美元。此外，还推动开展了粮食安全和营养改善方面的项目，并取得了显著进展。在持久救济和恢复行动（PRRO）项目的实施中，该机构侧重于全年满足该国弱势群体的需求，提高弱势家庭的抗冲击能力，PRRO和在津巴布韦开展的其他发展项目共同构成了该机构在津巴布韦实施的国家战略计划（CSP2016-2020年）项目。这些发展项目特别侧重于刺激当地生产和加强农产品市场准入及农作物收获后处理和对损耗的控制，还能够与津巴布韦政府的《可持续社会经济转型议程2013—2018年》（Zimbabwe Agenda for Sustainable Socio-Economic Transformation 2013-2018）、《马拉博宣言》（Malabo Declaration）、《联合国津巴布韦发展援助框架2016—2020年》（United Nations Development Assistance Framework for Zimbabwe 2016-2020）以及世界粮食计划署的战略目标和联合国可持续发展目标（SDGs）高度吻合①。

① *Development Projects Approved by the Executive Director-Zimbabwe*，Executive Board，First Regular Session，2017.

第五章

饥饿终结者和她的“茉莉酋长之约”

作为“造血”潜力国，东帝汶因其独特的自然资源条件和“船小好调头”的优势，成为世界粮食计划署人道主义援助与可持续发展工作相结合的试点与典范。“茉莉”之国的忠实酋长们有潜力和能力为世界粮食计划署的可持续发展目标的实现贡献更多的资源和智慧。

第一节　东帝汶的粮食安全状况

东帝汶——“惊喜之岛”（Island of Surprises）。

东帝汶是隐藏在太平洋深处的一颗未经雕琢的“宝石”，在长仅270千米、宽75千米的狭小领土上却荟萃了最原始和迷人的海滩、热带森林和山脉。该国不仅是生态多样性之地，更是潜在的资源宝岛，其独特的历史和文化价值有待人类重新发现。

东帝汶2002年成为独立国家，是世界上最“年轻”的国家之一。本书之所以将东帝汶作为一章单独研究是因为东帝汶作为太平洋小岛屿国家的典型代表，因其在全球气候变化特别是全球气温升高导致的海平面上升的挑战中所面临的威胁是最显著的一类国家。东帝汶所代表的小岛屿国

东帝汶酋长部落原住民

来源：https://visiteasttimor.com.

家面临的困境是联合国可持续发展目标重点关注的对象，在当前联合国特别是粮农机构高度关注气候变化对太平洋小国影响的背景下，加之这些国家所具有的重要地理位置和拥有的丰富资源，使得生活在该地区的弱势群体在恢复生计与可持续发展方面的呼声在国际社区特别是联合国系统内的影响力远远大于该国家的政治影响力。

东帝汶虽然是一个岛国，但却是一个纯农业国家，且长期处于缺粮状态，该国60%的粮食依赖进口，且该国农业仅仅依靠雨养，资源禀赋较弱，对灾害的抵御能力更弱，极易受气候变化和突发自然灾害的影响，该国在2021年世界气候风险指数中排名第16位，属气候高危国家。在这样一个面积狭小的国家中却集中了山体滑坡、山洪暴发、热带气旋、地震、森林火灾等众多的自然灾害，这个国家几乎所有的人都常年生活在各种威胁的阴影之下。这样一个“多灾多难”的小国在联合国可持续发展目标的实现中具有强烈的示范效应。

除以上外来威胁与挑战以外，东帝汶内部面临的威胁依然严峻，该国是世界上营养不良率最高的国家之一，发育迟缓率在全球排名第三，47%的5岁以下儿童发育迟缓，其中8.6%患有急性营养不良，23%的育龄妇女患有贫血。此外，新冠疫情（COVID-19）和2021年的洪水在一定程度上加剧了该国的营养不良状况①。

东帝汶是世界上最年轻的国家，同时也是最贫穷的国家之一。这是由于该国的粮食不安全状况长期处于严重危险水平②。该国人口仅130万人，但是超过45%的人处于贫困状态，贫困率在东南亚国家中长期处于较高水平。根据2019年联合国综合粮食安全阶段分类（IPC）分析报告，该国有约43万人长期处于粮食不安全状态，其中15%的人处于长期粮食不安全状态（IPC4级）③。在2020年人类发展指数中，东帝汶在189个国家和地区中排名第141位。

导致东帝汶上述发展困境的主要促成因素是该国农业生产力长期低下、产

① Timor Leste：Chronic Food Insecurity Situation 2018-2023，www.ipcinfo.org，2019.1.17.

② Household food insecurity in Timor-Leste，Food Security，2013.

③ 即粮食安全阶段综合分类（IPC），是联合国一项创新的多伙伴倡议，旨在改善粮食安全和营养分析与决策。通过该分类和分析方法，各国政府、联合国机构、非政府组织、民间社会和其他相关行为者能够确定一个国家急性和慢性粮食不安全以及急性营养不良状况的严重程度和程度。分为5个不同阶段：①最小/无；②压力大；③危机；④紧急情况；⑤灾难/饥荒。

业结构单一、粮食生产能力孱弱、生计恢复缓慢以及产业价值链落后等[1]。该国近70%的劳动力从事农业生产，其中大部分在自营的各类农场工作。东帝汶主要作物产量较低且缺乏足够的生产、储存、运输等基础设施和相应的高产技术支持，加之近年人口快速增长导致了该国本已脆弱的粮食安全状况更加令人担忧，这也进一步加剧了这个国家的贫困状况。特别是在该国的“饥饿季节”（Hungry season）[2]期间，该国的多数家庭往往面临长达3个月没有大米或玉米等主食的窘境。玉米作为东帝汶的重要作物，并未完全发挥出对该国粮食安全保护的作用，不仅产量低，而且原始的储运条件与手段造成了超过30%的产量损失，导致了该国主粮“非主”的局面[3]。

针对东帝汶如此严峻的粮食安全形势，国际社会给予了这个“年轻”国家强烈的关注，特别是联合国及相关机构与社会团体近年在该国开展了一系列援助和可持续发展项目，这些项目针对性强、有实际可操作性，正在逐步帮助这个太平洋小岛国在多重气候危机挑战下站稳脚跟，逐渐建立具有自身特点的灾害适应与恢复力体系，逐步实现联合国相应的可持续发展目标。在上述方面，联合国驻东帝汶各机构在推动东帝汶粮食安全与可持续发展进程方面发挥了重要作用。目前在东帝汶活动的联合国机构主要有联合国驻东帝汶国家工作队、联合国驻地协调员办公室，驻东帝汶的联合国实体主要有粮农组织、劳工组织、移民组织、人权高专办、环境署、亚太经社理事会、妇女署、资发基金[4]、开发计划署、教科文组织、人口基金、儿基会、工发组织、世界粮食计划署、世卫组织及其他一些志愿者组织。

2002年东帝汶独立伊始，联合国就已经在东帝汶组建了新的特派团，即联合国东帝汶支助团（UN Mission of Support in East Timor，UNMISET）。联合国还在该国建立了《2015—2019年联合国发展援助框架》（2015-2019 UN Development Assistance Framework/UNDAF），该框架首次通过建立一种当地普遍认可的可持续发展模式替代了在东帝汶派驻联合国维和或政治特派团的传统模式。

---

① *WFP Timor-Leste Country Brief*，2019.2.

② 即多灾害性的非生产季节。

③ *Improving food security in Timor-Leste to end “hungry season”*，IFAD，2012.

④ 联合国资本发展基金（United Nations Capital Development Fund），创建于1966年。该基金作为一种特殊用途的基金，主要为最穷国家（也称最不发达国家）提供小型投资项目。

联合国还通过促进“南南及三方合作”（South-South and Triangular Cooperation）等方式，将其他国家和地区的有关可持续发展领域的成功经验和知识专长及一些使用的创新技术与东帝汶分享，帮助该国在国际社会的支持下尽快建立适应本国发展特点和水平的经济体系。联合国的一些专业政策研究部门还帮助东帝汶建立了从上至下的战略与部门发展目标。在社会战略发展层面，帮助东帝汶建立了多个涵盖该国农业、卫生、环境、教育及社会福利等关键领域的战略和行动目标，这些目标非常具体，能够有效帮助东帝汶人民改善生活并逐步积累建立可持续发展目标所需要的各类资源。

此外，联合国的一些发展机构还在东帝汶广泛参与了该国的基础设施建设，帮助该国制定了相关战略发展政策并确定了发展目标。例如帮助该国建立了必要的交通路网和桥梁，并通过将这些道路网络与偏远地区的众多弱势社区连接起来，有效提升了这些地区应对灾害及恢复能力，还带动了这些地区农业、工业和旅游业以及市场的发展。在帮助该国制定农业经济恢复与发展战略方面，联合国粮农三机构（RBAs）在东帝汶发挥了重要作用，联合国粮食农组织（FAO）在东帝汶帮助建立了实现减贫和粮食安全的一揽子发展框架，这些发展规划帮助促进了东帝汶农村地区乃至整个国家的经济增长，此外还帮助该国实施共同创业和发展计划，制订了一系列投资计划，帮助东帝汶人民增加就业机会和收入，并帮助更多的国际投资者进入东帝汶的各个行业发展领域，帮助当地建立企业并开展国际伙伴的合作①。国际农业发展基金（IFAD）在农业金融领域帮助东帝汶有效拓展了农业发展领域融资，推动了玉米储存项目融资计划，帮助该国进一步提升农产品收储能力。随着这个新项目的实施与推广，东帝汶的玉米产量获得了大幅提升。农发基金还在2012年向东帝汶提供了560万美元的赠款，以提升该国玉米种植户的能力建设水平。

东帝汶除在主粮领域获得了来自国际社会的普遍关注以外，该国的一些特色农产品，例如咖啡等，也对该国的经济实现了有效地补充，推动了经济发展。如果你品尝过星巴克（Starbucks）的“Mount Ramelau”品牌咖啡，你一定会将东帝汶特有的低酸度咖啡视为世界上最好的咖啡体验之一。东帝汶独立后，该国的咖啡成了最重要的出口农产品，咖啡豆的出口占该国全部农产品出口的80%以上，咖啡豆成了东帝汶最重要的出口创汇产品。风景秀丽的东

① 联合国可持续发展集团，2022年。

帝汶出产的咖啡历史悠久，最早于19世纪由葡萄牙人首次引入，如今是该国最大的非石油出口产品之一，也为该国的就业做出了巨大贡献。东帝汶的主要咖啡品种是“Hybrido de Timor”，俗称帝汶混种（Timor Hybrid），是由阿拉比卡咖啡（Arabica coffee）和罗布斯塔咖啡（Robusta coffee）杂交而成，品质超群，非常适合在东帝汶肥沃的土壤中生长。为了积极推动东帝汶的特色咖啡产业走出国门，将东帝汶的咖啡种植户推向国际市场，并成为该国农业经济的有力支撑力量，东帝汶政府也在国际社会的帮助下与全球咖啡生产合作伙伴开展合作，目前该国正在积极推动当地种植户开展不同规模的产业升级与转型。在小规模种植户阶段，鼓励农民从种植商品级咖啡转向加入精品级咖啡种植者网络，开发更高质量的咖啡品种。在中等规模发展阶段，为种植户提供更好的发展空间，确保他们实现更高品质生产和规模提升。在大规模发展阶段，将推动东帝汶发展成为全球重要的咖啡生产基地，推动东帝汶咖啡品牌的特色旅游业成为全球知名品牌。

东帝汶咖啡豆

来源：Teapot-Tea or Coffee Ltd.

东帝汶品牌咖啡包装

来源：Gambar Berkualitas Tinggi

第二节　世界粮食计划署在东帝汶的援助项目

世界粮食计划署在东帝汶不仅深入参与了当地的人道主义紧急援助行动，还与该国政府和当地合作伙伴合作。根据联合国有关可持续发展目标，在当地开展了粮食安全、食物营养及加强国家的粮食系统和供应链，增强该国的备灾和抗灾能力，经过长期合作，帮助该国大幅改善了最脆弱人群的营养状况。该机构还通过与该国共同实施国家战略发展计划，有效提升了该国应对气候变化的能力①。

在可持续发展战略规划方面，世界粮食计划署在东帝汶实施了《国家战略计划（CSP2018-2022）》，该计划与东帝汶政府的《2011—2030年国家战略发展计划》保持了发展目标的高度一致性。该国家战略计划针对东帝汶从粮食援助转向粮食发展能力建设，强调通过联合国可持续发展目标（SDGs）的相关路线图将东帝汶的优先发展领域与之密切结合，特别是在消除饥饿、消除一切形式的营养不良和建立可持续粮食系统领域。这种将政府战略规划与本机构的实地战略规划相结合的形式有助于实现联合国可持续发展目标2②所设定的粮食安全和营养改善目标，同时也有助于发挥世界粮食计划署的比较优势和在实地的工作潜力。为了推动东帝汶的粮食与营养结构更加合理，世界粮食计划署还在当地推行了强化大米、豆类和食用油的营养改善行动，并通过社交媒体渠道开展了一系列世界粮食日的庆祝活动，向世界展示东帝汶丰富的饮食文化，获得了良好的社会效益。在世界粮食计划署的推动下，东帝汶发起了全国营养改善运动以积极配合该机构的营养改善计划。世界粮食计划署还与东帝汶在农业和渔业领域开展了合作。

在人道主义援助行动方面，2019年，世界粮食计划署在东帝汶受灾地区开展了即食营养食品的分发工作，使当地数千名5岁以下女童和男童以及孕妇和哺乳期妇女受益。此外还在东帝汶多个城市开展营养培训，使大批本地人受益③。

一、营养改善

世界粮食计划署的营养改善目标是帮助那些对营养需求更紧迫的弱势人群全年都能获得多样化和营养丰富的饮食，特别是幼儿、少女以及怀孕和哺乳的母亲。鉴于东帝汶特殊的地理环境和多发的灾害导致该地区的弱势人群的营养状况非常令人担忧，因此改善营养是世界粮食计划署在当地的核心工作之一。他们在东帝汶的营养改善工作主要是向当地的弱势家庭提供富含必需矿物质和维生素的强化食品，以帮助他们在突发灾害导致的食物短缺状况下保证基本营养的摄入。世界粮食计划署与东帝汶开展的营养改善合作的目标是到2025年实

① *Timor Leste Country Strategic Plan*（*2018—2022*）.
② 目标2：消除饥饿，实现粮食安全，改善营养状况和促进可持续农业。
③ *WFP Timor-Leste Country Brief*，2019.2.

现该国5周岁以下儿童、孕妇和哺乳期妇女以及少女等群体的营养状况符合该国国家战略中的营养目标。

世界粮食计划署与东帝汶还在政府多个层面开展营养改善合作。世界粮食计划署与东帝汶总理办公室（PMO）建立了扩大营养计划（SUN）工作组，在领导层面对该国的营养和粮食安全开展综合性的国家行动计划，以解决该国较为普遍的营养不良问题。2022年2月，世界粮食计划署与东帝汶政府签署了营养改善合作协议，通过推进当地开展多样化饮食等活动，共同努力改善东帝汶的营养状况。在技术层面，世界粮食计划署的实地工作人员还与当地的卫生部门合作，在东帝汶博博纳罗、科瓦利马、帝力、埃尔梅拉和欧库西的社区实施了营养教育培训。此外世界粮食计划署还通过其专家技术组在当地开展了“营养缺口分析”实地调查研究，与该国卫生部门共同开展了有关食物促进健康的技术合作，并计划合作共同推动2023年度营养干预国家预算分配合作，以促进该领域的资金有效运转。世界粮食计划署甚至还借助当地电视台等媒体共同发起健康和营养活动，推动全社会关注东帝汶的大米强化和学校供餐等营养改善活动[①]。

二、水稻强化项目

世界粮食计划署正在向东帝汶政府提供技术援助，以引入和扩大该机构的食物强化项目，以推动当地更多家庭获得所需的营养。2020年，世界粮食计划署在该国首都帝力建立了强化大米食品系统项目，并通过媒体宣传提高公众对强化食品益处的认识。

三、学校供餐项目

世界粮食计划署正在与东帝汶政府合作，重新启动国家学校供餐计划（School feeding）。学校供餐计划是世界粮食计划署在全球广泛开展实施的最成功的发展类项目之一，作为该机构里程碑式的举措，为了推动项目的可持续性，世界粮食计划署推动了该项目的转型，即支持各国政府加入学校供餐项目并形成全球性的联盟体系。2022年，世界粮食计划署推出强化大米项目作为学校供餐计划的一部分，在包考和博博纳罗安装了强化水稻搅拌机，在当地碾米厂开展了技术能力培训，以促进强化稻米的当地生产。项目覆盖东帝汶的包

① *WFP Timor-Leste Country Brief*，2022.

考、博博纳罗和马努法希的400多所学校的79 000名儿童。

四、物流运输

世界粮食计划署还与东帝汶政府合作开展物流技术合作，共同在当地开发高效的物流供应链管理系统，以便为当地的农户提供直达田间的最直接技术帮助。在新冠疫情（COVID-19）暴发导致该国贸易关闭期间，该机构还协调联合国人道主义空运服务队（UNHAS）在全国实施了紧急医疗救灾物资的运输和发放行动。

世界粮食计划署向东帝汶的社会团结与包容部提供了资金支持，以帮助该国提升在食品运输和分配管理方面的能力，向该国医疗和药品供应局提供了社区卫生中心的技术指导，与卫生部开展了高标准的粮食储存设施的共建与维护工作[①]。

五、应急准备和响应

世界粮食计划署与东帝汶政府及其他国际人道主义合作伙伴共同开展了后勤和运输应急服务合作，全面提升了联合国在东帝汶的应急准备和响应效率，此外还与该国的国家民事保护机构合作制定有关国家和市级的灾害应急准备计划。考虑俄乌冲突导致的全球经济危机，世界粮食计划署与东帝汶政府合作开展了该国粮食安全预警体系的建设，提升该国对国际粮食安全危机的监测能力和对国际粮食市场的跟踪与预测能力。

第三节　东帝汶的国家发展战略项目

世界粮食计划署与东帝汶政府共同制定了东帝汶《国家战略计划（2018—2022年）》。该国家战略计划支持东帝汶政府的国家愿景计划，即东帝汶2011—2030年国家战略发展计划。该战略发展计划是该国的一项中长期可持续发展国家计划，计划有4个核心任务目标，即政治意愿、经济潜力、国家一体化和人口恢复。东帝汶政府一直大力倡导联合国的可持续发展目标，特别是积

① *WFP Timor-Leste Country Brief*, 2022.

极响应联合国可持续发展目标16[①]，并主动加入了联合国2030年议程高级别工作小组。东帝汶政府还充分利用2017年“G7+”[②]会议推动2030年议程，响应“不让一个人掉队”的倡议，并通过帝力联合公报强调“应高度关注全球脆弱和受灾害国家的独特情况并根据需要调整相应可持续发展目标，是联合国2030年议程成功实施的重要因素”[③]。

2017年6月，东帝汶政府发布了实施联合国2030年议程的路线图，并根据该国的2011—2030年国家战略发展计划，制定了该国实现可持续发展目标的总体框架。该国还批准了一项优先考虑营养问题的计划，该计划涵盖联合国可持续发展目标2[④]，并与世界粮食计划署的战略结果2和5的目标保持一致。

东帝汶国家战略计划包括消除饥饿和一切形式的营养不良及建立可持续的粮食系统，同时对该国的繁荣、环境与和平产生影响。伙伴关系是国家战略计划所有要素的核心，该计划使世界粮食计划署及其合作伙伴的活动保持一致，以支持当地各级政府的可持续发展能力建设。东帝汶国家战略计划基于政府、发展伙伴和受益者的共识，针对实现联合国可持续发展目标2所需行动的国家战略审查提出建议。

东帝汶国家战略计划作为在该国实施的大规模、系统性和长期性的援助与发展项目，对于该国持续有效应对各类灾害、提升灾后恢复力并改善该国的粮食安全水平发挥着重要的作用，但是该项目也存在一定的问题与不足，首先是资金不足，难以在该国持续开展符合联合国标准的援助行动，资金链的短缺也将造成后续的行动成果难以有效实现，特别是对于该战略计划设定的一些重要成果目标，也有可能严重影响项目实施进程。此外，该国的粮食安全库存水平也存在严重的不稳定状况，一些谷物库存程度经常处于警戒线以下水平。对此，世界粮食计划署也在积极考虑利用其物流链优势帮助该国增加一定的安全库存，以满足该国脆弱地区的基本粮食库存需求。

---

① 创建和平、包容的社会促进可持续发展，让所有人都能诉诸司法，在各级建立有效、负责和包容的机构。

② “G7+”本书指成立于2010年，由面临危机或冲突的国家组成的政府间组织，非“七国集团”。成员国是阿富汗、布隆迪、中非、乍得、科摩罗、科特迪瓦、刚果、几内亚、几内亚比绍、海地、利比里亚、巴布亚新几内亚、圣多美和普林西比、塞拉利昂、索马里、所罗门群岛、南苏丹、东帝汶、多哥和也门。

③ *Timor-Leste country strategic plan*（*2018-2020*），Executive Board，First regular session，2018.

④ 目标2：消除饥饿，实现粮食安全，改善营养状况和促进可持续农业。

第四节　粮食安全及气候挑战对东帝汶的影响

受地区冲突、气候变化、疫情和通胀压力等因素叠加影响，全球粮食安全正面临严峻挑战。作为世界上最年轻的发展中国家之一，东帝汶也深受外部环境的影响，特别是来自气候变化对该国赖以生存的粮食安全的挑战。东帝汶在粮食安全上面临的挑战是多重性的，同大多数处于发展中水平的岛屿国家一样，东帝汶高度依赖粮食进口，当面对国际粮食等战略商品的任何价格波动，以及气候变化危机等外部突发性灾难时，该国的粮食安全体系就会显得尤为脆弱。另外，周边地区乃至跨地域的战争和冲突所带来的对经济的影响也都会迅速波及这个岛国，目前乌克兰战争导致的全球粮食安全危机就在几个月内迅速传导至东帝汶[①]。

当然解决东帝汶的粮食安全问题，仅靠来自国际社会的援助是远远不够的，要从根本上去解决这一问题，就必须从自身考虑，充分挖掘和利用自身的资源去解决粮食安全问题，也就是我们常说的不仅要“授人以鱼”，还要“授人以渔”。而建立和发展自身的农业技术体系是最为关键的一点，农业数字化、智能化等现代技术对于这样一个农业规模产量极为有限的国家来说显得更为重要。东帝汶虽然大规模可耕种土地有限，但是因其气候多样特征，环境洁净无污染，土壤条件优越，能够产出有特色、高品质的农产品。针对上述特征，可以采取以下多种措施在东帝汶推动实施精品化农业产业提质增效。一是可以通过数字技术大幅提升东帝汶在农业生产、加工、仓储、物流、市场等各个环节的效率并降低粮食损耗。二是利用无人机施肥、喷洒农药、监测病虫害等技术大幅提升该国的农产品产量。三是充分借助跨境电商平台可以将全球对高品质农产品的消费市场与东帝汶的广大农业生产者快速高效连接起来。在东帝汶可尝试采用数字供应链技术催化在东帝汶的小农普惠金融项目，为东帝汶无担保无抵押能力农户的数字借贷提供更先进的风险防控技术，这将有利于东帝汶的小农户获得更多的生产和消费贷款，有利于提升进入市场的能力以及获得更多的市场信息与机遇。四是充分借助该国生物多样性特征，积极在东帝汶开展农作物新品种的改良，在该国培育具抗病、节水、高产等特点的气候智慧

---

① 刘大耕，WFP东帝汶国家代表，2022年。

型新作物。通过这种做法能够推动东帝汶成为重要的育种产业基地，各国可以在这里开展种质资源的创新与交换合作，从而为世界的粮食高产技术提升和粮食安全做出贡献[①]。

第五节　东帝汶、世界粮食计划署及中国的三方合作

长期以来，中国一直关注东帝汶的粮食安全问题及其遇到的挑战，多年持续在当地开展杂交水稻、菌草技术等合作，帮助东帝汶建立农业技术示范中心，助力该国的粮食安全能力提升，促进农业的可持续发展进程。近年来，在东帝汶具体开展并实施了杂交水稻示范种植、对虾养殖、农业合作产业园、玉米机械化种植、现代粮仓与粮食加工厂、饲料生产与加工、学校营养餐、妇女营养提升等大批援助与发展项目，其中一些项目取得了很好的进展，产生了广泛的社会和经济效益。考虑中国在地区的影响力，世界粮食计划署近年与中国在当地积极展开三方合作并取得了进展。

世界粮食计划署还与中国农业农村部（MARA）开展粮食安全融资合作，定向支持东帝汶的小农产业。该机构还在2021年与国家国际发展合作署（CIDCA）共同合作实施了南南合作援助基金项目，向东帝汶营养不良的孕妇和哺乳期妇女提供专门营养食物支持。国家国际发展合作署较早前于2017年在东帝汶开展实施了粮仓援建项目，设计总仓容为1万吨。项目包括粮食存储、加工、管理及附属设施。此外还建立了一条完整的稻谷加工生产线，该项在2021年已经移交东帝汶并实现了规模化运营，为东帝汶的粮食减损与粮食安全提供了重要帮助。当前，中国对东帝汶的多边援助包括学校营养餐、水灾应急救济、妇女营养食物援助等项目，这些务实的合作项目均有效推进了世界粮食计划署的国别战略计划在东帝汶的顺利落地实施。特别是在当前全球粮食安全危机冲击、国际粮价持续上涨的挑战下，中国政府向东帝汶提供的紧急粮食援助以及与世界粮食计划署等机构合作开展的粮食安全领域的合作对于东帝汶的农业可持续发展以及粮食安全的保障具有重要的意义。

---

① 刘大耕，2022年。

第六章

饥饿终结者和她的“麦田守望者”

尽管当前困扰全球的阿富汗、叙利亚、埃塞俄比亚、南苏丹等“传统”冲突地区始终找不到任何休养生息的机会，尽管这些地区的人民始终迫切需要得到持续不断的援助，但2022年全球最大的“白天鹅”突变“黑天鹅”事件——俄乌军事冲突，一度使国际社会暂时转移了对上述苦难国家的关注。这个曾经以拥有世界上最美丽但却最危险的“白天鹅”（Белый лебедь）——图-160轰炸机为骄傲的国度，却可能成为世界粮食计划署在21世纪初最需要帮助“止血”的受难国。而世界粮食计划署此时此刻俨然成了乌克兰丰腴无垠麦田的“守望者”，其漫长的物流运输带更成了帮助乌克兰包扎伤口的“止血带”。

2022年2月24日在乌克兰与俄罗斯边界靠近黑海的地带突然爆发了震惊世界的俄乌军事冲突。随着冲突的迅速升级，乌克兰短时间内出现了严重的人道主义危机，这种集中的在短时间和特定区域爆发的人道主义危机是世界粮食计划署迄今为止遇到的最复杂、最为棘手的人道主义援助行动之一，特别是由于该冲突的政治复杂性导致了该地区的人道主义灾难呈现了不确定和持续性的特征，这给世界粮食计划署的人道主义援助以及援助物资的物流保障工作带来了相当大的难度，也给其人道主义行动提出了巨大的挑战。尽管挑战严峻，该

正在吃面包的乌克兰儿童

机构依然在第一时间做出反应，并开展了一系列富有成效的援助行动，从下面该机构的人道主义大事记可以充分体现出该机构在战区环境下的科学和精准的人道主义行动。

3月4日，时任世界粮食计划署执行干事大卫·比斯利（David M. Beasley）在位于波兰的Korczowa-Krakovets过境点实地考察了该机构在乌克兰的人道主义援助工作。7月4日，该机构在敖德萨（Odessa）建立人道主义救助协调中心，以应对乌克兰不断扩大的粮食援助需求。7月8日，乌克兰政府与世界粮食计划署签署协议，对该机构在乌开展行动给予官方认可。7月13—15日，世界粮食计划署高级团队再次访问了该机构在乌克兰的物资枢纽中心和主要行动覆盖区域。7月14日，该机构紧急情况协调员出席了在罗马尼亚举行的协调会议，以增加通过海上和陆路走廊的粮食出口。7月间共为超过150万乌克兰人提供了人道主义紧急粮食和现金援助。8月15日，成功实施首次黑海港口粮食外运并执行北非粮援任务。11月，通过“黑海粮食运输协议”成功向非洲等地处于冲突和饥荒的灾民运送了19万吨小麦，至2023年1月，共完成38万吨粮食外运工作。

3月14日大卫·比斯利先生（中）与等待从与波兰边境的乌克兰一侧步行和驾车进入波兰的难民交谈

来源：©WFP/Marco Frattini.

整个2022年，世界粮食计划署都在乌克兰连续不断的实施各类人道主义工作，其丰富的人道主义物资库存和遍及全球的物流网络支持力量确保着该机构每个月都能够实施高达对乌克兰470万人次的援助覆盖行动，甚至在进入2023年后每个月还能够持续开展覆盖300万人以上规模的援助行动，目前该机构已经完成了对1 030万乌克兰难民的直接援助行动。在上述援助行动中，有800万人接受了该机构的直接食品援助，200万人接受了各种食品券和现金转移形式的援助。此外，该机构还实施了大规模的针对乌克兰冲突受损地区的战后恢复和当地人民的可持续发展援助工作。该机构在2022年共计在乌克兰投入7亿美元用于当地的经济重建与恢复工作。同时还与乌克兰政府共同推行了广泛的社会保护与民生重建工作。目前乌克兰有1 770万受冲突影响的难民及居民仍然需要该机构继续实施粮食援助支持，这些人口占乌克兰总人口的40%[①]。至2024年1月，世界粮食计划署活跃在乌克兰境内的290位工作人员与更多的志愿者一起使用1 000辆卡车、26艘船舶通过境内的5处物资储备库，共完成了25亿份餐食的供应，提供了3 000万份面包（2023年），发放了价值5.5亿美元的食品代金券，其中85%的粮食发往战区。他们确保了至少700万乌克兰人免于饥饿威胁[②]。世界粮食计划署还积极参与了对乌克兰经济恢复的现金援助，目前货币投资总额已经达到11亿美元，此外，他们还与粮农组织合作，支持乌克兰农民开展排雷行动，清理农田，并提供关键的农业物资，支持粮食生产[③]。

世界粮食计划署在乌克兰的援助行动主要分为3个阶段。第一阶段是冲突初期在乌克兰中西部开展的衣物等实物援助，第二阶段主要是针对中部、南部和北部难民的直接粮食及物资援助，第三阶段是对乌克兰东部和南部战争前线的难民生存物资的援助行动，该机构有80%的食品援助都在冲突前线地区实施。

第一节　乌克兰的粮食安全及对全球粮食安全的影响

乌克兰是名副其实的“欧洲粮仓”。在国际粮食贸易中，乌克兰粮食产业构成了全球粮食贸易格局的重要一环。这一切皆因乌克兰拥有肥力惊人的黑土，这是乌克兰农业得以傲视全球的天然禀赋。作为世界三大黑土分布区之一，乌克兰的黑土面积占全世界黑土总面积的40%，而且其中最肥沃的部分主要集中在中部和东部地区，也就是这次俄乌冲突被波及的地区。其中农业用地达4 256万公顷，占国土面积的70%。肥沃的土壤使乌克兰坐拥全球第二大粮食出口国的地位，加之乌克兰的小麦品质好、价格便宜且从陆路运输至欧洲各国的便利条件，非常受欧洲人喜爱，让乌克兰不但有了“欧洲粮仓”美名，更拥有“欧洲面包篮子”（Breadbasket of Europe）的昵称。

乌克兰为全球农产品市场贡献的大麦、黑麦、小麦、玉米、葵花籽和菜籽等谷物产量的全球占比均超过了3%。其中玉米、小麦和大麦是乌克兰出口的

---

① WFP，*Ukraine A Year In Review*，2022，2023.

② WFP UKRAINE OVERVIEW. 2024.1.

③ C. McCain，Executive Director of WFP，Opening remarks on the first regular session of the Executive Board，2024.2.26-2024.2.28.

主要谷物。由于小麦是全球消费范围最为广泛的主粮作物，因此是全球粮食安全的关键产品。乌克兰的小麦年产量2 500万吨以上，高产年份可达3 000万吨，其中2021年产量2 903万吨，占全球产量的3.74%。另外，乌克兰能够影响全球饲料市场的重要农产品之一是玉米。玉米也是全球最重要的饲料原料之一，以美国农业部就2017—2021年玉米产量和出口份额的全球平均值来看，乌克兰是继美国、巴西、阿根廷之后的全球第四大玉米出口国，占世界玉米出口的15%以上。2021年是乌克兰的丰收年，共收获3 250万吨小麦、1 000万吨大麦、3 750万吨玉米，另外还出口了7 000多万吨谷物和食用油料作物，创历史纪录[①]。

由于上述小麦和玉米所含有的热量几乎占世界所有食物的30%。而乌克兰所生产的小麦和玉米能够占据全球出口市场的10%和16%，由此可见乌克兰的粮食安全对于全球粮食安全的重要程度。在乌克兰小麦出口目的国家中，中东国家是乌克兰小麦的主要买家，而中东地区历来就是民生脆弱和政治、经济激烈博弈的要冲地带，可见乌克兰的粮食安全对世界局势的重要影响力。

在大麦方面，乌克兰大麦约占全球产量的6%，占全球大麦出口达15%。乌克兰是继欧盟、俄罗斯、澳大利亚、加拿大之后的第五大大麦生产国，也是继欧盟、俄罗斯、澳大利亚之后的第四大出口国。

在植物油方面，乌克兰在油籽（特别是向日葵和葵花籽油）的生产和出口中对全球市场能够产生重要影响。2021年乌克兰葵花籽的产量占全球28.6%，是全球当之无愧的第一大生产国。乌克兰葵花籽油的出口市场主要是欧盟（32%）、印度（30.5%）等[②]。由于乌克兰葵花籽产区主要集中于南部与东部地区，因此乌克兰局势升级，势必对当年葵花籽产量和出口产生影响。

特别是在粮食价格长期居高不下的非洲大陆一些地区，由于乌克兰粮食出口受阻所传导的通胀效应导致了其粮食价格不断上涨，人们对非洲的粮食安全危机的担忧再次升温。此外乌克兰局势正在给非洲的市场带来另一个冲击波，伴随着非洲之角的连续4个灾难性的雨季，这个冲击波不断放大并将在一段时间内快速推高粮食价格，特别是东非地区将在较长时期处于粮食价格的高位水平[③]。

---

① 《光明日报》，2022年12月4日。
② 乌克兰经济发展、贸易和农业部，2022年。
③ 肖恩·费里斯（Shaun Ferris），世界粮食计划署分销合作伙伴、天主教救济服务组织（Catholic Relief Services）驻肯尼亚农业和市场顾问，2022年11月1日。

对于著者更为关注的中东和北非国家，特别是埃及、也门、以色列、埃塞俄比亚、利比亚、黎巴嫩、突尼斯、摩洛哥、沙特阿拉伯甚至近东地区的土耳其等均是小麦和玉米等大宗农产品进口国，而这些国家的粮食安全问题常年处于严重或摇摆的状态，也就是说，超过4亿人口的上述国家完全或高度依赖乌克兰的粮食供应。

俄罗斯和乌克兰合计供应了北非和中东50%以上的谷物进口，而东非国家72%的谷物从俄罗斯进口，18%从乌克兰进口[①]。黎巴嫩50%以上的小麦从该国进口，也门和突尼斯的进口也分别占22%和42%，所有这些小麦进口国都将在2022年这场突如其来的地区冲突而引发的全球经济危机中史无前例地感受到粮食价格飞涨带来的巨大压力[②]。特别是埃及有超过32.5%的公民生活在贫困线以下，也门妇女和儿童的营养不良率仍然位居世界前列，埃塞俄比亚有590万人处于极度缺粮状态，黎巴嫩有22%的家庭处于粮食不安全状态，利比亚甚至有83%的人每天生活费不足1.25美元，连日常购买粮食保证温饱都成问题，伊拉克有240万人处于缺粮和生计难以保障状态，正是这些国家令人担忧的饥饿和营养不良问题使得乌克兰的粮食安全状况成为能够引发一系列地缘政治安全问题的“导火索”。

俄乌冲突对乌克兰的粮食出口影响巨大。冲突伊始，由于黑海封锁导致粮食出口急剧下降甚至一度中断，而乌克兰敖德萨（Odesa）港等黑海港口承担了乌克兰90%的农产品出口。2022年7月，尽管联合国、土耳其、俄罗斯、乌克兰四方达成了《关于保证粮食和食品安全运出乌克兰港口的倡议》，即《黑海粮食倡议》（Black Sea Grain Initiative），根据世界银行等预测，在该倡议下，乌克兰将能够大幅增加粮食出口，据信能够达到600万～700万吨/月的出口能力[③]。但是这仅仅是一个开始或权宜之计，乌克兰粮食贸易问题不能得到彻底解决将意味着乌克兰每年向世界供应的600万吨小麦、1 500万吨玉米及其他大宗农产品将由全世界其他产粮国家分担这个缺口。此外，乌克兰因军事冲突当年春播面积减至约700万公顷，比上年或将减少一半[④]。而另据最新

① Anna Caprile，EPRS|European Parliamentary Research Service，2022.4.
② 斯科特·华莱士（Scott Wallace），世界银行，2022年3月16日。
③ 仅为估算规模，实际出口总量未知。
④ 《光明日报》，2022年12月4日。

发布的《乌克兰快速损害和需求评估》[1]，由于冲突在2022年春季播种开始前爆发，导致该年实际种植面积比上年减少20%，农业资本存量受损15%以上。谷物和油籽产量下降了37%，近90%的小规模农作物生产者收入减少，1/4的农业活动已停止或大幅减少。截至2023年2月24日，冲突给乌克兰农业部门造成的总损失达87.2亿美元，总损失达315亿美元[2]。随着冲突的僵持特别是进入冬季，乌克兰的冬小麦如果没有及时施肥，产量将大幅下降，未来可能会出现大规模的减产和再次出口停滞。2—3月是乌克兰的农作物关键生长期，但却恰在此时发生冲突，肥料的供应受到阻碍，玉米、饲料大麦、向日葵等春季作物的种植将在3—4月开始，然而冲突没有任何停止的意思，应该说乌克兰2022年的农作物种植的整个时段都受到了影响，这对2022年度的全球粮食安全已经产生了消极影响，还将对2023年乃至更长一段时间产生更多连锁反应。2023年，俄乌冲突基本胶着在乌东部与俄接壤的卢甘斯克（Luhansk）、顿涅斯克（Donetsk）、扎波罗热（Zaporizhzhia）和哈尔科夫（Kharkiv）等边境州，顿涅斯克和卢甘斯克所在的乌东地区正是乌克兰黑土地区，这种持续的冲突势必对粮食生产、加工与出口产生不利影响。

当然，乌克兰的粮食安全问题绝不仅仅是乌克兰自身的粮食安全问题，乌克兰地处战略咽喉，直接决定了大国间的博弈走向，加之自身丰腴如膏的资源，这决定了其粮食安全问题是所有利益相关者的问题，这些利益相关者中，不仅有欧盟、G7、非盟、阿盟等这些国家集团，有美国、俄罗斯等超级大国，还有土耳其、波兰、白俄罗斯等“唇亡齿寒”邻邦，更有一众国际机构与组织有更多责任与义务特别是道义上参与斡旋、协调。

对乌克兰粮食安全及连锁发生的有关人道主义的任何重大国际反应或举措，都可能会放大乌克兰粮食安全危机的影响[3]。因此国际社会在遏制乌克兰地区冲突引发的人道主义灾难及全球粮食危机中将发挥关键的作用，而世界粮食计划署就是其中最值得关注的一个作用方。因为乌克兰的小麦是世界粮食计划署人道主义粮食采购的主要来源地，乌克兰发生的人道主义危机所引发的全球粮食安全危机会直接威胁整个国际人道主义行动本身的节奏。因此，如果国

---

① Ukraine Rapid Damage and Needs Assessment-2022.2—2023.2，the World Bank，the Government of Ukraine，the European Union，the United Nations，2023.3.

② 联合国新闻，2023年6月22日。

③ Anna Caprile，European Parliamentary Research Service（EPRS），2022.4.

际社会不再提升、扩大人道主义的决策水平和行动范围，乌克兰的战事所带来的复合冲击可能会给以埃及、埃塞俄比亚为代表的中东、北非国家的生计甚至社会、经济造成严重后果①。

第二节　世界粮食计划署在乌克兰的行动概况②

早在俄乌冲突爆发之前，全球粮食安全危机已经凸显，世界粮食安全系统已经因多重危机而受到严峻挑战。乌克兰和俄罗斯的小麦贸易量占全球29%，发生在该地区的任何贸易中断都可能使世界粮食价格上涨10%或更多，全球数百万人的粮食安全将会因此受到影响，特别是那些本身食品通胀水平就已经很高的国家。例如斯里兰卡，由于全球粮食安全危机传导所导致的粮价暴涨及通货膨胀导致了该国2022年7月发生政府破产的极端情况。

2022年2月24日俄乌冲突爆发后，乌克兰的安全局势迅速恶化，几个州（地区）的军事行动不断升级，引发了第二次世界大战以来最大规模的难民潮。随着军事冲突的升级而导致不断的人员伤亡，以及对民用基础设施的大规模破坏，冲突地区人民的各种生活服务被迫中断，生计受到严重威胁。一些专家和机构估计至少将有1 570万人需要紧急人道主义援助和保护。世界粮食计划署在俄乌危机爆发前的2022年初曾调整和更新了有关机构间应急合作计划，使得此次对乌克兰的人道主义紧急援助行动更加迅速和高效。

在俄乌冲突爆发当天，时任世界粮食计划署执行干事大卫·比斯利（David M. Beasley）即公开发表了关于俄乌冲突的声明，对乌克兰不断演变的冲突及受灾地区平民粮食安全影响以及世界粮食计划署在全球的人道主义业务运营深感担忧。但是考虑黑海盆地是世界上最重要的粮食和农业生产地区之一，冲突对粮食安全的影响可能会超出乌克兰边境并威胁更多的贫困国家和人民，特别是新冠疫情（Covid-19）的叠加影响，粮食安全可能成为全球最紧迫的问题之一。然而世界粮食计划署由于已在2014—2018年在乌克兰东部开展了人道主义援助行动，通过现金、食品券或当地购买的口粮向超过100万人提供

① 于尔根·沃格勒（Juergen Voegele），世界银行负责可持续发展的副行长，2022年4月5日。
② WFP，*Ukraine Limited Emergency Operation*，2022.7.18.

了援助。因此其人道主义救援团队在乌克兰开展的实地救援工作能够更高效进行[①]，他们还同步在全球展开了为乌克兰难民筹款的进一步行动。3月25日，大卫·比斯利宣布了一项针对全球亿万富翁、企业和个人的新筹款活动，以应对乌克兰危机以及对全球粮食安全的影响，甚至还利用他曾担任南卡罗来纳州州长的影响力进行筹款。为了获得更多的国际支援，5月19日，大卫·比斯利在联合国安理会上呼吁全社会高度重视乌克兰危机将给世界带来的巨大人道主义压力和粮食安全问题，特别是如果不能在敖德萨（Odesa）开放港口将对全球粮食安全造成巨大威胁，并引发世界其他地区的饥荒和大规模难民潮[②]。对此世界粮食计划署同时宣布将尽快实现对乌克兰400万难民的人道主义工作覆盖并率先实施现金紧急援助措施。

俄乌冲突即开，乌克兰首都基辅（Kyiv）和东北部城市哈尔科夫（Kharkiv）的粮食和水旋即面临严重短缺的局面。对此，世界粮食计划署的团队首先选择在乌克兰邻国开展人道主义准备行动并建立“后方指挥中心”。这既有助于后续向乌克兰提供大规模粮食援助，也有助于帮助流离失所的难民顺利越过边境，躲避战祸。世界粮食计划署还在乌克兰和邻国建立了应急电信及物流枢纽中心，同时在摩尔多瓦、罗马尼亚、斯洛伐克、匈牙利和波兰也建立了分中心，随时准备同时协调向乌克兰实施的粮食和现金援助行动。

世界粮食计划署的人道主义援助团队3月11日在乌克兰哈尔科夫市地铁站内向难民分发面包

来源：WFP Multimedia hub/Ukraine emergency/©WFP Photographs.

世界粮食计划署的当务之急是尽快打通并建立一条通往基辅和其他冲突地区的粮食生命线。由于每天都有大批来自世界各地的粮食等援助物资抵达乌克兰，因此世界粮食计划署作为人道主义物资的牵头机构必须尽快协调并整合这些原本无序的资源，以便在预计会爆发军事冲突的地区预先部署粮食，避免在

① www.wfp.org，2022年2月24日。
② www.wfp.org，2022年5月19日。

那里未撤出的居民陷入“饥饿孤岛”。此外，世界粮食计划署同时开始在乌克兰本地寻找合作伙伴，充分发挥当地的人力资源优势，协助其分发援助物资，同时在邻国寻找当地供应商，以便就近购买更多物资。从便利和效率的原则出发，对难民粮食的分配将优先考虑从乌克兰边境的城镇开始。但是由于冲突的不确定性，导致世界粮食计划署难以对战事发展的方向和强度进行预测，因此很难提前在响应地点进行物资与人力部署，因此只能对当前的战事进行评估后，对高风险以及边境地区的居民预先进行有计划地分散和撤离，这样做有助于世界粮食计划署未来进一步将援助行动延伸至整个战区。

随着乌克兰战事的发展，冲突地区人民的粮食安全问题很快变得尤为突出。对此，世界粮食计划署对发生在乌克兰冲突地区的人民面对的人道主义危机在第一时间表达了关切。该机构在战争初期曾公开发出警告称，俄乌危机不仅会在乌克兰境内导致人道主义危机，可能会在乌克兰境外同样也造成严重后果。“在世界已经面临前所未有的饥饿状态的一年里，在这个‘欧洲粮仓’也出现了饥饿蔓延的现象，这是一个悲剧。乌克兰发生的战事可能会使全球饥饿危机空前增加[①]。”联合国机构间组织常设委员会（IASC）于2022年3月指令联合国物流集群（The Logistics Cluster）在乌克兰配合世界粮食计划署启动了人道主义物资的大规模援助行动[②]。

该机构在哈尔科夫郊外承租的仓库储存并准备运至医院及分发难民的4.8吨面包

来源：©WFP/Photolibrary.

除了联合国有关机构的上述行动以外，欧盟也积极与世界粮食计划署就乌克兰的人道主义救援以及与该机构共同推进粮食安全倡议方面也开展了深入的合作。4月，在法国的牵头下，法国、欧盟和世界粮食计划署共同就俄乌冲突对全球粮食安全的影响进行了评估，特别是对发展中国家和世界上最脆弱的国家的影响。欧盟提出了在“粮食和农业复原力使命框架”（The framework of the Food and Agriculture Resilience Mission，简称FARM[③]）下开

① 大卫·比斯利（David M. Beasly），世界粮食计划署执行干事，2022年3月7日。

② Ukraine Logistics Cluster，Concept of Operations，June 2022。

③ 该倡议由欧盟理事会主席国法国及欧盟、七国集团和非洲联盟于2022年3月24日共同宣布启动，旨在避免俄乌战争对全球粮食安全特别是在价格、粮食生产和供应（尤其是小麦）以及获取粮食的渠道方面造成灾难性影响，该倡议有强烈的针对性。

展与世界粮食计划署的全球粮食安全战略合作。对此欧洲理事会也提出上述倡议应围绕3个“支柱”（贸易、协同和生产）构建全球粮食安全体系，该倡议将促进全球农业贸易和货物的自由流动，并将有效支持世界粮食计划署以更加合理的价格向全球最脆弱地区提供粮食供应，以公平公正的方式对待最脆弱和受到粮食安全威胁最大的国家，同时还将促进地方和区域的可持续粮食生产，实现对全球脆弱国家的粮食和营养安全的长期保障与维护。欧盟还将与全球所有合作伙伴和国际组织在上述倡议的运作基础上开展全球粮食安全监测等密切对话与合作[①]。

乌克兰冲突发生一个月后，世界粮食计划署提供的紧急援助覆盖了100万人，并在乌建立起了向困难地区提供粮食的大规模物流网络系统。该机构克服了在当地难以找到合作伙伴的困难，通过调集和租用大批卡车、火车和小型货车在乌克兰运送食品等应急物资，并向哈尔科夫（Kharkiv）提供了33万只面包以及向利沃夫（Lviv）的难民提供现金援助[②]。此外，该机构的人道主义车队在苏梅（Sumy）和哈尔科夫（Kharkiv）的冲突地区也实施了援助行动。自冲突开始以来，已有超过600万乌克兰人逃离该国并在邻国寻求庇护，与此同时有800万流离失所的难民仍滞留在乌克兰境内。在收到乌克兰政府的正式援助请求后，世界粮食计划署立即正式启动了紧急行动，为在该国境内和邻国逃离冲突的人们提供粮食援助，他们通过现金券以及食品分发等形式，将在上述地区的人道主义援助范围覆盖至480万人/月。此外，还启动了向流离失所的乌克兰难民提供难民援助的行动。在援助的物资中，面包、口粮等应急物资的供应规模和数量自3月以来随着战事紧张程度而显著提升，在5月，援助规模特别是现金的援助出现了暴增。而4月底至5月即2022年俄乌冲突最为激烈且多处出现战事转变的时期，特别是于5月20日在马里乌波尔（Mariupol）结束的最长也是最血腥之一的战事。这场局地血战导致了该市超过2万人伤亡和95%以上的建筑物被摧毁，大量的难民涌出该地区。5月5日自俄罗斯军队开放当地人道主义走廊并转变攻势以来，给世界粮食计划署的国际人道主义援助工作带来了机遇，同时也带来了更大的物流服务工作量和更多的挑战。截至7月18日，该机构已经向乌克兰运送了42 084吨食物，提供了1.95亿美元现金援助（附件13）。

除了在乌克兰开展粮食等人道主义物资的分发外，为了使人道主义援助手

① www.wfp.org，2022.4.13.
② www.wfp.org，2022.3.30.

段更加灵活，同时满足更多不同类型难民的口粮等需求，世界粮食计划署还计划通过发放现金以及代金券等形式，帮助战争受害者在特定地区使用代金券获得更加灵活的食品等物资。在战争初期的几个月内，世界粮食计划署计划在乌克兰境内援助315万人，其中一半人将获得直接粮食援助，另一半人获得现金援助。与此同时，世界粮食计划署还与联合国难民署（UNHCR）开展了合作，对乌克兰境外的30万难民也提供相应援助。

对于世界粮食计划署本身而言，乌克兰危机导致的世界粮食危机而引发的粮价高企，也加大了该机构的运行成本，由于粮食价格及供应链的成本不断上涨，世界粮食计划署2022年在上述地区每月的运营成本增加了6 000万～7 500万美元，其中食品和燃料的采购成本每月将增加2 900万美元[①]。这种情况将导致该机构的援助行动不得不减缓。对此该机构在乌克兰危机爆发不久向国际社会提出为其在乌克兰的紧急行动提供5.7亿美元的紧急资金支持。7月，世界粮食计划署在乌克兰的前线地区为超过90万人提供了粮食援助。至8月底，共向境内流离失所的乌克兰人提供了超过2亿美元的现金援助和6.4万吨的粮食。在乌克兰境内非前线地区的切尔尼戈夫州（Chernihiv）和苏梅州（Sumy oblasts）向每个家庭发放了13美元的现金券，未来将达到覆盖6.4万人的现金券发放规模。世界粮食计划署在乌克兰推行的现金券项目可以有效刺激当地的零售商重返乌克兰，并帮助当地经济复苏，一旦战事消退，这项临时措施将由现金转移项目代替。在摩尔多瓦境内的乌克兰难民中有1.1万个家庭也获得了现金转移项目的支持。此外，世界粮食计划署向滞留在乌克兰境内的难民提供了“食品包”的直接食品援助形式。这种“食品包”可以满足一个家庭每月的大部分营养需求，食品包中含有罐装蛋白质（肉或豆类）、葵花籽油、意大利面或大米[②]。

自2022年3月至2023年1月，世界粮食计划署已向乌克兰受到战争创伤的家庭完成的现金转移总量超过4.2亿美元。该机构目前已经形成在任何指定的月份向同时300万乌克兰人提供粮食援助的能力，这些援助包括为处在前线的家庭提供即食食品，以及在当地银行和市场提供现金援助[③]。

---

① 弗里德里克·格雷布（Friederike Greb），世界粮食计划署经济学家，2022年3月16日。

② Edmond Khoury，WFP，2022.8.24.

③ Elizabeth Bryant，Ukraine：WFP delivering for 3 million people as hunger and cold bite hard，2023.1.18.

第三节　世界粮食计划署在乌克兰周边行动概况①

世界粮食计划署在乌克兰的邻国摩尔多瓦（Moldova）开展了人道主义援助工作，此外在波兰和罗马尼亚（Romania）同时设有少量的工作人员，这些人员主要是一些技术支持与服务联络人员，他们的工作是为乌克兰境内建立的粮食物流供应链走廊提供信息支持并负责与当地政府的协调。自2月24日的乌克兰战事以来，摩尔多瓦和乌克兰之间的人口流动非常大。随着战局的变化，已经进入该国的530 867名难民中，约有83.31%即442 265人已陆续离开该国返回乌克兰境内。目前，摩尔多瓦仍有88 592名乌克兰难民滞留，他们中有很大比例的人员被当地人暂时收留。

为确保在摩尔多瓦滞留难民的生计，世界粮食计划署特别为8 000多个摩尔多瓦家庭提供了第二轮现金援助，以更好地帮助被他们收留的难民，此外还开通了电话反馈热线，以更好地调整援助。该机构还每天为居住在31个地点的大约90个难民住宿中心（RAC）的难民提供3顿热餐。迄今为止，提供了650 826份热餐，每天覆盖约1 930人。

2022年3月17日位于摩尔多瓦的帕兰卡（Palanca）的ştefan Vodă区，逃离乌克兰冲突的人们在穿过帕兰卡镇附近的乌克兰—摩尔多瓦边境检查站

来源：WFP/©Giulio d'Adamo.

第四节　世界粮食计划署在乌克兰的供应链行动

一、食品供应链支持行动

至2022年7月，世界粮食计划署已向乌克兰运送了超过42 000吨的食品。

① *WFP Ukraine Limited Emergency Operation*，2022.7.18.

自3月以来，向巴赫穆特（Bakhmut）分发了1 165吨粮食，向斯洛文斯克（Sloviansk）分发了20吨粮食。此外，由于受到冲突的影响，乌克兰境内的燃料出现短缺，对此世界粮食计划署的供应链体系也将对乌克兰的燃料供应作为对其援助的一部分工作。虽然目前的燃料采购仍然是从乌克兰的燃料供应商处采购，但世界粮食计划署未来还将根据需要从更大的区域燃料供应商处采购更多的燃料，以推动世界粮食计划署采购的多样化，从而能够确保其人道主义行动更大的灵活性和根据需要随时快速扩大行动范围的能力。

二、粮食出口

乌克兰因战争原因，其粮食的出口下降了75%。在积极推动乌克兰因战争滞留的粮食外运方面，世界粮食计划署也发挥了其特有的作用。世界粮食计划署与欧盟成员国和国际金融机构开展了协调工作，利用乌克兰与欧洲国家便利的公路、铁路、河运和海运网络，加快乌克兰的粮食出口。世界粮食计划署紧急协调员在罗马尼亚苏利纳盆地（Sulina Basin）与罗马尼亚政府、欧洲复兴开发银行就重新开放黑海港口进行了磋商。初步的方案是使用多瑙河走廊（Danube river corridor）向埃塞俄比亚出口37 500吨粮食。以下是2022年在世界粮食计划署的大力倡导并与国际社会积极斡旋下在乌克兰陆续成功实施的粮食出口及援助行动。

7月9日，世界粮食计划署位于罗马尼亚康斯坦察（Constanta）的滚装船装载的多达400辆卡车成功进入乌克兰。在一个月内，世界粮食计划署与罗马尼亚共同为满载意大利面和大米的33支车队的280辆卡车穿过罗马尼亚边境进入乌克兰实施了成功的合作。

7月22日，在土耳其、俄罗斯、乌克兰和联合国代表的共同斡旋下，黑海敖德萨（Odesa）[①]港口重新获得开放，此外包括敖德萨港在内的其他3个乌克兰港口也将开始向外运出粮食和化肥等农产品。这也给该机构扩大救援路径创造了更多的机会和可能。

8月15日，由世界粮食计划署牵头组织实施的一艘载有2.3万吨粮食的运粮船从黑海港口尤日内港（Yuzhne）出发前往埃塞俄比亚执行人道主义援助任

① 敖德萨港是乌克兰最大的海港，也是黑海盆地最大的港口之一，年总吞吐量达4 000万吨。

务[①]。这是世界粮食计划署在俄乌冲突爆发以来经过多方协调努力，首次在海路实现了通过黑海港口转运乌克兰粮食并直接执行人道主义援助的任务，这是该机构在乌克兰人道主义粮援工作特别是在打通海上物流阻碍方面的一次重大突破，标志着该机构未来将有可能在海路执行更多大规模的粮食转运行动，值得社会关注。

9月，由世界粮食计划署采购的自乌克兰港口经黑海外运至非洲的人道主义援助粮食共实现了2批次的船运行动[②]。

至11月，世界粮食计划署在美国国际开发署（USAID）提供6 800万美元资金支持下，从乌克兰购买21万吨粮食，并通过黑海港口向埃塞俄比亚、也门和阿富汗提供粮援。其中2万吨运送至埃塞俄比亚，为当地300万难民提供3个月的紧急口粮。

至2023年1月，世界粮食计划署在乌克兰完成了38万吨小麦的外运，这些粮食直接用以支持在埃塞俄比亚、也门、阿富汗和索马里等国家的人道主义粮食援助行动[③]。在“黑海粮食倡议”的成功执行和延期的保障下，世界粮食计划署在其后短短半年内又完成了几乎等量的粮食外运，使得该机构通过倡议在2023年7月实现了72.5万吨的粮食采购及外运工作，除了支持上述国家以外，还对2023年陷入动荡的苏丹实施了援助。该机构根据倡议从乌克兰采购的粮食占其全球采购量的80%，高于2021年、2022年的50%[④]。

第五节　世界粮食计划署在乌克兰的物流缺口和运输瓶颈[⑤]

乌克兰战事已进入僵持阶段，乌克兰冲突地区动荡的安全局势始终是国际人道主义工作顺利推进的最大挑战。特别是在乌克兰的东部和南部靠近俄罗斯及黑海的地区，联合国“物流集群”团队人员与物资难以靠近上述地区，世界

① Euronews，2022.8.15.
② Vladimir Putin，“Eastern Economic Forum”，2022.
③ Elizabeth Bryant，Ukraine：WFP delivering for 3 million people as hunger and cold bite hard，2023.1.18.
④ One year of the Black Sea Initiative：Key facts and figures，www.reliefweb.int，2023.7.10.
⑤ Ukraine Logistics Cluster，Concept of Operations，2022.6.

粮食计划署目前能够做到的是与当地的管理机构、合作伙伴和相关组织保持密切的沟通，在周边地带尽可能多地帮助从那里转移出来难民，并提前在安全地带部署必要粮食和物资，以便随时能够进入这些地区。

目前在上述地区最大的困难，首先是援助规划难以有效预测和准确实施，上述地区安全局势的高度不确定性给制定规划带来了困难，此外物资及其相关人员、服务、设备的预先配置和中转站点的设立都存在高度不确定性。随着冲突的持续和可能在上述地区的外溢，世界粮食计划署甚至要考虑周边道路基础设施可能遭受的破坏而不得不选择暂停甚至将现有物资提前转移至更安全且离战地更远的地区。其次是虽然乌克兰战前的商业物流体系健全且运行良好，但由于冲突的破坏性巨大，乌克兰当地大部分物流服务等专业部门已被迫迁往西部，导致该国东南部冲突地带出现了物流服务的“真空”地带。除非借助军事力量保护，否则很难进入上述地带。再次是乌克兰存在的燃料严重短缺也正在影响人道主义救援行动的顺利运行，特别是需要使用汽油和柴油的运输粮食、医疗物资、设备以及服务人员的车辆。最后是冲突导致乌克兰所有机场、海港和商业货物过境关卡关闭。导致人道主义救援物资及人员无法通过正常途径快速抵达，很多情况下只能借助自身资源开展有限度的物资运输和救援服务。

第六节　世界粮食计划署在乌克兰的计划行动和预期目标①

需要说明的是，世界粮食计划署在乌克兰开展的人道主义救援行动的定位是辅助乌克兰政府及有关专业物流及后勤服务机构的大规模行动，弥补在整个人道主义物资供应链中出现的缺口。这些辅助行动计划主要在乌克兰境内通过后勤协调，提供信息共享和便利等手段为更多的人道主义组织的更大范围行动提供协助。

一、协调与信息管理

世界粮食计划署在位于乌克兰的利沃夫（Lviv）和第聂伯罗（Dnipro）以及波兰的热舒夫（Rzeszow）的物流集群（Logistics Cluster）团队，以及在罗

① Ukraine Logistics Cluster，Concept of Operations，2022.6.

马尼亚、匈牙利（Hungary）和斯洛伐克（Slovakia）的远程支持团队通过开展实时协调和信息共享工作，提高人道主义后勤响应的协同性和一致性，这种资源配置方式能最大限度地减少重复工作和强化业务决策能力。

在具体操作方面，上述分布在不同国家和地区的团队将同时收集、整合和共享当地有关物流运营环境最新信息及后勤支持服务和设施、设备配置信息，并与世界粮食计划署共享运输计划、程序和标准。为确保上述行动准确无误和高效，这些团队还在乌克兰和上述邻国根据实际需求开展物资供需缺口分析（GNA）的“沙盘”推演，并根据分析结果提供详尽的调查和需求预测报告，为“物流集群”下一步行动提供决策辅助。

在工作流的信息化方面，工作团队通过一系列网络平台，例如网站、邮件列表等共享各类物流、海关、团队保障物资及燃料等最新信息。此外还加大与各个利益相关者和协调方的沟通，根据实际需要简化人道主义物资运输的流程，并与合作伙伴共同建立了医疗后勤工作组、运营咨询组等技术工作组。例如在波兰的工作团队与联合国难民署（UNHCR）的后勤机构开展了协同行动，有效确保了人道主义物资的协调顺畅。

二、物流公共服务

“物流集群”工作方式下提供的“共同物流服务”是一项国际合作的大范围协同活动，体现的是一种全球性的公共物流服务职能，特点是不能取代所在国家的物流体系与职能。该模式仅仅为人道主义援助物资的响应活动，用以弥补和填补所在地区的人道主义物资运输中的不足和差距，避免在当地出现物流运输的瓶颈现象，尽可能地减少物流运输过程中的损耗与损失。这种“共同物流服务”模式由乌克兰的“物流集群”支持团队管理和实施。

目前该机构在乌克兰已经完成了多个人道主义物资临时存储基地（中心）（图6-1）。分别位于切尔诺夫策（Chernivtsi）、利沃夫（Lviv）、第聂伯罗（Dnipro）、克罗皮夫尼茨基（Kropyvnytskyi）、基辅（Kyiv）、敖德萨（Odesa）以及捷尔诺波尔（Ternopil），其中在利沃夫设立了1 500平方米的货运集散站（Cargo Consolidation Hubs），在捷尔诺波尔更建立了2 000平方米的“前线后勤基地”（Forward Logistics Bases），该类基地甚至提供具备冷藏功能的物资储备设施。

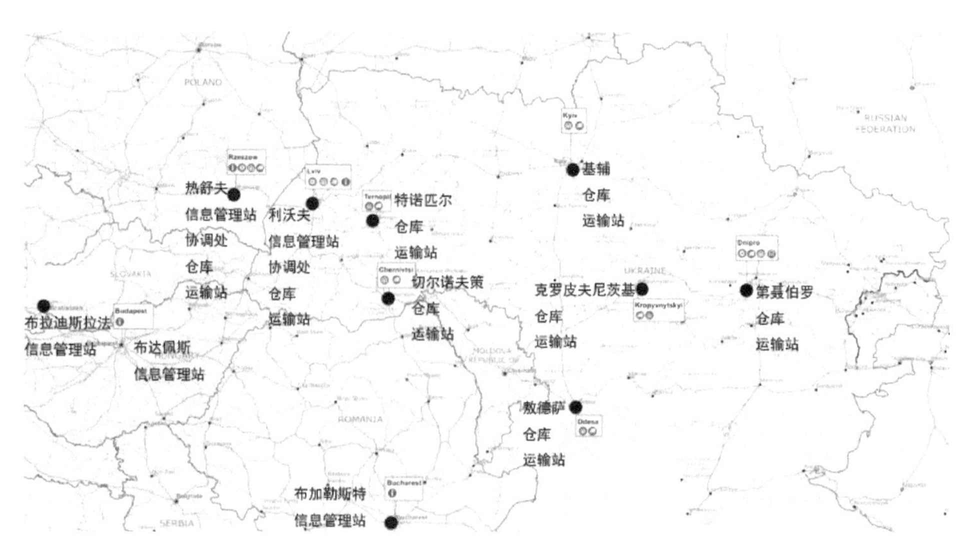

图6–1　世界粮食计划署在乌克兰的人道主义行动站点

来源：Ukraine Logistics Cluster，Concept of Operations，June 2022.

在乌克兰境外，“物流集群”还设立了一些临时的物资存放点。其中在位于波兰的热舒夫（Rzeszow）建立了4 600平方米的“货物中转区”（Cargo Staging Areas）。在乌克兰的公路运输方面，“物流集群”提供了在公路运输途中的临时公共储藏设施。在某些特殊的情况下①，“物流集群”甚至还可以通过设在切尔诺夫策（Chernivtsi）、第聂伯罗（Dnipro）、克罗皮夫尼茨基（Kropyvnytskyi）、基辅（Kyiv）、利沃夫（Lviv）、敖德萨（Odesa）和捷尔诺波尔（Ternopil）的“物流集群”临时物资公共储存设施随时通过公路运输进行物资的收集和发放。

停在波兰热舒夫世界粮食计划署物流中心的人道主义救援卡车车队，这些卡车将负责为受冲突影响的家庭提供运送食品和应急物资服务

来源：WFP Multimedia hub/Ukraine emergency/WFP Photographs/©Marco Frattini.

① 指的是乌克兰某些地区的交通运输将受到战争或战事管制等外部因素的影响。

参考文献

邓子基，周立群，1995. 论财政投融资的性质和成因[J]. 学术评论（Z1）：2–5.
丁麟，2018. 饥饿终结者和他的粮食王国——世界粮食计划署概述篇[M]. 北京：中国农业科学技术出版社.
丁麟，2021. 法老终结者和她的终极之河——埃及农业概论[M]. 北京：中国农业科学技术出版社.
丁元竹，2003. 建立和完善应急管理机制[J]. 宏观经济管理（7）：22–23.
高鉴国，2000. 欧盟的国际移民和社会整合政策[J]. 欧洲（5）：41–48.
国际移民组织，2021. 世界移民报告2020[R]. 日内瓦：国际移民组织.
黄梅波，陈岳，2012. 国际发展援助创新融资机制分析[J]. 国际经济合作（4）：71–77.
联合国，2002. 发展筹资问题国际会议的报告[R]. 蒙特雷：联合国.
联合国机构间常设委员会，2006. 妇女、女孩、男孩和男人，不同的需求，相同的机会——人道主义行动中的性别手册[R]. 华盛顿：联合国.
联合国粮食及农业组织，2016. 和平与粮食安全投资恢复力——在冲突中维持农村生计[R]. 罗马：粮农组织.
联合国粮食及农业组织，2016. 实现零饥饿——社会保护和农业投资的关键作用[R]. 罗马：粮农组织.
联合国粮食及农业组织，2021. 2021年粮食及农业状况：提高农业粮食体系韧性，应对冲击和压力[R]. 罗马：粮农组织. https://doi. org/10. 4060/cb4476zh.
世界粮食计划署，2009. 世界粮食计划署在非洲[R]. 罗马：世界粮食计划署.
世界粮食计划署，2014. 世界粮食计划署总条例[R]. 罗马：世界粮食计划署.
世界粮食计划署，2019. 世界粮食计划署提前融资机制使用情况报告[R]. 罗马：世界粮食计划署年会.
唐丽霞，李小云，2009. 国际粮食援助发展评述[J]. 国际经济合作（10）：41–44.
涂怡超，2011. 美国基督教组织的全球扩展与当前美国外交政策[J]. 美国问题研究（1）：114–139.

席艳乐，曹亮，陈勇兵，2010. 对外援助有效性问题研究评述[J]. 经济学动态（2）：125-130.

姚帅，2019. 变革与发展：2018年国际发展合作回顾与展望[J]. 国际经济合作（1）：29-37.

AFRICAN DEVELOPMENT BANK，2022. African Economic Outlook 2022[R]. Abidjan https://www. afdb. org/en/knowledge/publications/african-economic-outlook

ANNA CAPRILE，2022. Russia's war on Ukraine：Impact on food security and EU response[R]. European Parliamentary Research Service.

BILLY AGWANDA，2022. Securitization and Forced Migration in Kenya：A Policy Transition from Integration to Encampment[J]. Population and Development Review，48（1）：1-21.

COUNCIL ON FOREIGN OF UNITED STATES，2021. Donor Listing 2020—2021，Annual Fund Operating Grants Endowment and Other Special Gifts[R]. New York.

COUNCIL ON FOREIGN OF UNITED STATES，2021. Relations Annual Report 2021[R]. New York.

FAO，2015. United States of America and FAO：Partnering for sustainable development and global food security[R]. Rome：FAO.

FAO，2021. 2020 Annual Report of the Plant Production and Protection Division（NSP）[R]. Rome：FAO.

FOOD SECURITY INFORMATION NETWORK（FSIN）AND GLOBAL NETWORK AGAINST FOOD CRISES，2021. Global Report on Food Crises 2021[R]. Rome：FAO.

INTERNATIONAL ORGANIZATION FOR MIGRATION，2022. The World Migration Reports[R]. Geneva：IOM.

ISABELLE LEMAY，2021. Theorizing the Life and Death of Moments of Openness toward Refugees in the Global North：The Case of Germany during the 2015—2016 Refugee "Crisis" [J]. Journal of Immigrant & Refugee Studies，22（2）：1-20. https://doi. org/10. 1080/15562948. 2021. 2006386.

NEPHELE DE BRUIN & PER BECKER，2022. Encampment and Cash-Based

Transfer：Concord and Controversy in the World Food Programme's Pilot Project in Nyarugusu Refugee Camp in Tanzania[J]. Population and Development Review，48（1）：97-128.

NUTRITION ACCOUNTABILITY FRAMEWORK，2022. The Nutrition Accountability Framework：Summary of N4G Commitments[R]. Global Nutrition Report.

SONJA FRANSEN，HEIN DE HAAS，2019. Trends and Patterns of Global Refugee Migration[J]. Journal of Immigrant & Refugee Studies，17（4）：492-508.

U. S.，2020. Citizenship and Immigration Services. Strategic Plan 2019—2021[R]. Washington：WFP.

USAID，2017. 2016 Program Inventory for Foreign Assistance[R]. Washington：WFP.

USAID，2019. 2016 Annual Performance Report[R]. Washington：WFP.

USAID，2020. 2016 Agency Financial Report[R]. Washington：WFP.

USAID，2021. 2016 Joint Summary Report[R]. Washington：WFP.

USAID，2022. 2016 Management Performance[R]. Washington：WFP.

WFP，2011. Women and WFP[R]. Rome：WFP.

WFP，2012. WFP's Safety Nets Policy[R]. Rome：WFP.

WFP，2013. Global Presence[R]. Rome：WFP.

WFP，2016. Nutrition Policy（2017—2021）[R]. Rome：WFP.

WFP，2016—2017. Integrate Road Map[R]. Rome：WFP.

WFP，2017. Biennial Programme of Work of the Executive Board（2017—2018）[R]. Rome：WFP.

WFP，2017. Policy on Country Strategic Plans[R]. Rome：WFP.

WFP，2017. Annual Report of the Audit Committee[R]. Rome：WFP.

WFP，2017. Annual Report of the Inspector General[R]. Roma：WFP.

WFP，2017. ARC Replic：WFP's partnership with the African Risk Capacity，（ARC）for the expansion of climate risk insurance[R]. Rome：WFP.

WFP，2017. Audited Annual Accounts[R]. Rome：WFP.

WFP，2017. China Country Strategic Plan（2017—2021）[R]. Rome：WFP.

WFP，2017. Climate Change Policy[R]. Rome：WFP.

WFP，2017. Corporate Results Framework（2017—2021）[R]. Rome：WFP.

WFP，2017. Financial Framework Review[R]. Rome：WFP.

WFP，2017. Food Security and Emigration-Why people flee and the impact on family members left behind in El Salvador，Guatemala and Honduras Research report[R]. Rome：WFP.

WFP，2017. Nutrition Policy Summary[R]. Rome：WFP.

WFP，2017. Statistical Report on International Professional Staff[R]. Rome：WFP.

WFP，2017. Strategic Plan（2017—2021）[R]. Rome：WFP.

WFP，2017. Update on the Integrated Road Map[R]. Rome：WFP.

WFP，2017. WFP Collaboration among the United Nations Rome-based Agencies[R] . Rome：WFP.

WFP，2018. Risk appetite statements[R]. Rome：Executive Board Second regular session.

WFP，2018. 2018 enterprise risk management policy[R]. Rome：Executive Board Second regular session.

WFP，2018. WFP's 2018 enterprise risk management policy[R]. Rome：WFP.

WFP，2019. Capacity strengthening supports nations to end hunger[R]. Rome：WFP.

WFP，2019. At the Root of Exodus：Food security，conflict and international migration[R]. Rome：WFP.

WFP，2019. Aviation Fact sheet[R]. Rome：WFP.

WFP，2019. Data Base Fleet Fact sheet[R]. Rome：WFP.

WFP，2019. Food Procurement[R]. Rome：WFP.

WFP，2019. Goods and Services Procurement[R]. Rome：WFP.

WFP，2019. Logistics Cluster Fact sheet[R]. Rome：WFP.

WFP，2019. Logistics Fact sheet[R]. Rome：WFP.

WFP，2019. Regional Resilience Framework[R]. Rome：WFP.

WFP，2019. Resilience Activity Sheets-WFP Regional Resilience Framework[R]. Rome：WFP.

WFP，2019. Shipping Fact Sheet[R]. Rome：WFP.

WFP，2019. Supply Chain Business Support Unit Factsheet[R]. Rome：WFP.

WFP，2019. Supply Chain CBT & Markets Fact sheet[R]. Rome：WFP.

WFP，2019. Supply Chain-Enabling WFP to be at the forefront of the fight against hunger[R]. Rome：WFP.

WFP，2019. Timor-Leste Country Brief[R]. Dili：WFP.

WFP，2019. UNHRD Fact sheet[R]. Rome：WFP.

WFP，2020. Annual Performance Report for 2019[R]. Rome：Executive Board Annual Session.

WFP，2020. Annual report of the Ethics Office for 2019[R]. Rome：Executive Board Annual Session.

WFP，2020. Global Hotspots Potential Flashpoints in 2020[R]. Rome：WFP.

WFP，2020. School feeding policy[R]. Rome：WFP.

WFP，2020. Zero Hunger Challenge[R]. Rome：WFP.

WFP，2021.People policy[R]. Rome：Executive Board Annual session.

WFP，2021. Annual Performance Report for 2020[R]. Rome：Executive Board Annual Session.

WFP，2021. Annual Report on Flexible Funding in 2021[R]. Rome：WFP.

WFP，2021. Charting a New Regional Course of Action[R]. Rome：WFP.

WFP，2021. Charting a New Regional Course of Action−summary[R]. Rome：WFP.

WFP，2021. Food Safety & Quality Assurance Fact sheet[R]. Rome：WFP.

WFP，2021. Global Fleet Fact sheet[R]. Rome：WFP.

WFP，2021. Logistics Cluster Annual Report 2020[R]. Rome：WFP.

WFP，2021. Report on the utilization of WFP's advance financing mechanisms[R]. Rome：Executive Board Annual session.

WFP，2022. Innovation Challenge 2022[R]. Rome：WFP.

WFP，2022. Annual Performance Report for 2021[R]. Rome：Executive Board Annual Session.

WFP，2022. Ukraine transitional interim country strategic plan（2023—2024）[R]. Rome：WFP.

WFP，2022. Cash and In-Kind Transfers in WFP[R]. Rome：WFP.

WFP，2022. Cash-Based Transfers Policy[R]. Rome：WFP.

WFP，2022. China Country Strategic Plan（2022—2025）[R]. Rome：WFP.

WFP，2022. Corporate Results Framework（2022—2025）[R]. Rome：Executive Board First regular session WFP.

WFP，2022. Egypt Country Brief[R]. Cairo：WFP.

WFP，2022. Global Operational Response Plan 2022[R]. Rome：WFP.

WFP，2022. Management Plan（2022—2024）[R]. Rome：Executive Board Annual session WFP.

WFP，2022. Management Plan（2023—2025）[R]. Rome：Executive Board Second regular session Rome WFP.

WFP，2022. Security report[R]. Rome：Executive Board Annual session.

WFP，2022. Timor-Leste Country Brief[R]. Dili：WFP.

WFP，2022. Ukraine A Year In Review 2022[R]. Rome：WFP.

WFP，2022. Ukraine Food Security Report Summary[R]. Rome：WFP.

WFP，2022. Ukraine Food Security Report[R]. Rome：WFP.

WFP，2022. Ukraine Limited Emergency Operation[R]. Rome：WFP.

WFP，2022. Ukraine Logistics Cluster-Concept of Operations[R]. Rome：WFP.

WFP，2022. Understanding the adverse drivers and implications of migration from El Salvador，Guatemala and Honduras[R]. Rome：WFP.

WFP，2022. Update on food procurement[R]. Rome：Executive Board Annual Session.

WFP，2022. Update on WFP's implementation of United Nations General Assembly resolution 72/279（repositioning the United Nations development system）[R]. Rome：Executive Board Annual Session.

WFP，2022. Zimbabwe country strategic plan（2022—2026）[R]. Rome：Executive Board Annual Session.

WFP，2023. Annual Performance Report for 2022[R]. Rome：Executive Board Annual Session.

WFP，2023. Strategic Plan（2022—2025）[R]. Rome：WFP.

WFP/USA，2020. Annual Report-Twin Pandemics：COVID-19 and Hunger[R]. Washington：WFP.

WFP/USA，2021. Finacial Report 2019[R]. Washington：WFP.

WFP/USA，2022. Impact Report 2022[R]. Washington：WFP.

后 记

这是一部更加深入介绍世界粮食计划署工作的著作，并在上一部姊妹篇——《饥饿终结者和他的粮食王国——世界粮食计划署概述篇》基础上，站在全球和历史的视角，与关心全球粮食安全特别是当今全球粮食安全危机挑战之下的国际人道主义事业何去何从的读者们一道探察人类多重挑战下共同努力的方向，共同认识国际社会应对粮食安全危机的协同机制，集中领略国际人道主义事业的宏大叙事，深入思考国际组织的变化趋势和角色将如何嬗变？如何洞悉全球粮食安全和人道主义治理的内涵与现实意义？如何发现那些常规视野之外悄然形成的足以改变世界的新机制新动向？这些都是本书试图提出的思考，但囿于认知有限，希望借助本人有意义的工作经历和联合国多边交流平台，与读者分享更多的有益资源，更希望抛砖引玉，期待更多更有真知灼见的想法。另外，虽然本人并非英语专业，也未接受过专业英文写作训练，但为了表达对一些表述的个人理解，仍自主对部分内容进行了翻译，欢迎读者朋友就一些不同的译法进行讨论。

在本综论即将完成之际，又恰逢一个酷夏将“炙”的世界“难民日[①]”，2023年5月全球难民已达到1.1亿并再创历史新高。全球危机丛生，冲突一触即发，而解决方案却黯然无力，导致成千上万人沦为难民背井离乡，长期承受冲突带来的毁灭、漂泊和痛苦[②]。加之当今世界形态的迅速改观所引发的移民[③]形势及其人道主义工作也正在悄悄地发生深刻的变化，在经济危机周期变化更加不确定、粮食安全挑战不断延宕、突发公共卫生事件频度烈度加剧、局地战争冲突面临失控、污染向非传统化和全球化演变，气候变化影响加剧向北半球压迫等多重挑战下，我们越发警觉到，全人类的全球性大流动或将在不久的未

① 世界难民日是联合国每年6月20日组织的国际日。该日最初设立于2001年6月20日，以纪念1951年《关于难民地位的公约》通过50周年。

② Filippo · Grandi（菲利波 · 格兰迪），联合国难民事务高级专员，新华网，2023年6月14日。

③ 包括难民，下同。

来不期而至，任何国家都将难以置身事外。特别是气候加速变化导致的环境恶化将增加亚洲、非洲和拉丁美洲的一些显著变暖国家首先出现被迫的群体性迁移，特别是埃及不仅作为拥有高达900万移民的北非国家，更有成为自地中海涌入欧洲的新一轮难民潮重要策源地的趋势。2023年6月以来发生在地中海多起罕见的难民集体溺亡事件深刻体现了这个地区即将面临的更加严峻的人道主义危机，也发出了未来更大规模难民潮的预警。随着当前流离人群集中自南半球向北半球流动的趋势加大，特别是发展中国家最好为即将到来的前所未有的移民潮的涌入做好准备。多种类型的移民将共同作用使得全球形势变得更加复杂严峻，本书前言提及的一些有识之士的特别警告看来并非空穴来风。

国际社会面临一个选择：移民成为繁荣团结的源泉还是不人道和社会摩擦的代名词[①]？

不久之后，许多国家，无论大小、贫富，都将同时是移民的来源国和目的国。未来几十年内，所有类型的国家都将越来越需要移民。事实证明，跨境移民还将是中低收入国家减贫的重要资源[②]。2023年6月，随着俄乌冲突僵局出现重大变化以及叙利亚等地的难民流动出现新趋势，欧盟敏锐感知到了这个动向特别是叙利亚等地的难民潮有可能都将欧洲作为最终目的地，得出2023年将是欧洲对全球移民的政策发生重大改变年份的结论，继而提出了将全面改革以往移民政策的倡议[③]。对这个数百年来无论在移民还是难民问题上都是核心关注的欧洲地区来说，我们也可以将在这里发生的一切看作是未来世界形态如何演变的“风向标”，对这个地区任何动向，我们不应该抱着“隔岸观火”的心态，因为，这种已经是非传统意义的“野火”，自然不会以传统方式被地理意义的江河湖海所隔绝。

一个“伟大的时代”、一个“百年未遇”的时代，不仅要充满激情地拥抱它，更要严肃和深刻地去理解它，我们这个时代所应有的危机意识将不再指的是暴风骤雨，或将是“惊涛骇浪”乃至“完美风暴”。

在第二次世界大战进入到太平洋战争的关键尾声阶段，为最大限度确保人

---

① Mahmoud Mohieldin，Al-ahram online，2023.5.16.

② World Bank. 2023. World Development Report 2023：Migrants，Refugees，and Societies. Washington，DC：World Bank. doi：10.1596/978-1-4648-1941-4. License：Creative Commons Attribution CC BY 3.0 IGO.

③ Euronews，2023.6.15.

类生命财产免遭更多无谓损失，尽快开启全人类和平新篇章，美国启动了对日本全面和系统的人类学研究。在本书即将付梓之际，加沙地带（Gaza Strip）爆发的“史无前例”的冲突有导致不亚于乌克兰危机的大规模难民跨境流动并或将彻底改变地缘政治格局的可能。在人类再次面临百年未有之大变局的今天，深刻解读人道主义事业对未来人类和谐相处的重要意义并将其作为全球治理的优先事项或将成为全人类的当务之急。

本书所能反映出的世界粮食计划署的全球业务非常有限，盖因这个机构的宏大和复杂，因此仅以本人较为熟悉的领域，力图通过“管中窥豹”，展示出这个相当重要的联合国组织的特点和对我们的重要潜在价值。未来，随着世界粮食计划署全球业务的不断创新与转型的趋势更加明显，其在未来参与全球治理的幅度和深度将会越来越大，甚至将有可能对某些危机国家的重大决策事件发挥关键作用。移民问题将不再是“非黑即白”的问题[①]，人道主义事业也将不再是“锦上添花”的工作，世界或将迎来的这场“完美风暴”将使国际组织功能多样化及多元化的趋势更加显著，这对于我们所有人的生活和工作都将产生影响，同时对于我们所有人未来的思想观念的演变也都将是意义重大的。

未来的世界，例如一些人口红利消退严重的国家，人道主义移民政策或许能够形成某种解决之道，但这需要治理者的政治智慧、决心和国际社会的共识。未来的时代，不仅人道主义行动，各种经济行为、社会活动、政府治理、政治举措等都像齿轮一样相互啮合在一起，任何一种活动一旦发生较其他部门更加激烈的变化，势必会将巨大的压力迅速传导至其他活动，如果不能将系统间的压力尽快和解，整个社会体系势必迅速瓦解[②]。作为能够凝聚不同文明的最大共识，人道主义事业必将在未来的全球治理和实现人类和平永续发展上发挥关键性的作用。

因此，本人亦欢迎更多的读者就上述问题共同探讨共同进步。

① Ylva Johansson，European Commissioner for home Affairs，Euronews，2023.6.15.
② 鲁斯·本尼迪克特，《菊与刀》，1946年。

Postscript

THIS IS A BOOK-FROM A GLOBAL AND HISTORICAL PERSPECTIVE-explores the synergistic mechanism to deal with the food security crisis under multiple challenges and help readers to perspective the changing trends and roles of international organizations. How to understand the connotation and practical significance of global food security and humanitarian governance? How to discover those new mechanisms formed outside the conventional field of vision? For this reason, and in order to express my personal understanding of some special expressions, I try to translate the review, introduction, preface, summary, postscript and acknowledgment into English by myself. Discussions and comments are welcome in anytime.

As the book is about to be completed, it coincides with the World Refugee Day, [①]which witness an unprecedented hot summer and 110 million global refugees in 2023. Tens of thousands people have been forced to leave their homes as refugees when conflicts are on the verge of eruption but solutions are still elusive yet. Those people enduring the devastation, displacement and suffering of conflict are helpless and theirs misfortune looks endless. [②]Moreover, the immigrants and with followed humanitarian work which triggered by the unrest world has undergone changes profoundly. Under the multiple challenges of economic crisis, food security, public health emergencies, local wars and conflicts, worldwide pollution, and intensified climate change, we are increasingly aware that the global flow of human beings will come in the near future, and it will be difficult for any country to stay out of it. In particular, due to climate change accelerates, some warming countries in Asia, Africa, and Latin America will be more severe because of the environmental

① World Refugee Day is an international day organized by the United Nations on June 20 every year. It was originally established on 20 June 2001 to commemorate the 50th anniversary of the adoption of the 1951 Convention relating to the Status of Refugees.

② Filippo Grandi, UN High Commissioner for Refugees, Xinhuanet, June 14, 2023.

degradation and the mass migration tide will be followed. The mass drown of refugees in the Mediterranean Sea in June 2023 could be the best example. Egypt, as a key north African country with 9 million immigrants are likely to become the "Departure Country" of new refugees wave. Those countries of northern hemisphere should better prepare for the coming influx of climate migrants.

As a global community, we face a choice: Do we want migration to be a source of prosperity and international solidarity, or a byword for inhumanity and social friction①?

Sooner or later, many countries, large and small, rich and poor, will be both departure and destination countries of immigrants. Countries in all form will increasingly need immigrants in the coming decades. It turns out that cross-border migration would be resource for poverty reduction in low and middle income countries.② In June 2023, with the changes in the war between Russia and Ukraine and the new trends in refugee flows in Syria and other places, the European Union sensed this trend and concluded that 2023 will be the year of European immigration policy transformation.③We can regard everything that happens here as a "weathervane" for the future evolution of the world. We should not hold the mentality of "watching the fire from the other side" for any developments in this region.The sense of crisis that should be in our time will no longer refer to storms, or will be "turbulent waves" or even "perfect storms".

The global operations of WFP reflected in this "Synthesis book" are very limited and written by the author only in his familiar. In the future, with the continuous innovation and transformation of WFP's global business, the scope and depth of its participation in global governance will increase. Immigration will no longer be a "black and white" issue, ④ and humanitarian causes will no longer be "icing on the cake". This will have an impact on how we live, work, and think in the future.

---

① Mahmoud Mohieldin, Al-ahram online, 2023.5.16.

② World Bank. 2023. World Development Report 2023: Migrants, Refugees, and Societies. Washington, DC: World Bank. doi: 10.1596/978-1-4648-1941-4. License: Creative Commons Attribution CC BY 3.0 IGO

③ Euronews, 2023.6.15.

④ Ylva Johansson, European Commissioner for home Affairs, Euronews, 2023.6.15.

When World War Ⅱ entered the critical stage of the Pacific War, to maximize protect human life without unnecessary losses and open a new chapter of peace for all mankind, the United States launched a full anthropological study on Japan. Today, when mankind is once again facing major changes unseen in a century, the same full study on humanitarian causes may become a top priority for all mankind.

Inevitably, not only humanitarian actions, but also various economic behaviors, social activities, government governance, and political measures are all meshing together like gears. Once any part of activity undergoes more drastic than other sectors, the pressure will quickly transmitted to other activities and lead to huge losses[①]. Then the entire social system will inevitably collapse quickly. As the largest consensus that can unite different civilizations, humanitarian causes will surely play a key role in future global governance and the realization of peaceful and sustainable development of mankind.

Therefore, the author also welcomes more interactive discussions and shared progress on the above issues.

---

① Ruth Benedict, *The Chrysanthemum and the Sword*, 1946.

附 图

附图1 位于津巴布韦哈拉雷（Harare）东南部的Tongogara难民营地收容了1.7万名“营地难民”，大部分来自刚果民主共和国和莫桑比克。20多年来，在世界粮食计划署指导下，这些难民与周边Chipinge、Chipangayi等社区开展了可持续发展能力建设的合作，缓解了营地运营困境并成功向共同市场转型

来源：非洲开发银行，2021年9月8日。

附图2 2023年4月26日，逃离本国暴力冲突的苏丹难民在苏丹和乍得边界排队领取世界粮食计划署提供的紧急粮食援助及营养食品。“饥饿难民”在突发事件中发生的跨境迁移活动给周边同样脆弱国家的粮食安全带来了不确定性因素。苏丹的粮食短缺不仅使本国数百万人陷入饥饿，还给邻国等造成了新的粮食短缺问题

来源：Lisa Schlein，2023.4.18，www.voaafrica.com.

附图3 图为美国红十字会参与救助的塞尔维亚饥饿和无家可归的难民。"战争难民"给一些热点地缘政治地区带来了长期的边境政治问题

来源：美国国家档案和记录管理局（U.S. National Archives and Records Administration），Photographer：International Film Service，1917—1918。

附图4 2016年，一群逃离阿富汗并越过巴基斯坦、土耳其、希腊和前南斯拉夫马其顿共和国，最终抵达塞尔维亚的"战争难民"。一百年来，塞尔维亚及其周边地区的战争难民所带来的边境政治问题始终延续不断，本地难民的外溢和外部难民的涌入使得这里成为长期的"巴尔干导火索"

来源：联合国儿童基金会驻塞尔维亚办事处，2016年6月13日。

附图5　2014年1月，联合国近东救济工程处（UNRWA）重新进入叙利亚耶尔穆克巴勒斯坦难民营（Yarmouk Palestine refugee camp），数千“战争难民”领取人道主义援助的震撼场景。该难民营是最著名的巴勒斯坦难民营，被称为“巴勒斯坦难民之都”

来源：©2014 UNRWA Photo.

附图6　2023年10月14日，巴勒斯坦和以色列大规模冲突导致加沙地带出现了大规模的“战争难民”潮，从加沙撤出的巴勒斯坦人在拉法（Rafah）过境点等待

来源：©Associated Press（AP）Photo/Hatem Ali.

附图7　孟加拉国等东南亚国家近年遭遇了严重的洪水等气候灾难并产生了大批“气候难民”，考虑到难民对周边国家产生的巨大压力，一些国际智库提议引入自然灾害签证计划，为气候难民提供安全、合法的入境渠道，以推动解决气候难民的空间发展问题

来源：Martha McHardy，2023.3.23.

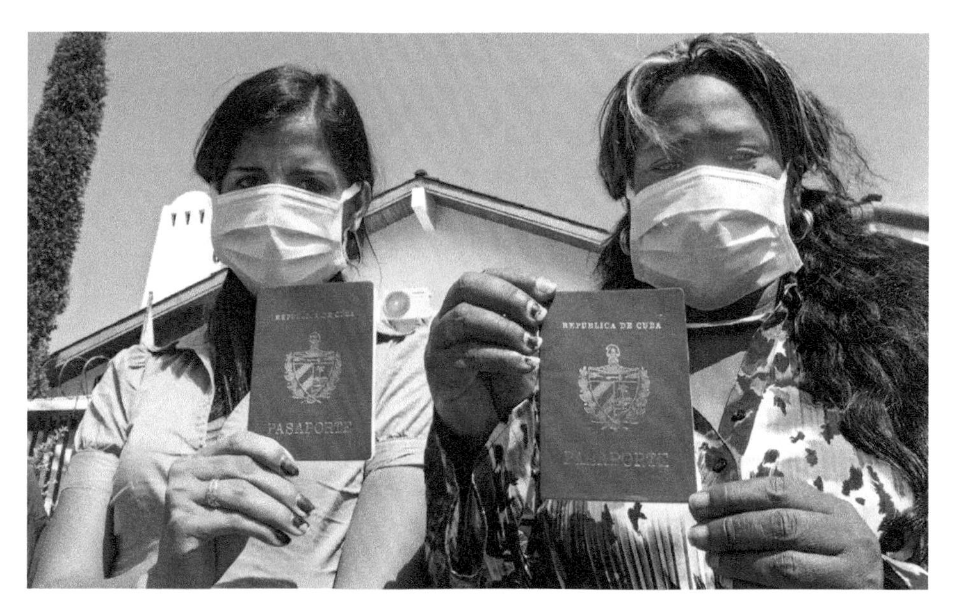

附图8　2020年4月21日，因新冠疫情流行等原因流离至哥斯达黎加（Costa Rica）圣何塞（San José）的古巴移民在联合国难民事务高级专员办事处外寻求帮助。在全球范围内试图融入新环境的“疫情难民”正面临新的挑战，对相关国家的经济和其他常规类型的难民均产生了“扰动”效应，也给社会带来了新的不确定性因素

来源：EZEQUIEL BECERRA/法新社AFP//photo © GETTY IMAGES.

附图9　埃及国际合作部长Rania al-Mashat（中）参观世界粮食计划署与埃及政府在卢克索地区共同实施的“晒干番茄”项目。世界粮食计划署在卢克索等地开展了气候变化干预、营养项目、学校供餐和社区能力建设等合作项目

来源：Watani International，2020.9.31.

附图10　卢克索的特色农产品——晒干番茄，行销欧洲等多地。世界粮食计划署和埃及农业和土地复垦部（MALR）共同实施的“晒干番茄”项目使埃及参与的农民收入增加了45%，随着项目扩大，到2023年将惠及500个村庄的100万农民

来源：Watani International，2020.9.31.

附图11　由世界粮食计划署资助的与埃及政府在上埃及农村地区共同实施的“建设有弹性的粮食安全系统以造福埃及南部地区”项目（“Building resilient food security systems to benefit the Southern Egypt region”）

来源：Dr. Ithar Khalil，Program Officer、WFP Egypt Country Office，www.adaptation-fund.org.

附图12　时任世界粮食计划署执行干事大卫·比斯利（David M. Beasley）（左一）在埃及访问该机构在上埃及及卢克索附近村庄的合作项目

来源：photo © www.wfp.org，2019.3.24.

附图13　世界粮食计划署执行干事辛迪·麦凯恩（Cindy McCain）（中）在乍得阿德雷（Adre，Chad）与因苏丹战乱进入乍得的难民交谈。苏丹战乱已导致超过300万人流离失所，并引发包括乍得在内的邻国饥饿问题。目前有33万难民涌入乍得并成为2023年西非和中非最大的难民潮

来源：photo © WFP/Julian Civiero.

附图14　世界粮食计划署推出的以椰枣作为原料制成的营养棒，椰枣由于营养价值高，经常作为埃及人的粮食替代品，这些饼干最适合家庭需要强化营养且无法做饭的紧急情况

来源：HYPERLINK “https://twitter.com/WFP_Arabic” @WFP Arabic，2023.11.4.

附图15　因苏丹战乱涌入乍得的数千难民被安置在乍得阿德雷的流离失所者营地

来源：photo ©WFP//Julian Civiero.

附图16　世界粮食计划署在上埃及卢克索开展的农村妇女能力提升项目，该项目使埃及众多贫困地区的农村妇女受益，她们在项目的资助下掌握了教学、手工艺、农技等多种实用技能

来源：photo © Amina Al Korey、www.wfp.org，2019.3.7.

附图17　联合国人道主义应急仓库（UNHRD）在布林迪西（Brindisi）人道主义物流枢纽中心的工作人员装载意大利捐赠的救援物资

来源：photo © Testata giornalistica，WFP Andrea Tornese，2022.

附图18　布林迪西物流中心仓库内部的人道主义援助物资

来源：photo © Testata giornalistica，WFP Andrea Tornese，2022.

附图19 2019年12月19日，联合国秘书长古特雷斯（António Guterres）和意大利外交部长迪马约（Luigi Di Maio）访问布林迪西，联合国人权发展署实验室团队展示“摇篮帐篷”（cradle tent）①重新包装项目

照片来源：photo © 联合国照片/Luca Nestola.

附图20 比利时列日机场（Liege Airport）作为世界粮食计划署、世界卫生组织等机构选定的人道主义物资中转枢纽，在全球人道主义救助响应中发挥了关键作用，图为在该机场的人道主义物资货栈

来源：photo © 2023 STAT Times.

① 是UNHRD实验室开发的一款创新型家庭帐篷，它采用了升级回收的概念，可在紧急情况下重复使用。

附图21　一架与世界粮食计划署签约的波音757货运航班自刚成立的列日全球人道主义响应中心（Global Humanitarian Response Hub in Liège Airport）正待转运物资至布基纳法索（Burkina Faso）和加纳（Ghana）

来源：Damian Brett，2020.5.1，photo © Air Cargo News.

附图22　由美国国际开发署等资助的吉布提世界粮食计划署人道主义后勤基地，这里同时设有教育和职业培训部（MENFOP）以培训仓库管理员

来源：photo © MassidaGroup.

附图23 总部位于内罗毕的非洲唯一全货运航空公司Astral Aviation是WFP在非洲的重要合作伙伴之一，该公司从1999年开始为世界粮食计划署执行货运任务

来源：Reji John，2021.8.10，photo © 2023 STAT Times.

附图24 作为联合国机构间常设委员会建立的人道主义协调机制后勤集群（Logistics Cluster）协助世界粮食计划署开展全球应急响应，图为该机构与也门后勤集群在物资仓库联合开展人道主义后勤人员培训

来源：logcluster.org.

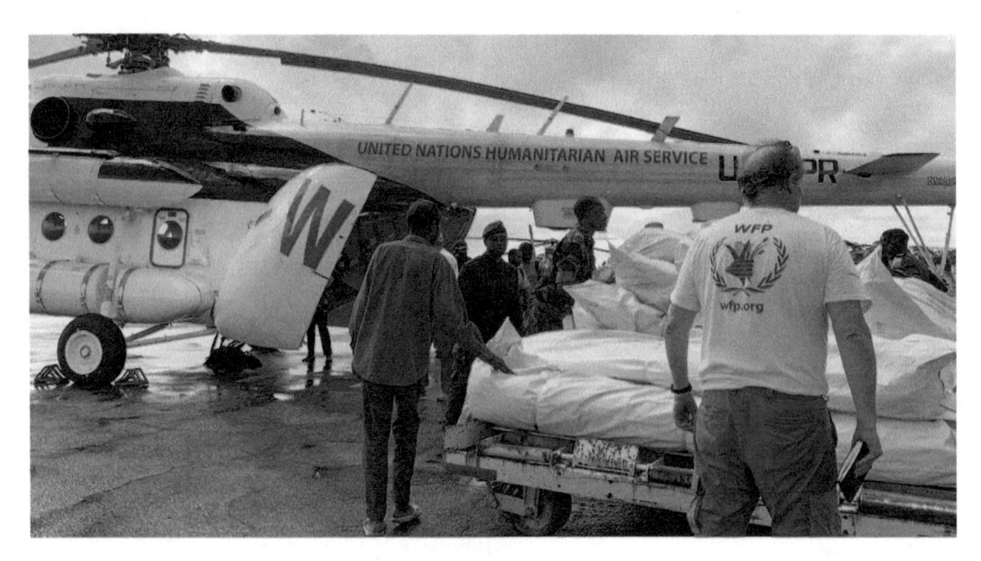

附图25　2022年津巴布韦干旱使数百万人粮食无保障，世界粮食计划署通过飞机在内的多种手段扩大对津巴布韦干旱难民的援助

来源：photo © WFP/Deborah Nguyen，www.un.org.

附图26　世界粮食计划署在全球实施人道主义行动的同时积极倡导绿色、环保理念，图为位于刚果民主共和国的人道主义绿色活动中心，中心以时任瑞典籍联合国秘书长Dag Hammarskjöld的名字命名

来源：photo © WFP/Castofas.

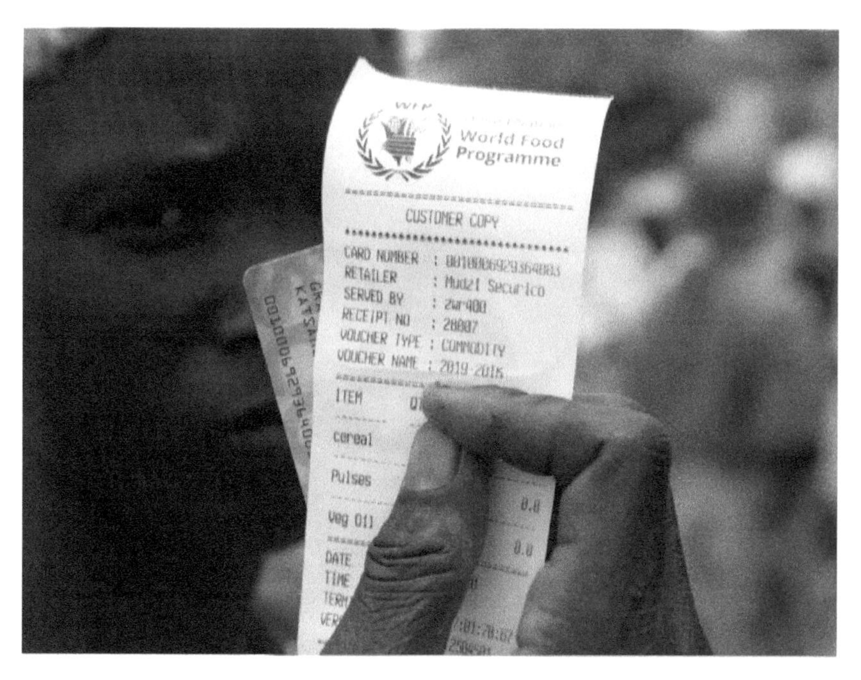

附图27　世界粮食计划署在津巴布韦推行的现金券项目（CBTs），用于推动当地难民的能力建设

来源：www.newzimbabwe.com，2020.12.03.

附图28　东帝汶的咖啡种植户在Miledis of Kape Diem Coffee Lab实验农场收获创新咖啡品种

来源：Project Origin，2022.

附图29　东帝汶的咖啡种植户以原始的手工方式加工本地产的混种咖啡豆

来源：www.visiteasttimor.com.

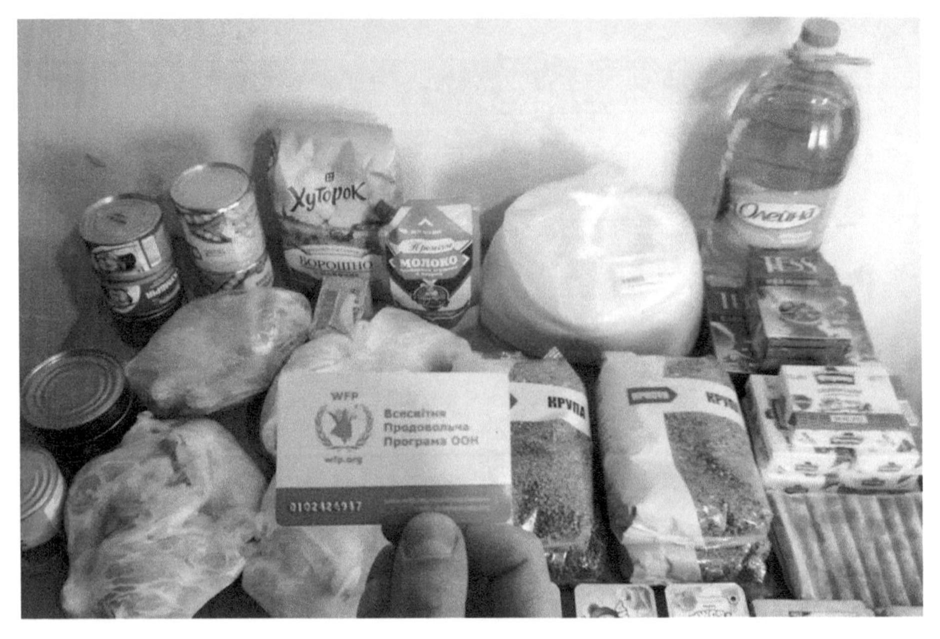

附图30　世界粮食计划署与民间社会团体2018年在乌克兰的援助食品类别

来源：www.unaids.org.

附图31 世界粮食计划署监督的第一批乌克兰人道主义粮食于2022年8月17日启程运往非洲之角——埃塞俄比亚

来源：photo © UNOCHA/Levent Kulu.moderndiplomacy.eu.

附图32 世界粮食计划署在乌克兰战区全天候分发人道主义食品，2022年3月7日

来源：Twitter，photo © WFP .

附图33　世界粮食计划署在罗马尼亚康斯坦察港（Constanta Port，Romania）停泊并准备前往乌克兰装运人道主义粮援的船只，2022年7月6日

来源：Standby Partnership Network.

附图34　世界粮食计划署在位于罗马尼亚边境伊萨恰（Isaccea）的物流枢纽准备过境到乌克兰奥尔利夫卡（Orlivka）的运粮卡车车队，2022年7月6日

来源：Standby Partnership Network.

附图35　铁路是世界粮食计划署另一种运输方式，图为从达累斯萨拉姆（Dar-es-Salaam）运往坎帕拉（Kampala）的人道主义物资。公路转向铁路和渡轮多式联运形式降低了运输成本并改善了该机构的供应链绩效

来源：photo © WFP/Amon Nkwabi，Ernest Bukombe.

附图36　WFP全地形运输车（SHERP），这种水陆两用全地形车可以漂浮在水面上，经常被用于向普通交通工具难以到达的地区运送人道主义救援物资和人员

来源：WFP Executive Board Visit to UNHRD，Brindisi，Italy，2023.4.18.

附图37　著者参加世界粮食计划署在开罗举办的大型公益慈善活动。该机构在埃及特别是上埃及地区与当地政府合作推动了大量旨在提升农村地区可持续发展与能力建设等活动，是埃及最重要的联合国合作伙伴之一

摄影：袁超

附图38　著者展示世界粮食计划署在埃及推广种植的特种经济作物

摄影：袁超

附图39　世界粮食计划署通过对埃及妇女的能力培训项目，帮助埃及女性显著提升了经济自主能力。图为埃及女性小农利用本地特有植物及矿产资源制作的干制玫瑰和饰品

摄影：丁麟

附图40 世界粮食计划署驻北非、中东、中亚和东欧地区区域办公室（North Africa，Middle East，Central Asia and Eastern Europe Region Bureau）及驻埃及国家办事处

摄影：杜南南

附件1

世界粮食计划署明白纸
（世界粮食计划署12个关键知识点）

1

覆盖120多个国家和地区的世界最大人道主义机构，2022年援助了1.58亿人

2

每天在全球有5 600辆卡车、30艘轮船和100 架飞机穿梭在最偏远和最危险的地区

3

应对冲突、气候冲击、流行病和其他灾害的一线援助机构。当前正在应对20多个国家或地区的紧急情况

4

通过学校营养餐项目帮助2 000万儿童改善营养状况、接受教育。自1990年以来，推动在40多个国家政府接管学校供餐计划

5

2022年，筹集到创纪录的142亿美元捐款，但由于全球粮食危机等挑战，资金缺口是世界粮食计划署60年来最大的

6

2022年，通过25个国家的小农采购了10万吨（8 000 万美元）的粮食

7

2021年，参与全球气候应对倡议并通过粮食援助资产倡议在全球开发了15.9万公顷土地，种植了1 609公顷森林

8

2021年，在全球运送440万吨食品，惠及6 800万妇女和女童以及超过6 000万男性和男童

9

在全球采购的援助食物中有超过3/4来自发展中国家，推动了当地经济发展

10

每年在全球实施最大规模的现金援助。2022年在72个国家实施了33亿美元的现金和代金券援助

11

2022年，对40多个国家的1 520万人实施气候应对和恢复计划

12

2021年全球推动预防营养不良计划惠及2 350万人，受益儿童、孕妇、哺乳期妇女和女童比上年增加36%。在全球分发超过147万吨强化食品

来源：世界粮食计划署，2023年。

附件2

世界粮食计划署在2020年预测全球未来10年最有可能成为饥饿热点的国家

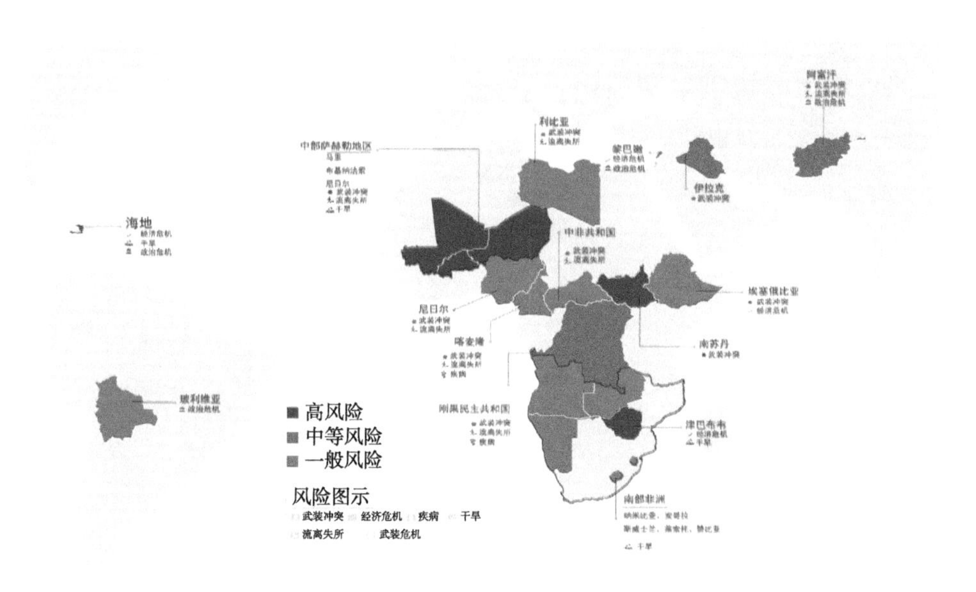

来源：WFP，2020年1月2日（地图仅显示热点国家所在的区域部分，仅供参考）。

附件3

世界粮食计划署在2023年确定的全球饥饿热点的国家

来源：WFP，2023年（地图仅显示热点国家所在的部分，仅供参考）。

附件4

2022年非洲地区因战争冲突导致出现粮食安全危机的地区分布

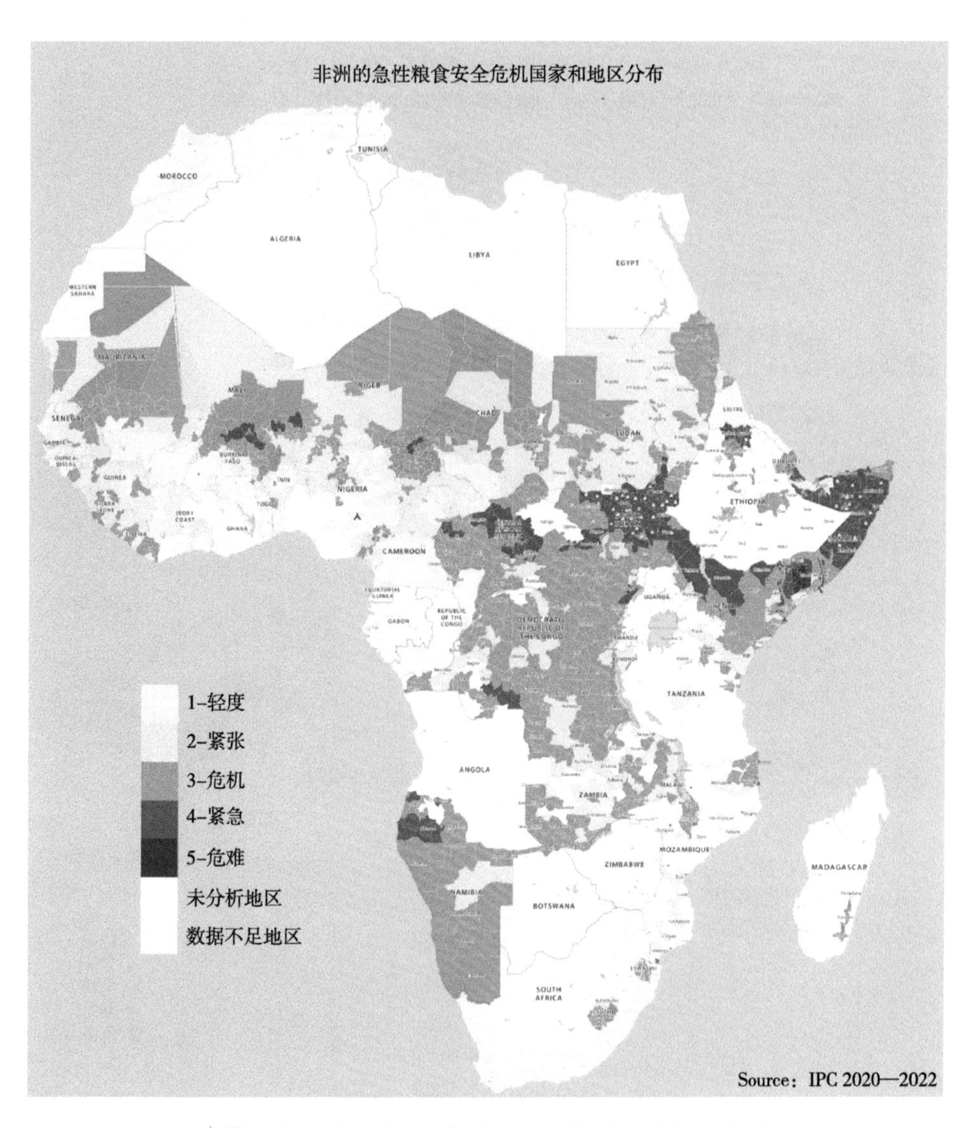

来源：The Africa Center for Strategic Studies，2022.10.14.

附件5

2022—2023年非洲及周边地区因冲突、气候变化所导致成为饥饿热点的国家分布

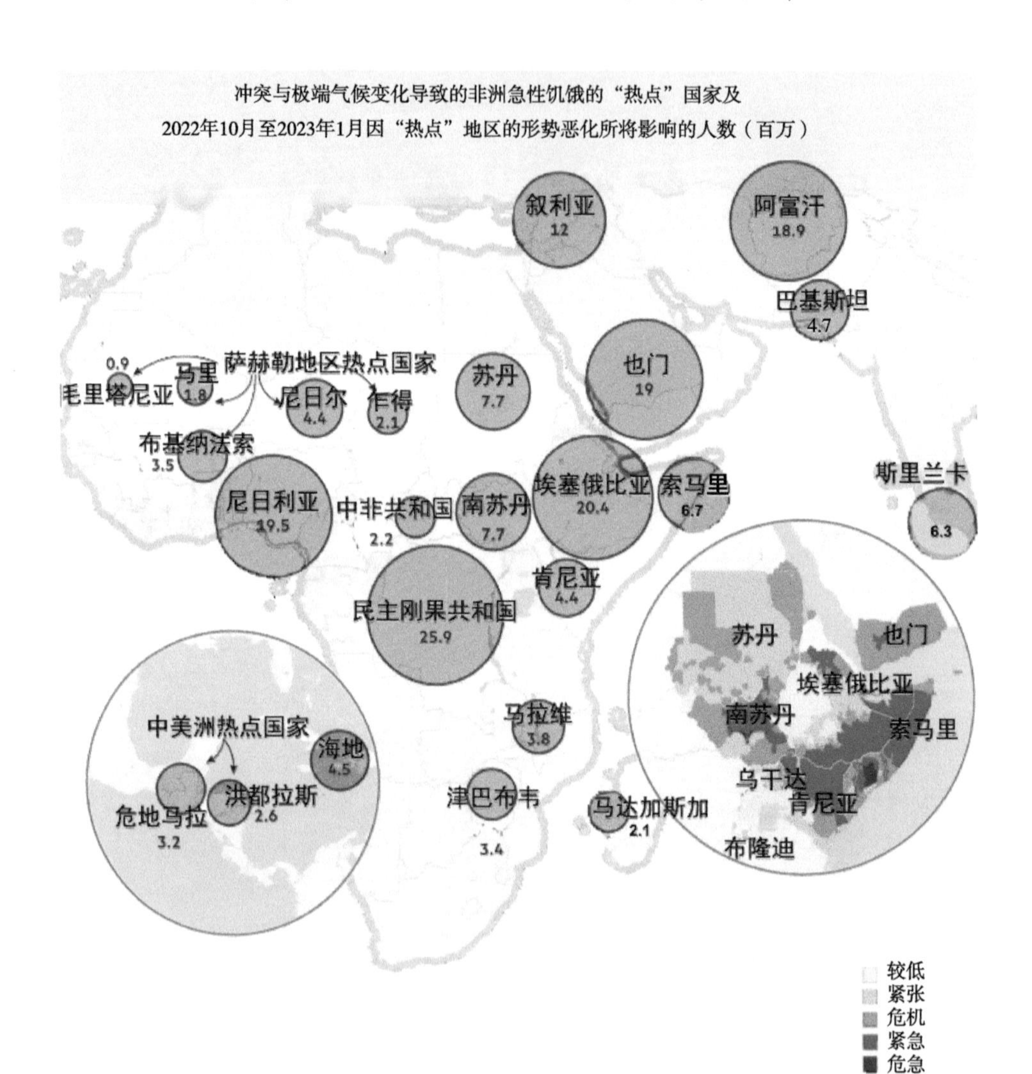

来源：FAO-WFP，Fews Net©FT.

附件6

2022年12月至2023年2月本币对美元贬值幅度最大的粮食危机国家

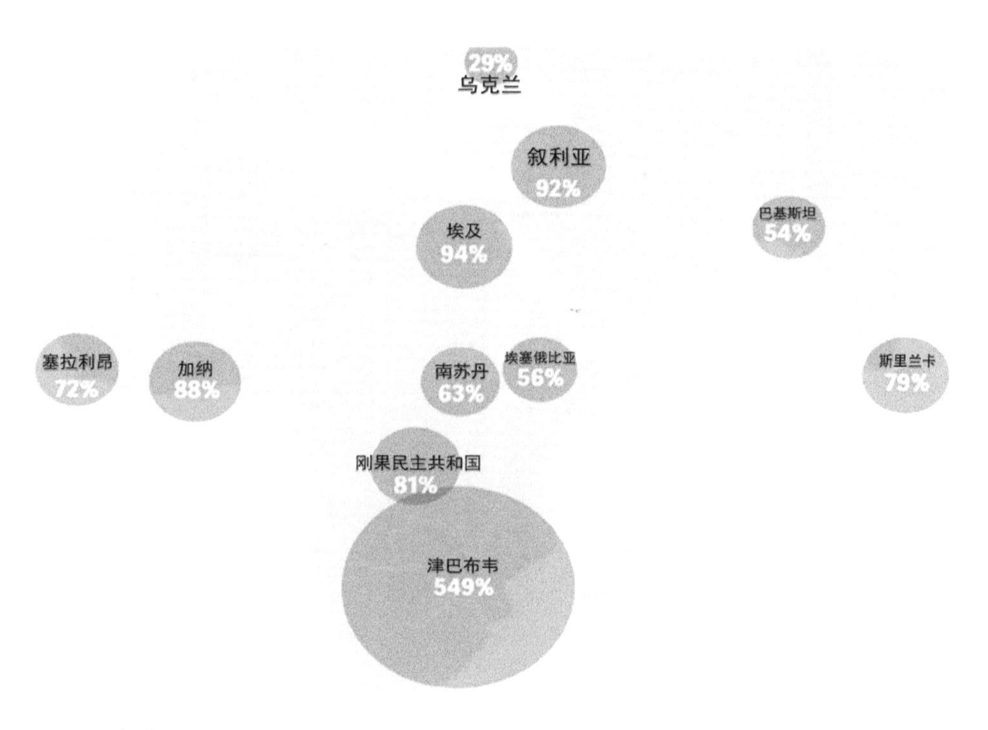

来源：FSIN and Global Network Against Food Crises. 2023.GRFC 2023. Rome.

附件7

世界粮食计划署战略计划结果框架图示

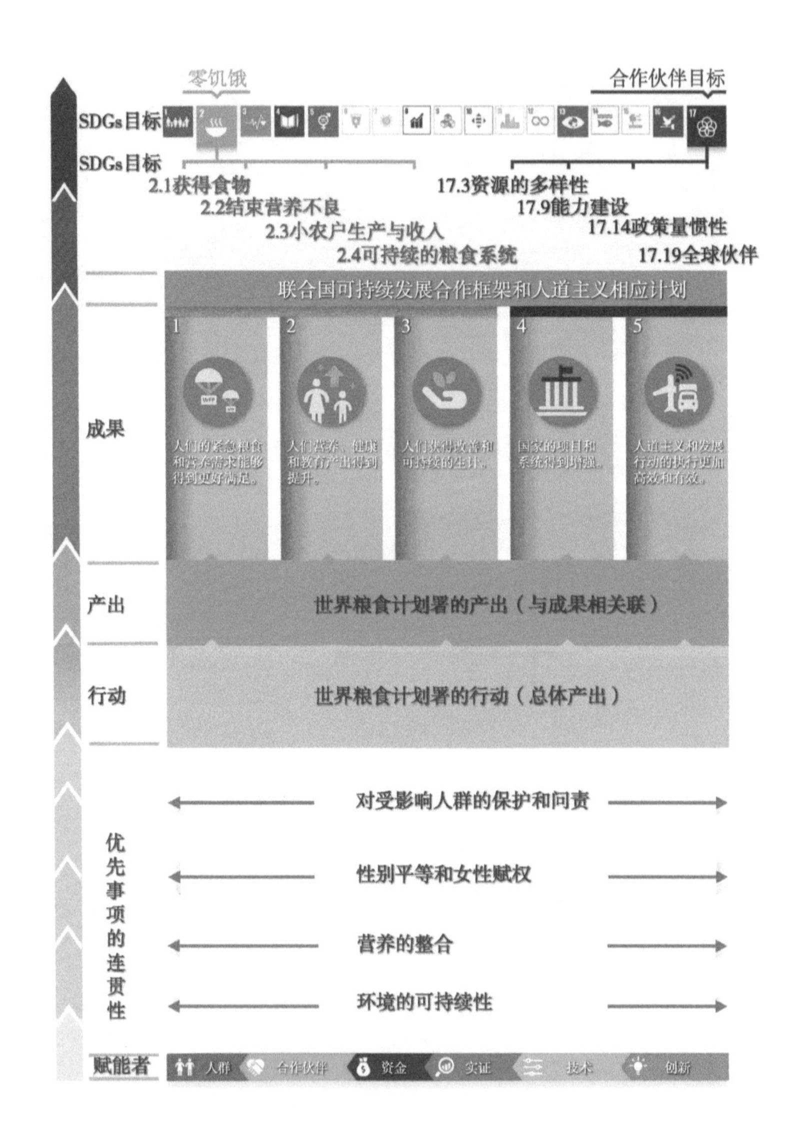

来源：世界粮食计划署战略计划（2022—2025）WFP Strategic Plan 2022-2025，2022年。

注：战略计划结果框架详细说明了实现世界粮食计划署愿景所需的组成部分取决于五项成果。以交叉优先事项为指导并由推动因素授权的一系列活动产生的不同产出导致这些成果。

附件8

世界粮食计划署粮食和营养安全概念框架

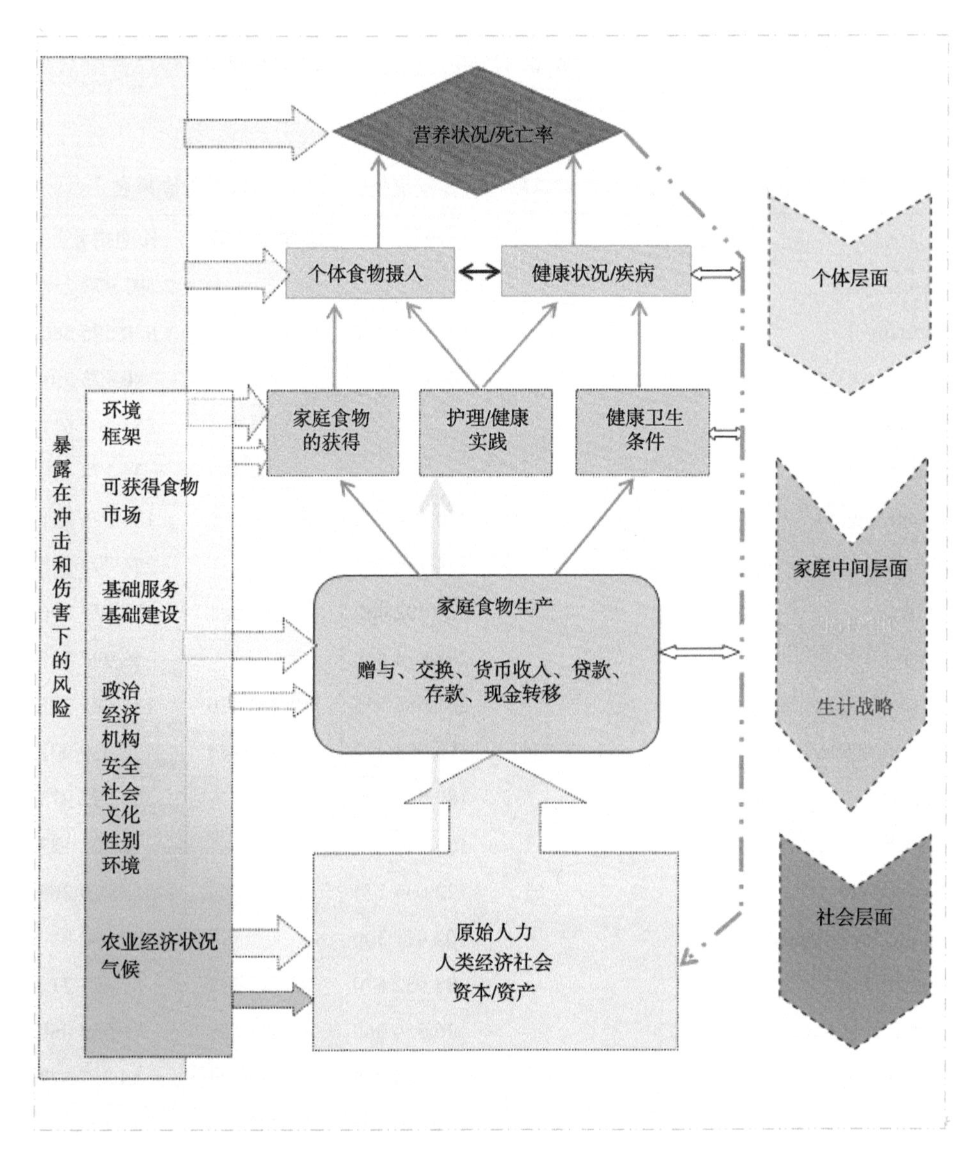

来源：世界粮食计划署粮食和营养安全概念框架（Food and Nutrition Security Conceptual Framework），FOOD SECURITY AND EMIGRATION-Why people flee and the impact on family members left behind in El Salvador，Guatemala and Honduras，Research report，2017.

附件9

世界粮食计划署2023年国家（机构）在各类捐资中的排名

（单位：美元，截止日期：2024年3月18日）

表1　2023年国家（机构）捐款总额以及多年度捐款占捐款总额的份额排名

捐资方	总计	多年度捐款	长期捐款①
USA	3 052 063 157		2 591 972 258
Germany	1 329 060 719	414 351 011	1 030 596 580
European Commission	504 672 551	1 696 143	380 973 391
Canada	306 934 019	56 964 488	281 307 611
United Kingdom	290 941 716	62 069 305	35 178 430
Private Donors	270 434 702	41 574 105	184 216 251
Benin	224 790 798		224 790 798
Norway	224 592 452	45 168 021	151 385 096
Japan	208 974 498		56 997 235
Sweden	201 686 555	112 780 626	155 685 395
UN Other Funds and Agencies（excl. CERF）	186 005 972	14 592 944	121 039 971
France	180 564 829		104 592 975
UN CERF	165 939 454		2 902 123
Switzerland	122 034 174	12 818 844	117 170 269
Asian Development Bank	102 011 300		100 000 000
Netherlands	88 932 670	88 789 342	87 625 712
Republic of Korea	76 554 060	10 373 609	76 554 060
Australia	72 713 016	60 393 325	44 857 572
Russian Federation	71 490 000	26 490 000	71 490 000

① 即Long-duration contributions，指有效期超过12个月的捐款，不同于第一种多年度捐款。

（续表）

捐资方	总计	多年度捐款	长期捐款
Denmark	52 488 383	30 432 226	49 339 406
Haiti	51 300 000	26 300 000	51 300 000
Cameroon	44 841 107		44 841 107
Honduras	43 287 089		42 277 143
Madagascar	43 100 000		40 000 000
Ireland	38 042 012	24 342 746	27 218 324
Colombia	37 625 074	12 546 977	25 595 305
Austria	34 875 784	2 148 238	16 773 518
Belgium	33 513 997	11 432 768	13 369 076
Finland	31 068 236	8 565 310	31 068 236
Burundi	27 803 987		10 056 453
Spain	26 331 084	1 746 562	18 407 191
World Bank	25 457 892		25 457 892
Italy	24 716 891		24 716 891
Guinea The Republic Of	20 000 000		20 000 000
Kuwait	18 761 000		11 000 000
New Zealand	17 825 433	4 756 435	16 602 939
Luxembourg	16 734 688	11 707 003	6 975 989
Saudi Arabia	15 277 994		
South Sudan	15 000 000		15 000 000
China（排名40）	13 740 852		13 740 852

注：

1. 因篇幅所限，国家捐资名单仅显示排名在中国之前的国家。捐资金额包括现金及实物价值。

2. 捐资类型按照多年度捐款（Multi-year contribution）[①]、自愿捐款（Flexible contributions）[②]、定向捐款[③]（Directed Contributions）分类。

来源：https://www.wfp.org/funding/2023.

① 指捐助者正式承诺的周期在一年以上的捐资，此类捐资包括自愿捐款和定向捐款。

② 包括三类供资：未指定用途的多边捐款、通过即时反应账户的捐款、区域和专项捐款。

③ 包括对特定国家战略计划、战略目标、国家战略计划活动或实物捐款的指定用途多边捐款。

表2　2023年国家（机构）的自愿捐款以及多年度捐款在自愿捐款总额中的份额排名

捐资方	自愿捐款	多年度捐款	长期捐款
Germany	655 678 701	190 510 263	560 741 889
Sweden	95 393 150	86 199 439	95 393 150
Netherlands	82 936 787	82 936 787	82 936 787
Norway	62 328 445	40 367 343	62 328 445
United Kingdom	49 813 201	49 813 201	
Private Donors	45 443 015		33 125 137
Denmark	31 879 404	30 432 226	31 879 404
Australia	28 782 653	27 855 153	927 500
Belgium	22 220 255	11 432 768	5 364 807
Canada	21 804 866	19 592 476	21 804 866
Ireland	18 687 539	16 553 067	18 687 539
Austria	18 102 267		
Finland	17 682 123	8 565 310	17 682 123
USA	15 054 228		15 054 228
France	12 926 414		6 004 367
Switzerland	11 214 694	3 496 943	10 946 166
Portugal	5 403 743		5 393 743
Qatar	5 000 000	5 000 000	5 000 000
New Zealand	4 947 310	3 771 213	4 947 310
Republic of Korea	4 564 341		4 564 341
Italy	3 236 246		3 236 246
Luxembourg	2 070 953	1 520 898	1 520 898
Iceland	1 877 425	1 446 903	1 877 425
Slovenia	1 426 720	107 296	1 426 720
Czech Republic	345 722		345 722
Liechtenstein	330 608		330 608
Poland	308 337		308 337
Spain	239 107		239 107
China（排名29）	200 000		200 000

表3 2023年国家（机构）的定向捐款以及多年度捐款在定向捐款总额中的份额排名

捐资方	直接捐款	多年度捐款	长期捐款
USA	3 037 008 929		2 576 918 030
Germany	673 382 018	223 840 749	469 854 690
European Commission	504 672 551	1 696 143	380 973 391
Canada	285 129 153	37 372 011	259 502 745
United Kingdom	241 128 515	12 256 105	35 178 430
Private Donors	224 991 686	41 574 105	151 091 114
Benin	224 790 798		224 790 798
Japan	208 974 498		56 997 235
UN Other Funds and Agencies （excl. CERF）	186 005 972	14 592 944	121 039 971
France	167 638 415		98 588 609
UN CERF	165 939 454		2 902 123
Norway	162 264 007	4 800 679	89 056 651
Switzerland	110 819 480	9 321 901	106 224 103
Sweden	106 293 405	26 581 187	60 292 244
Asian Development Bank	102 011 300		100 000 000
Republic of Korea	71 989 719	10 373 609	71 989 719
Russian Federation	71 490 000	26 490 000	71 490 000
Haiti	51 300 000	26 300 000	51 300 000
Cameroon	44 841 107		44 841 107
Australia	43 930 363	32 538 171	43 930 072
Honduras	43 287 089		42 277 143
Madagascar	43 100 000		40 000 000
Colombia	37 625 074	12 546 977	25 595 305
Burundi	27 803 987		10 056 453
Spain	26 091 977	1 746 562	18 168 083
World Bank	25 457 892		25 457 892

（续表）

捐资方	直接捐款	多年度捐款	长期捐款
Italy	21 480 645		21 480 645
Denmark	20 608 979		17 460 003
Guinea The Republic Of	20 000 000		20 000 000
Ireland	19 354 473	7 789 679	8 530 785
Kuwait	18 761 000		11 000 000
Austria	16 773 518	2 148 238	16 773 518
Saudi Arabia	15 277 994		
South Sudan	15 000 000		15 000 000
Luxembourg	14 663 735	10 186 104	5 455 090
China（排名36）	13 540 852		13 540 852

附件10

2020年按地点划分的因战争、冲突流离失所的全球人员分布

注：此地图为地形图，仅供参考，地图上不显示边界且图中涉及国家等的表述并不意味着国际移民组织的官方认可或接受，也不为本书认可。

附件11

2020年按地点划分的因灾害流离失所的全球人员分布

注：此地图为地形图，仅供参考，地图上不显示边界且图中涉及国家等的表述并不意味着国际移民组织的官方认可或接受，也不为本书认可。

附件12

欧盟成员国内2011—2020年移民统计

国家	年份									
	2011	2012	2013	2014	2015	2016	2017	2018	2019	2020
Belgium	147 377 b	129 477	120 078	123 158	146 626	123 702	126 703	137 860	150 006	118 683
Bulgaria	—	14 103 bp	18 570 p	26 615 p	25 223 p	21 241 p	25 597 p	29 559 p	37 929 p	37 364 p
Czechia	27 114 b	34 337	30 124 b	29 897	29 602	64 083	51 847	65 910	105 888	63 095
Denmark	52 833	54 409	60 312	68 388	78 492	74 383	68 579	64 669	61 384	57 230
Germany①	489 422	592 175	692 713	884 893 e	1 571 047 e	1 029 852 b	917 109 be	893 886 be	886 341 be	728 606 be
Estonia	3 709	2 639	4 109	3 904	15 413 b	14 822	17 616	17 547	18 259	16 209
Ireland	57 292 b	61 324	65 539	73 519	80 792	85 185	78 499	97 712	85 630	74 211
Greece	60 089 b	58 200	57 946	59 013	64 446 b	116 867 b	112 247	119 489	129 459	84 221
Spain	371 331	304 053	280 772	305 454	342 114	414 746	532 132	643 684	750 480	467 918
France	319 816	327 431	338 752	340 383	364 221	377 709	369 621	387 158	385 591	283 237 e

① 指的是1990年以前西德境内范围。

（续表）

国家	年份									
	2011	2012	2013	2014	2015	2016	2017	2018	2019	2020
Croatia	8 534	8 959	10 378	10 638	11 706	13 985	15 553	26 029	37 726	33 414
Italy	385 793	350 772	307 454	277 631	280 078	300 823	343 440	332 324	332 778	247 526
Cyprus	23 037	17 476	13 149	9 212	15 183	17 391	21 306	23 442	26 170	25 861
Latvia	10 234	13 303	8 299	10 365	9 479	8 345	9 916	10 909	11 223	8 840
Lithuania	15 685	19 843	22 011	24 294	22 130	20 162	20 368	28 914	40 067	43 096
Luxembourg	20 268	20 478	21 098	22 332	23 803	22 888	24 379	24 644	26 668	22 490
Hungary	28 018	33 702	38 968	54 581	58 344	53 618	68 070	82 937	88 581	75 470
Malta	5 465	8 256	10 897	14 454	16 936	17 051	21 676	26 444	28 341	13 885
Netherlands	130 118	124 566	129 428	145 323	166 872	189 232	189 646	194 306	215 756	182 244
Austria	82 230	91 557	101 866	116 262	166 323	129 509	111 801	105 633	109 167	103 565
Poland	157 059	217 546	220 311	222 275 p	218 147 p	208 302 ep	209 353 ep	214 083 ep	226 649 ep	210 615 ep
Portugal	19 667	14 606	17 554	19 516	29 896 e	29 925 e	36 639 e	43 170	72 725	67 160
Romania	147 685	167 266	153 646	136 035	132 795 e	137 455	177 435 e	172 578 e	202 422 e	145 519 e
Slovenia	14 083	15 022	13 871	13 846	15 420	16 623	18 808	28 455	31 319	36 110
Slovakia	4 829	5 419 p	5 149 p	5 357 p	6 997 p	7 686 p	7 188 p	7 253 p	7 016 p	6 775 p

（续表）

国家	年份									
	2011	2012	2013	2014	2015	2016	2017	2018	2019	2020
Finland	29 481	31 278	31 941	31 507	28 746	34 905	31 797	31 106	32 758	32 898
Sweden	96 467	103 059	115 845	126 966	134 240	163 005	144 489	132 602	115 805	82 518
Iceland	4 073	4 960	6 406	5 368	5 635	8 710	12 116	11 830	9 872	8 544
Liechtenstein	650	671	696	615	657	607	645	649	727	713
Norway	70 337	69 908	68 313	66 903	60 816	61 460	53 351	47 864	48 680	36 287
Switzerland	148 799 b	149 051	160 157	156 282	153 627	149 305	143 377	144 857	145 129	138 778
United Kingdom	566 044	498 040	526 046	631 991	631 452	588 993	644 209	603 953 p	680 906	—
Montenegro	6 025	5 727	5 112	5 353	4 553	4 904	6 684	8 643	10 737	6 008
North Macedonia	1 464	1 715	2 050	1 935	1 741	2 262	2 064	2 053	2 118	2 555

注：ep：估计与临时数字（estimated，provisional）；be：按时间排列的估计数字（break in time series，estimated）；bp：按时间排列的临时数字（break in time series，provisional）；b：按时间排列（break in time series）；e：估计值（estimated）；p：临时数字（provisional）。
来源：欧盟委员会（European Commission/Eurostat），2022.3.30.

附件13

乌克兰战争以来世界粮食计划署在其境内实施的粮食援助统计

月份	物资转移		口粮/受益人转移						
	粮食运输（吨）	现金券转移（美元）	面包	快速反应口粮	一般性粮食分发			现金转移	总受益数
					30天口粮	额外口粮	特别援助		
3	2 343		600 000	221 095	175 277			1 000	997 372
4	4 244	9 195 450	1 180 766	665 551	178 277	6 440		143 286	2 174 330
5	10 205	64 411 875	724 255	197 302	221 502	44 825	169 013	846 431	2 203 338
6	18 787	66 585 675	744 945	38 819	897 327	50 599	57 372	924 148	2 713 210
7	6 505	54 730 725	413 769	32 933	223 338	6 500	71 027	792 096	1 549 663

注：世界粮食计划2022年3—7月在乌克兰的人道主义粮食与现金援助。

来源：WFP Ukraine Limited Emergency Operation，2022.7.18.

附件14

世界粮食计划署2023年全年至2024年1月的乌克兰粮食及现金援助

时间	转移方式		受益数量										
年/月	粮食运输量（吨）	现金转移价值（美元）	粮食实物援助量（份）					现金援助量（份）					全部受益量
			面包	快速反应口粮	30天口粮	额外口粮	特别援助	多用途现金支持	有价粮食券	社会福利补充	基于市场的支持措施	学校供餐	
2023年													
1月	20 741	43 638 960	395 658	410 753	1 100 545	5374	372 848	731 406					3 016 585
2月	20 702	45 847 318	261 770	375 747	1 179 649	55450	403 080	729 730	25 000			12 095	3 042 521
3月	16 479	43 228 961	690 230	215 999	852 222	49633	478 867	681 435	30 344			12 095	3 010 825
4月	13 957	39 023 190	422 236	309 345	706 251	6230	296 098	630 595	15 388			12 095	2 398 238
5月	14 128	15 421 127	378 820	249 662	714 758		293 405	235 163	16 305			12 095	1 900 208
6月	10 111	4 889 854	359 819	265 577	499 267		272 865	83 615				2 982	1 484 125
7月	9 554	9 705 780	389 831	75 207	503 500		262 300	165 046					1 395 884
8月	9 232	9 191 032	157 045	102 638	510 981		252 742	102 267		268 629			1 394 302
9月	10 233	7 878 650	144 780	80 667	608 040		222 231	79 960		261 499		22 706	1 419 883
10月	10 433	4 235 923	159 010	101 322	599 621		231 000			259 587	27 317	23 384	1 401 241
11月	12 025	12 006 410	153 789	67 473	667 078		338 529	54 547		313 539	40 892	22 704	1 658 551
12月	13 584	16 634 231	305 543	53 665	750 313		499 210	27 705		374 228	197 891	10 688	2 219 243
2024年													
1月	7 058	883 682	96 278	65	378 887		290 083			60 305			825 618

注：世界粮食计划2023年至2024年1月在乌克兰的人道主义粮食与现金援助。

来源：WFP Ukraine overview，2024.2.

附件15

世界粮食计划署面对新冠疫情的复杂性和不确定性分析

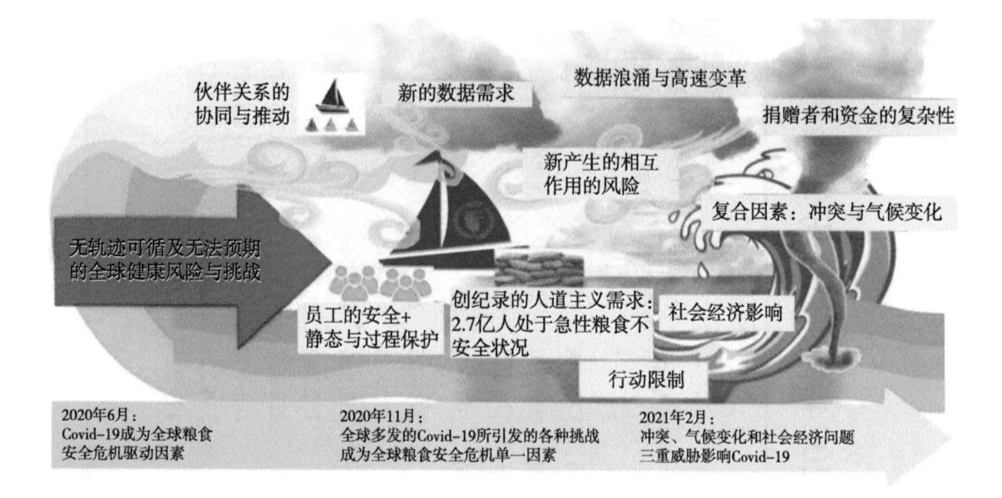

来源：WFP EVALUATION Evaluation of the WFP Response to the COVID-19 Pandemic，Office of Evaluation January，2022.

附件16

世界粮食计划署机构部门构架

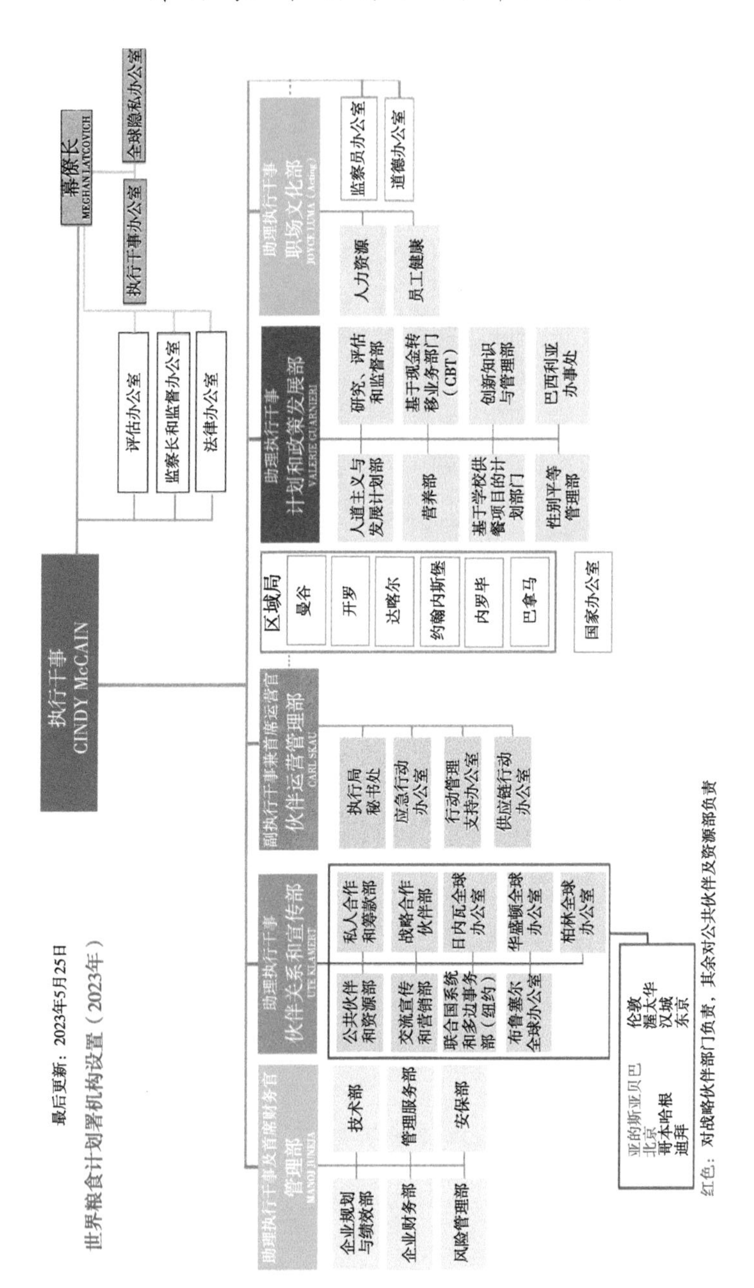

附件17

世界粮食计划署机构改革设置图

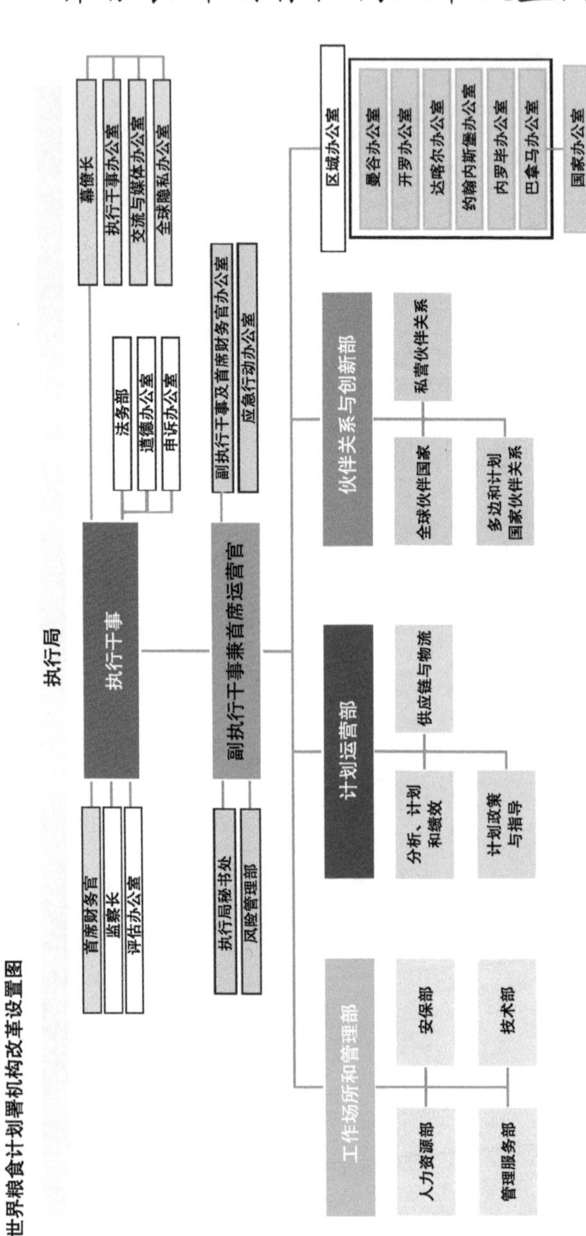

这是WFP最新推出的机构设置，意图进一步强化执行干事对机构的直接监管能力，提升副执行干事的权限和对业务部门的垂直领导，强化区域办公室的地位等，机构设置变化与历年相比非常显著，体现了该机构在精简管理、整合资源、强化实地等领域的重大改革举措。

附件18

联合国系统构架

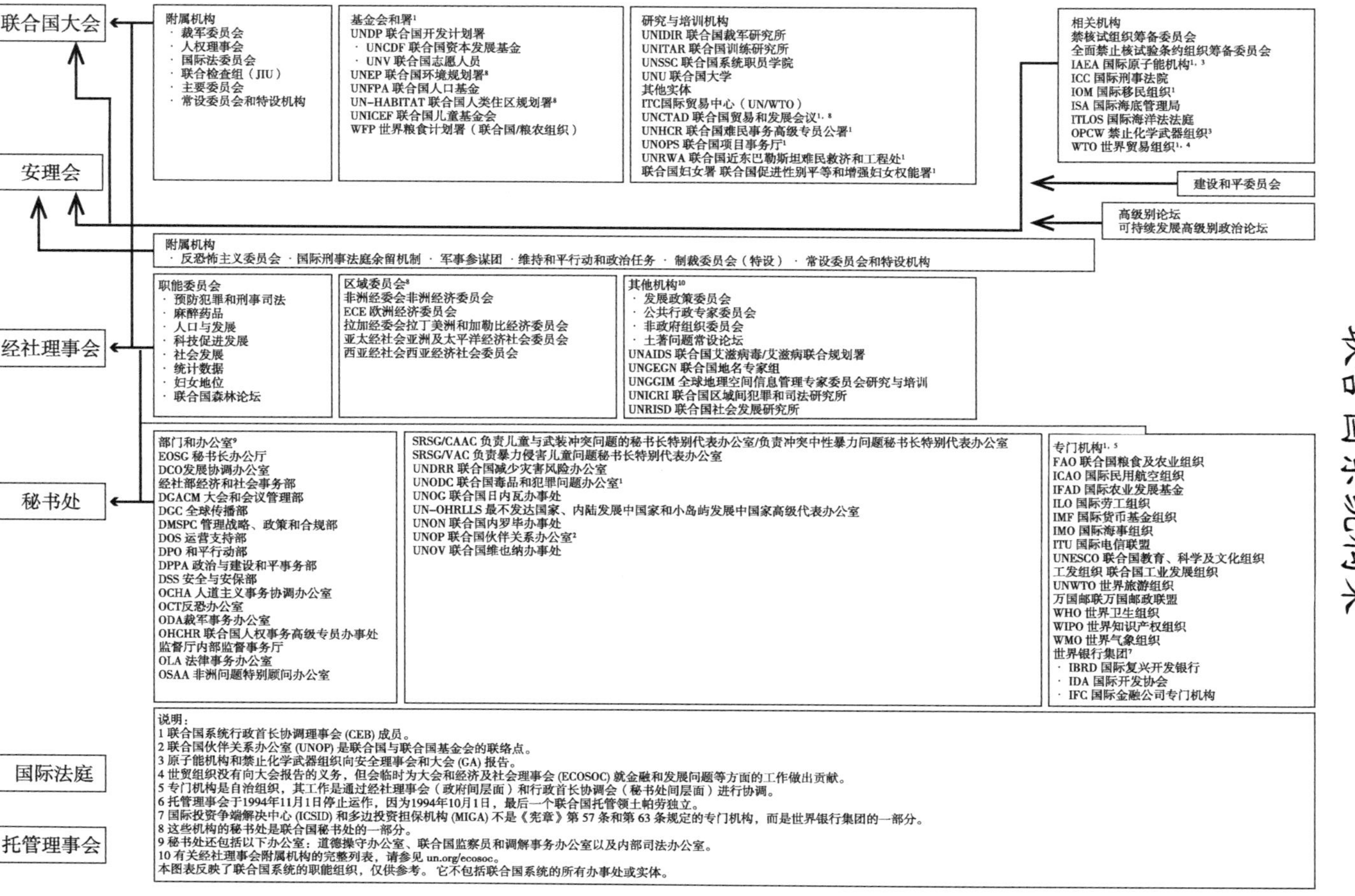

来源：WORLD MIGRATION REPORT 2022.

缩　略　语

CAN　安第斯共同体
CARICOM　加勒比共同体
CBT　现金转移
CFI　催化金融倡议
CFW　以工代赈
COP　缔约方会议
COP26　第二十六届联合国气候变化大会第二十六次缔约方大会
COP27　第二十七届联合国气候变化大会第二十七次缔约方大会
COVID-19　新型冠状病毒
CP/DEV　国家计划和发展计划
CPB　国家业务预算
CRF　全组织结果框架
CSP　国家战略计划
C&V　现金与粮食券
DEV　发展计划
DSC　直接支持费用
EC　欧盟委员会
ECHO　欧盟委员会民事保护和人道主义援助行动
ECOWAS　西非国家经济共同体
EMOP　紧急行动
EU　欧洲联盟
FAO　联合国粮食及农业组织
FAS　美国农业部海外农业服务局
FFA　粮食换资产
FFPr　粮食促进进步

FFW	以粮代赈
GHRP	全球人道主义响应
GMDAC	国际移民组织全球移民数据分析中心
GNR	全球营养报告
HDR	人道主义专用口粮
ICRC	红十字国际委员会
IFAD	国际农业发展基金
INKA	创新加速器
IOM	国际移民组织
IRCRCM	红新月运动
IRA	立即反应账户
IRM	综合路线图
ISC	间接支持费率
LGBTI	多种性别取向
MERS-CoV	中东呼吸综合征冠状病毒
MRF	管理结果框架
NAF	全球营养行动问责框架
NCI	国家能力指数
NGO	非政府组织
N4G	营养换增长行动
OHCHR	联合国人权高级专员办公室
PGP	私营部门伙伴关系司
PPP	公共私营伙伴关系
PRRO	持续救济和恢复行动
P4P	采购促发展
RBAs	联合国常驻罗马粮农三机构（FAO、WFP、IFAD）
SARS	非典型性肺炎
SDGs	可持续发展目标
UN	联合国
UNASUR	南美洲国家联盟
UNCDFUN	联合国资本发展基金

UNDP	联合国开发计划署
UNEP	联合国环境规划署
UNFCCC	联合国气候变化框架公约
UNHCR	联合国难民署
UNHRD	联合国人道主义仓储及后勤基地
UNIASC	联合国机构间常设委员会
UNICEF	联合国儿童基金会
UNMNH	联合国移民网络中心
USAID	美国国际开发署
USCCB	美国天主教主教会
USCIS	公民和移民服务分支机构
USCRI	美国难民和移民委员会
USCWS	美国教会世界理事会
USDA	美国农业部
USDHHS	美国卫生与公众服务部
USDHS	美国国土安全部
USORR	美国难民重新安置办公室
USPRM	国务院人口、难民和移民局
USRAP	美国难民接收计划
USRC	美国难民委员会
USTDA	美国贸易和发展署
VUCA	乌卡时代
WB	世界银行
WFP	世界粮食计划署
WFP/USA	世界粮食计划署美国局
WRC	世界救济
WVI	世界宣明会

Abbreviations

CAN	Comunidad Andina
CARICOM	Carribean Community
CBT	Cash transfer
CFI	The Catalytic Finance Initiative
CFW	Cash For Work
COP	Conference of the Parties
COP26	Conference of the Parties/COP26（UNFCCC）
COP27	Conference of the Parties/COP27（UNFCCC）
COVID-19	Coronavirus Disease-19
CP/DEV	Country Programme/Development
CPB	Country Plan Budget
CRF	Country Result Framework
CSP	Country Strategic Plan
C&V	Cash and Voucher
DEV	Development
DSC	Direct Support Costs
EC	European Commission
ECHO	European Commission's Civil Protection and Humanitarian Aid Operations
ECOWAS	The Economic Community of West African States
EMOP	Emergency Operation
EU	Europe Union
FAO	Food and Agriculture Organization of the United Nations
FAS	USDA Foreign Agricultural Service
FFA	Food For Assets
FFPr	Food For Progress
FFW	Food For Work

GHRP	Global Humanitarian Response Plan
GMDAC	Global Migration Data Analysis Centre
GNR	Global Nutrition Report
HDR	Humanitarian Daily Rations
ICRC	The International Committee of the Red Cross
IFAD	International Agricultural Development Fund
INKA	Innovation Accelerator, Innovation and Knowledge Management Division
IOM	International Organization for Migration
IRCRCM	International Red Cross and Red Crescent Movement
IRA	Immediate Response Account
IRM	Integrated Road Map
ISC	Indirect Support Cost
LGBTI	Lesbian, Gay, Bisexual, Transgender, Intersex
MERS-CoV	Middle East respiratory syndrome coronavirus
MRF	Management Results Framework
NAF	Global Accountability Framework for nutrition action
NCI	National Capacity Index
NGO	Non-Governmental Organization
N4G	Nutrition for Growth
OHCHR	Office of the United Nations High Commissioner for Human Rights
PPP	Public Private Partnership
PRRO	Protracted Relief and Recovery Operation
P4P	Purchase for Progress
RBAs	Rome Based Agencies for Three United Nations Permanent Organizations for Food and Agriculture in Rome（FAO, WFP, IFAD）
SARS	Severe Acute Respiratory Syndrome
SDGs	Sustainable Development Goals
UN	United Nations

UNASUR	United Nations Union of South American Nations
UNCDFUN	United Nations Capital Development Fund
UNDP	United Nations Development Programme
UNEP	United Nations Environment Programme
UNFCCC	The United Nations Framework Convention on Climate Change
UNHCR	United Nations Refugee Agency
UNHRD	United Nations Humanitarian Response Depot
UNIASC	United Nations Inter-Agency Standing Committee
UNICEF	United Nations Children's Fund
UNMNH	United Nations Migration Network Hub
USAID	United States Agency for International Development
USCCB	United States Conference of Catholic Bishops
USCIS	United States Citizen and Immigration Services
USCRI	United States Committee for Refugees and Immigrants
USCWS	United States Church World Service
USDA	United States Department of Agriculture
USDHHS	United States Department of Health and Human Services
USDHS	United States Department of Homeland Security
USORR	United States Office of Refugee Resettlement
USPRM	United States Bureau of Population，Refugees and Migration
USRAP	United States Refugee Admissions Program
USRC	United States Refugee Council
USTDA	United States Trade and Development Agency
VUCA	Volatility，Uncertainty，Complexity and Ambiguity
WB	World Bank
WFP	World Food Program
WFP/USA	World Food Program/United States
WRC	World Relief Corporation
WVI	World Vision International

著者特别对在本书中引用的世界粮食计划署有关图片、观点向世界粮食计划署及其相关员工表示感谢并尊重对方的知识产权，如涉及相关知识产权问题，请与著者联系。

The author's statement：All views in the book are personal views and do not represent the views of any government，organization or institution.This book is for academic，not for any commercial purpose.

Disclaimer：Any suggestion and judgment in this book is academic viewpoint and do not constitute any proposal for official work. The original materials and data collected in this book are from public databases，government websites，public media and the Internet. The purpose of appropriate replenishing，revising and processing is to stimulate innovative ideas for readers，sharing and discussion. It does not mean that the author agrees with any views or is responsible for its authenticity. It does not constitute any responsible suggestions and has no commercial purpose.

All the intellectual property rights of data，diagrams，and others cited in this book which for research，exchange and sharing purposes are belong to the original publisher，and it is strictly forbidden to processed and sale through this book.

As a former counterpart who respects World Food Programme and fortunate to serve it's "none-second" affairs，the author especially expresses his gratitude to the World Food Programme and its relevant staff for the relevant pictures and views of the World Food Programme cited in this book，and respects their intellectual property rights. If any intellectual property issues are involved，please contact the author.

致　谢

在上本《饥饿终结者和他的粮食王国——世界粮食计划署概述篇》中，很多国内外好友为本书提供了宝贵的精神与资源支持。他们很多人都在联合国体系特别是粮农三机构内拥有多年的专业经历，在国际粮农治理领域拥有丰富的经验和非凡的见解，同样也对国际人道主义事业充满热情和期待。我在这里向他们一并致以最崇高的敬意和感谢，他们是联合国这个大社区中长期献身全球粮食安全挑战事业中的真正斗士，他们值得全世界所有不分国家和种族人民的尊敬。

本书之所以能够付梓，与我的妻子杜南南及家人的充分理解和坚定支持是分不开的。

感谢本人所在的中国农业科学院多位院领导的长期支持，他们的严谨治学精神和宽阔的国际视野使我终身受益，并激励着我毅然迈进“农业外交官”这个极具创新性和挑战性的工作领域，并坚定地走下去。特别是唐华俊院士、吴孔明院士等院领导对农业外交工作的高度重视和特别指示，使我不仅在罗马从事粮农多边外交工作中充满信心，更在开罗进一步从事双边外交工作中感到如鱼得水。

感谢农业农村部人事司、国际合作司为我提供的多次海外常驻机会，他们的关心指导使我从一名纯粹的农业科技管理工作者成长为一名职业农业外交官，亦使我跳出研究的单向度视野，站在农业服务大国外交的高度重新构造自身的新型知识与理念体系，重新认识农业外交这个“创新使命”的历史机遇[1]，重新认识农业农村部赋予我们农业外交官的光荣历史使命的深刻内涵，重新认识农业对于“百年未有之大变局”下我国实现民族复兴大业的重要意义之所在。

感谢长期给予我密切关注的博士生导师路文如研究员，他严谨的治学精神、睿智的思想及宽容和善良对我的一生都将影响至深。

感谢在我多次驻外前后给予过我重要指导和帮助的诸多领导、专家与学者，这里不再一一提及。感谢各位对我多年的充分理解、鼎力支持与帮助，他们在各自领域卓越的声望和杰出的贡献是我一生的榜样，他们丰富的人生历练和博学是我职业生涯的最重要智慧源泉。

感谢多位不愿留下姓名的国内外挚友们，他们多年来的充分信任、无私的帮助和指导特别是点拨，为我的写作提供了重要的帮助，甚至给我的生活亦带来了重要的启发，他们是真正的默默实干家，是“小舞台的大人物”[2]，是最值得我记住和感谢的“幕后英雄”。

最后，感谢中国农业科学技术出版社的白姗姗等编辑的辛苦工作与长期支持，才使得本书顺利出版。

---

① 吴孔明，2023年。
② 理查德·尼克松（Richard Nixon），《领袖们》，1983年。

Acknowledgments

FROM THE LAST "OVERVIEW" AND THIS "SYNTHESIS BOOK" , I received many valuable spiritual and resource support from my friends who have many years of professional experience in UN agencies and rich experience and extraordinary insights in the field of international food and agriculture governance. they are also full of enthusiasm and expectations for international humanitarian causes. They are fighters for the food security and deserve the respect of people all over the world.

Thanks to my wife DU Nannan, who willingly accompany and support me during all my tenures. I would also like to thank my family for their unwavering support over the years.

Special thanks to my leadership in my dispatched units, the Chinese Academy of Agricultural Sciences (CAAS), Academician TANG Huajun, WU Kongming both attached importance to agricultural diplomacy and gave special instructions, which made me not only full of confidence in multilateral diplomacy in food and agriculture in Rome, but also feel at ease in further bilateral diplomatic work in Cairo.

Thanks to the HR department of the Ministry of Agriculture and Rural Affairs and the International Cooperation Department. Dear leaders and friends, You made me grow from an agricultural science and technology researcher to a professional agricultural diplomat, re-understand the historical opportunity of the "innovative mission" of agricultural diplomacy[①].

Thanks to my doctoral supervisor, Professor LU Wenru, for giving me professional guidance in detail.

I am grateful to those leaders, experts and scholars who have given me important guidance and help, but I couldn't mention them one by one here. You

① WU Kongming, 2023.

have provided important help to my writing, and even brought important inspiration to my life. You are "big figures on a small stage" [1] and the "behind-the-scenes heroes" who are most worthy of my memory and gratitude.

I would like to thank again China Agricultural Science and Technology Press and editor Ms. BAI Shanshan, thank you for your help and guidance for the publication of the book.

---

① Richard Nixon, *The leaders*, 1983.

“帕西人的祭司领袖被带到当地统治者贾达夫·拉纳（Jadhav Rana）面前并接受了一个装满牛奶的容器，拉纳告知，他的土地不能再容纳更多到来的帕西人。然而，祭司回答：如果在牛奶中加入一些糖，这些糖不仅能够溶解在牛奶中，还能够使牛奶变得更加甜美，帕西人的到来亦会如此。最终拉纳给予了帕西人土地并允许他们不受阻碍地从事宗教活动，但是前提是他们必须尊重当地的习俗，并学习当地古吉拉特语。”

——帕西人[①]的传奇

“The priestly leaders of the Parsis were brought before the local ruler, Jadhav Rana, who presented them with a vessel full of milk to signify that the surrounding lands could not possibly accommodate any more people. The Parsi head priest responded by slipping some sugar into the milk to signify how the strangers would enrich the local community without displacing them. They would dissolve into life like sugar dissolves in the milk, sweetening the society but not unsettling it. The ruler responded to the eloquent image and granted the exiles land and permission to practice their religion unhindered if they would respect local customs, and learn the local language, Gujarati.”

—Parsi Legend

① 帕西人，亦作（Parsee），是主要立足于印度次大陆的一个信仰祆教（亦称拜火教）的民族。Parsi的原意是“波斯人”，他们是为了逃避穆斯林的迫害而从波斯移居印度的琐罗亚斯德教徒的后裔。但是老龄化、低出生率以及联姻苛刻的条件，使这个拥有高度文明的民族正在走向灭亡。

“饥饿、营养不良和人道主义危机不是不可避免的。前面的路是艰巨的，饥饿正在加剧。然而，我确信一件事——当我们团结一致时，我们就能拯救生命。

粮食=希望+机会”

——辛迪·麦凯恩[①]

“Hunger，malnutrition and humanitarian crisis are not inevitativable.The road ahead is daunting，and hunger is on the rise. However，I’m sure of one thing——when we come together as one world，we can save lives.

Food=Hope+Opportunity”

——Cindy McCain

“人道主义是能够凝聚不同文明的最大共识。”

——习近平[②]

① 世界粮食计划署现任执行干事（第14任），于2023年4月5日就任。

② 2023年9月5日，习近平会见红十字国际委员会主席斯波利亚里茨（Mirjana Spoljaric Egger）所提及。